최신
작업환경관리

양홍석 김재형 배승현 서영민 신현화 정종식 공저

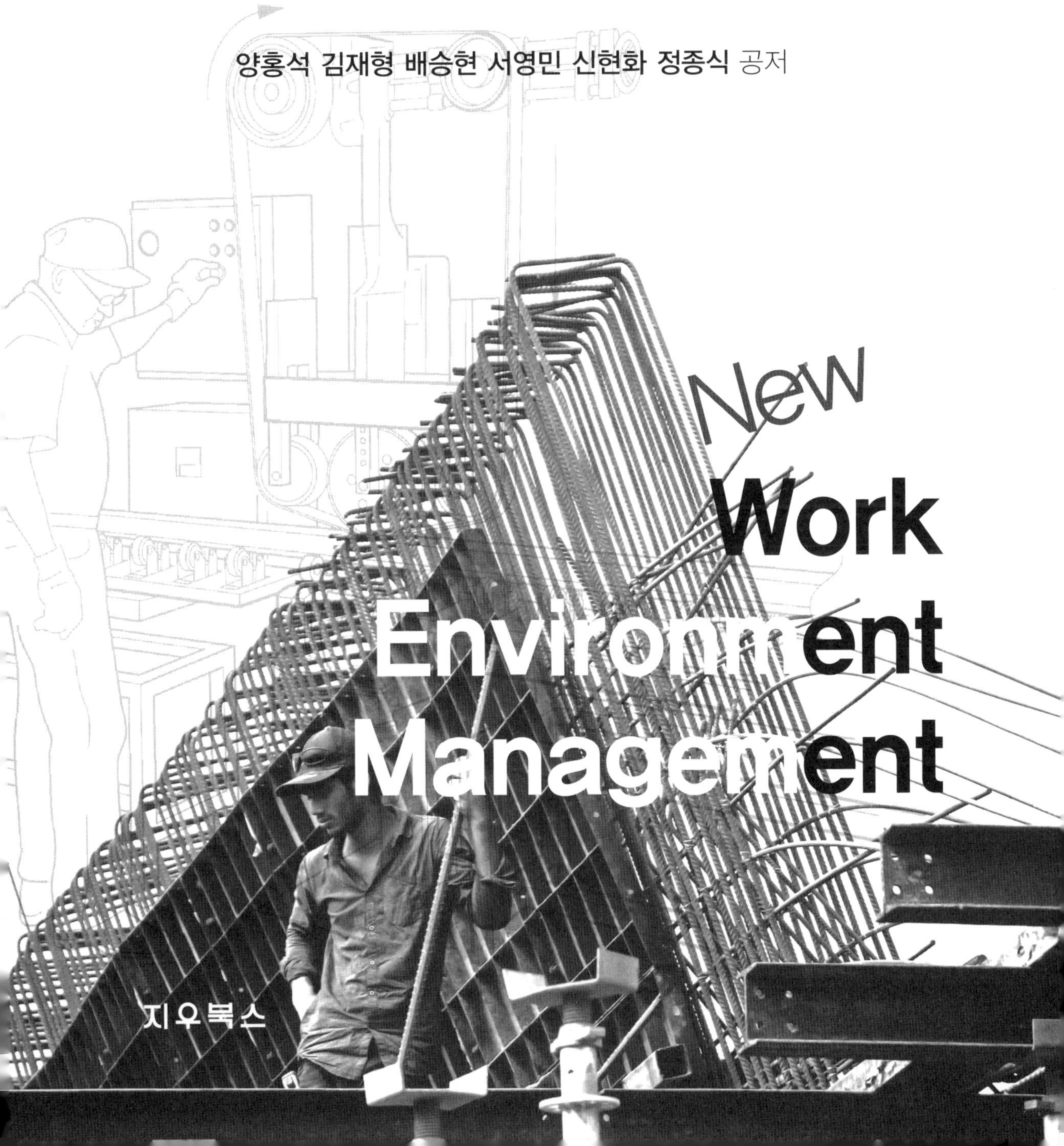

New
Work
Environment
Management

지우북스

Preface

1953년 근로기준법에 의하여 명문화된 산업안전보건에 관한 사항은 1981년 산업안전보건법으로 발전하였고 2019년 전면개정에 이르게 되었습니다. 산업안전보건법의 목적은 동법 제 1조에 보면 "산업안전 보건에 관한 기준을 확립하고 그 책임의 소재를 명확하게 하여 산업재해를 예방하고 쾌적한 작업환경을 조성함으로써 근로자의 안전과 보건을 유지, 증진함을 목적"으로 하고 있습니다. 그런 면에서 볼 때 산업보건의 목적도 근로자의 건강관리에 있음을 부인할 수는 없습니다. 산업보건 제도인 작업환경측정, 특수건강진단, 근골격계 유해요인 조사, 위험성평가 등의 실시목적이 업무상 질환을 예방하는 데 있기 때문입니다.

필자가 산업보건에 입문한지도 벌써 30년의 세월이 흘렀습니다. 지난 30년을 돌아보면 산업보건 분야도 세월만큼이나 많이 변한 것이 사실입니다. 하지만 세월 속에서 변하지 않은 사실은 근로자의 건강을 위해 여러 분야에서 종사하시는 분들이 열심히 관련 분야의 발전을 위해 헌신적으로 일해 왔다는 사실입니다.

본 「최신 작업환경관리」의 내용은 총 13개의 장으로 구성하였으며 작업환경 관리의 기본원칙, 청력보존 프로그램과 소음, 밀폐공간작업, 인간공학, 유해광선・온열・조명, 호흡기보호 프로그램과 분진, 화학물질, MSDS와 경고표지, 위험성평가, 위생보호구, 산업환기, 산업안전보건법에 관한 사항으로 각 내용의 개론은 물론 인체에 미치는 영향 그리고 무엇보다도 작업장의 작업환경 관리방안에 중점을 두어 관련법의 규정과 안전보건공단의 지침을 참고하여 집필하였으며 현업에서의 업무활용, 산업위생 기술사와 산업보건 지도사 수험준비 그리고 대학에서 이 분야에 입문하고 전공하는 학생들이 학습하는데 도움이 되도록 집필하였습니다.

끝으로 본 책자의 출판에 열과 성의를 보여주신 지우북스의 서철종 대표님과 직원 여러분께 감사드리며 같이 본 책의 집필을 도와주신 집필진께도 감사의 말씀을 드립니다.

2019년 8월

집필진 대표

Contents

제1장

작업환경관리 기본원칙

산업안전보건법에는 "노출기준이 초과될 시에 시설 · 설비 등에 대한 개선대책 수립 시행 및 적정 보호구 지급을 해야 한다"고 규정되어 있다. 여기서 말하는 시설 · 설비 등에 대한 개선대책수립은 공학적인 작업환경관리방안을 말한다. 작업장 관리대책은 크게 행정적 관리방안과 공학적 관리방안으로 나눌 수 있고 행정적 관리방안으로는 교육, 순환배치, 건강검진, 정리정돈 및 작업장 청소의 방안이 있고 공학적 관리방안은 대치, 격리, 환기 등의 방법이 있으며 공학적 작업환경관리방안 중 가장 이상적인 관리방안은 작업장의 설계 단계부터 유해물질에 대한 작업환경관리방안이 검토되어 적용되는 것인데 작업장마다의 관리현실이 다르기 때문에 다음의 내용을 참고하여 개선이 진행되어야 할 것이다.

1 대치

작업환경을 관리하는 방법 중 대치하는 방법은 물질대치, 설비대치, 공정대치 등의 방법이 있다. 작업환경관리방안 중 대치하는 방법은 잘못 적용하면 생산에 불량이 발생할 수도 있으므로 그 적용에 반드시 신중해야 하고 오랜 시간을 검토하여 진행해야 시행착오를 겪지 않는다.

1.1 물질의 대치

물질을 대치하는 방법은 고독성의 물질을 저독성의 물질로 바꾸어 주는 방법을 말하는데 사용하는 물질을 저독성의 물질로 대체하여 주거나 독성이 낮은 물질로 바꾸어 주는 방법을 말한다. 물질을 대체한 사례는 다음과 같다.

① 탈지공정에서 사용하는 TCE를 계면활성제로 대체
② 성냥제조 시 황린을 적린으로 대체
③ 유성도료를 수성도료로 대체
④ 유연납을 무연납으로 대체
⑤ 메탄올을 에탄올로 대체
⑥ 유연휘발유를 무연휘발유로 대체
⑦ 석면을 유리섬유 또는 암면으로 대체
⑧ 벤젠을 톨루엔 또는 크실렌으로 대체

하여 근로자에게 이루어지는 노출에 대한 독성을 낮추어 주는 방법이다.

1.2 설비의 대치

설비를 대치하는 방법에는 설비의 위험한 부분을 덜 위험한 재료를 사용하여 바꾸어 주는 방법이 있는데 가연성물질 저장 시에 유리병보다는 철제통 용기를 사용하는 방법, 염화탄화수소 취급설비에서 네오프렌 장갑 대신에 폴리비닐알코올 장갑을 사용하는 방법 등이 있다.

1.3 공정의 대치

공정을 대치하는 방법에는 유해한 작업을 덜 유해한 작업으로 바꾸어 주는 방법 등이 있으며 다음과 같은 공정 대치의 사례가 있다.

① 금속을 두들겨 자르지 않고 톱을 이용해 절단하는 방법
② 스프레이식의 분무 작업을 디핑식으로 하는 방법
③ 고속회전식 연마 작업을 저속 연마로 하는 방법
④ 수동공정 작업을 자동공정 작업으로 하는 방법
⑤ 에어펄스형 렌치를 오일펄스형 렌치를 사용하는 방법

2 격리

작업환경관리 방안 중 격리의 방법이 있는데 여기에서 격리란 시간, 거리, 공간상으로 떨어뜨려 놓는 것을 말한다. 위험하거나 유해한 환경으로부터 근로자를 떨어트려 놓음으로써 근로자를 안전하게 보호하는 방법이다.

격리하는 방법에는 저장물질, 시설, 공정을 격리하는 방법이 있는데 인화성이 강한 물질을 저장 시 저장 탱크 사이에 도랑을 파거나 제방을 만들어 관리하는 방법, 위험한 환경을 CCTV 또는 자동화 감시 방법으로 관리하는 방법이 있고 근로자가 착용하는 보호구도 소극적이기는 하나 근로자를 격리하는 방법 중의 하나이다.

3 환기

환기는 크게 국소환기와 전체환기로 나눌 수 있다. 국소환기는 발생원에서 발생한 유해물질이 작업장 전체로 확산되기 전에 처리하는 환기방법을 말하며 전체환기는 희석환기라고도 하며 작업장 전체를 온도조절, 유해물질 관리, 화재폭발 방지를 위하여 실시하는 환기를 말한다.

3.1 전체환기, 희석환기

전체환기는 희석환기라고도 하며, 신선한 공기를 공급하여 줌으로 유해물질 농도를 희석하여 낮춰주는 환기방식이다. 전체환기는 송풍기를 이용하는 강제환기(Forced Ventilation)와 실내・외 온도차에 의한 부력과 외부 바람에 의한 풍력 등 자연적인 힘을 이용한 자연환기(Natural Ventilation)로 구분된다.

전체환기를 실시하는 목적은 온도와 습도를 조절하여 주고 화재나 폭발을 예방하여 줄 수 있으며 또한 유해물질의 농도를 낮추어 건강을 유지·증진하는 데 그 목적이 있다.

작업장에서 유해물질을 관리하는 방법은 전체환기보다는 국소환기 방법이 더 효율적인데 국소배기 설비의 설치가 곤란한 경우 등은 전체환기 설비를 운용할 수밖에 없다. 다음의 조건에서는 전체환기 설비를 설치하여 운용하여야 한다.

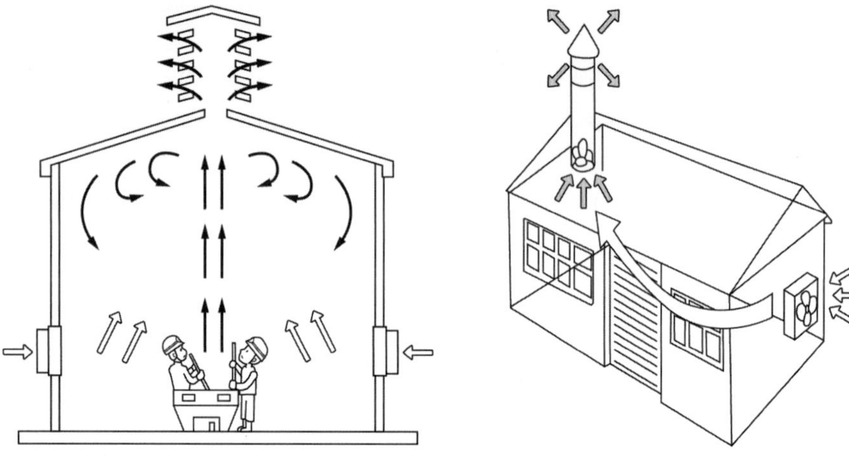

그림 1.1 자연환기와 강제환기

① 유해물질의 발생량이 적어야 한다. 이는 유해물질 발생량이 많으면 희석시킬 공기량이 상대적으로 많아짐으로 인해 경제성이 떨어지기 때문이다.

② 유해물질의 독성이 낮아야 한다.

③ 작업자의 작업위치가 유해물질 발생원으로부터 가급적 멀리 떨어져 있어야 하며 작업장 공기 중 유해물질의 농도가 노출기준 미만이어야 한다.

④ 유해물질의 발생량이 비교적 일정해야 한다.

⑤ 국소환기 설비의 설치가 불가능해야 한다.

위의 조건에 의하여 적용된 전체환기 방법은 다음의 설치 기본원칙을 적용하여 설치하여야 한다.

① 유해물질 사용량을 고려하여 필요 환기량을 구한다.

② 유해물질의 배출구 위치는 가급적 오염원으로부터 가까운 곳에 설치하여야 한다.

③ 공기가 배출되면서 오염장소를 통과하도록 위치를 선정한다.
④ 배출공기를 보충하기 위하여 신선한 공기를 공급하는 급기설비가 필요하다.
⑤ 공기배출구와 작업자 사이에 오염 발생원이 위치하여야 한다.
⑥ 오염원 주위에 타 공정이 있으면 음압을 형성하여 주고 타 공정이 없으면 양압을 형성하여 준다.
⑦ 건물 밖으로 배출된 공기가 작업장으로 재 유입되지 않도록 배출구 높이를 적절히 설계하여야 한다.

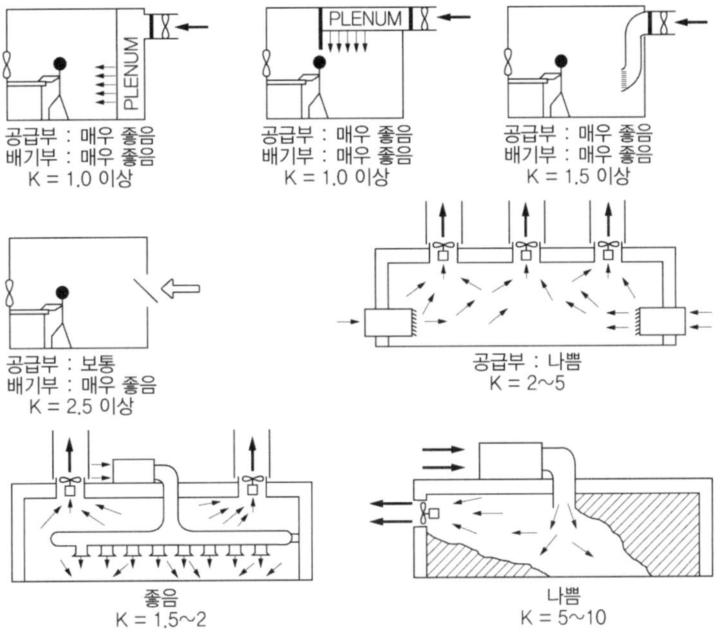

그림 1.2 전체환기 기본원칙

3.2 국소환기

국소환기란 유해물질이 발생되어 작업장 전체로 확산되기 전에 처리하여 환기하는 방법을 말한다. 국소환기 설비는 후드, 덕트, 공기정화장치, 송풍기, 최종배출구의 5단계로 구성된다. 제대로 설치가 이루어질 시에는 전체환기보다 경제적이며 작업장에서 유해물질을 완벽하게 관리할 수 있다.

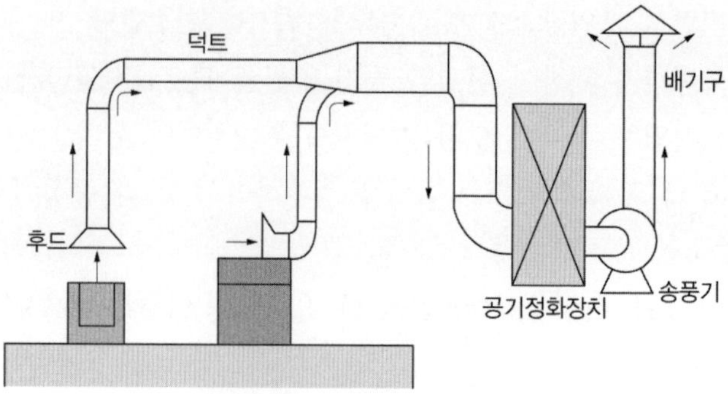

그림 1.3 국소환기 계통도

3.2.1 후드(Hood)

(1) 후드의 정의

유해물질을 포집・제거하기 위해 해당 발생원의 가장 근접한 위치에 다양한 형태로 설치하는 구조물로서 국소배기장치의 개구부를 말한다.

(2) 후드의 종류

후드의 형태는 작업장의 작업형태, 오염물질의 특성 및 발생특성, 작업공간의 크기 등에 따라 달라지는데 오염물질이 발생되는 발생원을 기준으로 포위식(Enclosing) 후드, 외부식(Exterior) 후드, 레시버식(Receiver) 후드로 나눌 수 있다.

표 1.1 후드의 형식 및 종류

형 식	종 류	비 고
포위식 (Enclosing Type)	유해물질의 발생원을 전부 또는 부분적으로 포위하는 후드	포위형(Enclosing Type) 장갑부착상자형(Glove Box Hood) 드래프트챔버형(Draft Chamber Hood) 건축부스형 등
외부식 (Exterior Type)	유해물질의 발생원을 포위하지 않고 발생원 가까운 위치에 설치하는 후드	슬로트형(Slot Hood) 그리드형(Grid Hood) 푸쉬-풀형(Pushpull Hood) 등
레시버식 (Receiver Type)	유해물질이 발생원에서 상승기류, 관성기류 등 일정방향의 흐름을 가지고 발생할 때 설치하는 후드	그라인더카바형(Grinder Cover Hood) 캐노피형(Canopy Hood)

가. 포위식 후드(Enclosing Type)

유해물질의 발생원을 가능한 한 전부 또는 부분적으로 포위하여 오염물질이 후드 밖으로 누출되는 것을 막고 필요한 공기량을 최소한으로 줄일 수 있는 후드이다.

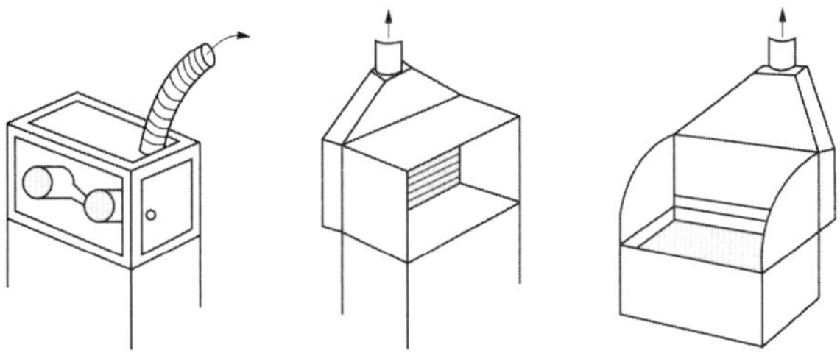

그림 1.4 다양한 형태의 포위식 후드

포위식 후드의 필요 환기량 계산식은 다음과 같다.

$$Q = 60 \times A \times V$$

여기서, Q : 필요 환기량(m^3/min)
A : 후드의 개구면적(m^2)
V : 제어속도(m/sec)

나. 외부식 후드 (Exterior Type)

유해물질의 발생원을 포위하지 않고 후드 발생원 가까이에 설치하여 송풍기의 힘에 의해 오염물질을 후드로 끌어들이는 형태이다. 후드의 개구면과 그 앞의 발생원에 틈새바람이나 선풍기 바람, 공조기류 등 이른바 난기류가 있게 되면 국소배기 효과는 현저히 떨어진다. 외부식 후드는 가능한 한 플랜지(flange)를 달고 발생원 주위에 방해판(baffle)을 장착하여 난기류에 의한 방해를 제거해야 한다.

외부식 후드의 필요 환기량 계산은 다음과 같다.

① 자유공간에 떠 있는 원형 및 사각형 후드

$$Q = 60 \times V(10X^2 + A)$$

여기서 Q : 필요 환기량(m^3/min)
V : 제어속도(m/sec)
X : 후드의 중심선으로부터 발생원까지의 거리(m)

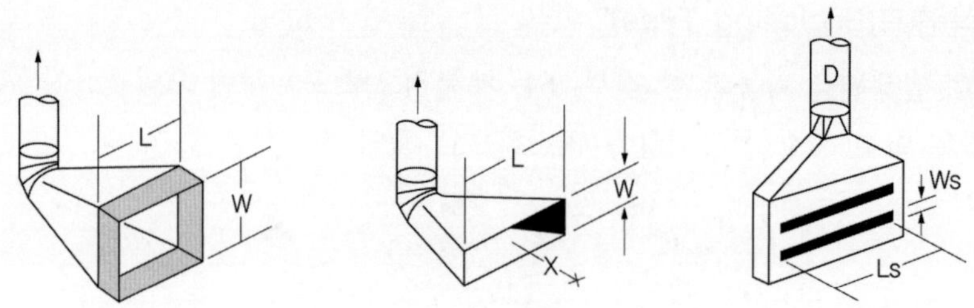

그림 1.5 외부식 후드의 형태

② 자유공간에 위치, 플랜지 부착

플랜지 후드는 플랜지가 없는 후드에 비하여 동일지점에서 동일한 제어풍속을 얻는데, 필요한 공기량을 약 25%까지 감소시킬 수 있다. 다시 말해서 플랜지 후드의 필요 환기량은 플랜지가 있는 후드의 75%만으로도 동일한 효과를 얻을 수 있다.

$$Q = 60 \times 0.75 \times V(10X^2 + A)$$

③ 작업 테이블에 위치, 플랜지 부착

$$Q = 60 \times 0.5 \times V(10X^2 + A)$$

필요 송풍량을 가장 많이 줄일 수 있는 경제적인 후드 형태이다.

자유공간에 떠 있는 플랜지 없는 슬롯 후드의 필요 환기량은 다음과 같다.

④ 슬롯후드의 환기량 계산

슬롯후드는 길이가 길고 폭이 좁으며 길이와 폭의 비가 0.2 이하인 경우

$$Q = 60 \times 3.7 \times VLX$$

여기서 Q : 필요 환기량(m^3/min)

V : 제어속도(m/sec)

L : 슬롯의 길이(m)

X : 포착거리(m)

다. 레시버식 후드(Receiver Type)

유해물질이 발생원에서 상승기류, 관성기류 등 일정 방향의 흐름을 가지고 발생할 때 설치하는 후드이다. 즉, 공정 특성을 그대로 이용한 오염물질을 수동적으로 제어하는 후드이다.

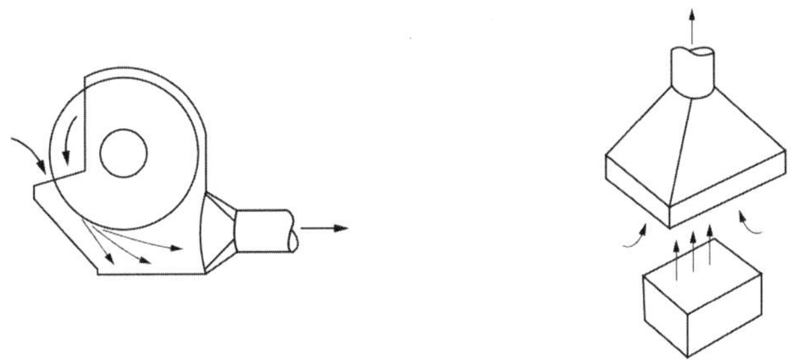

(a) 유해물질이 일정방향으로 비산하는 경우　(b) 열상승 기류가 있는 경우

그림 1.6 레시버식 후드

후드형태에 다른 유량산정 방법은 다음 표 1.2와 같다.

표 1.2 후드형태에 따른 유량산정 방법

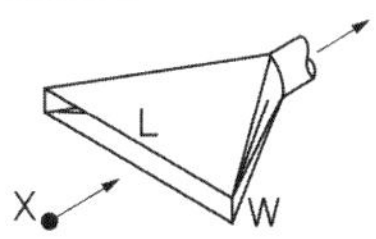	슬롯형 (Slot)	종횡비 : 0.2 이하 $Q=3.7LVX$
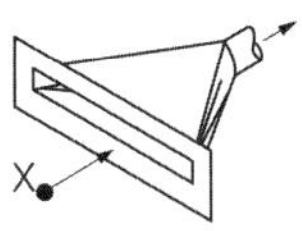	플랜지형 슬롯 (Flanged Slot)	종횡비 : 0.2 이하 $Q=2.6LVX$
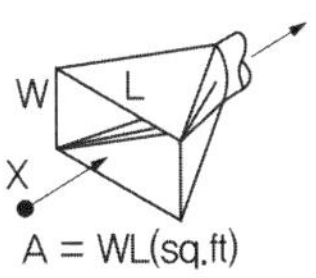	편평형 (Plain Opening)	종횡비 : 0.2 이상 또는 원형 $Q=V(10X^2+A)$
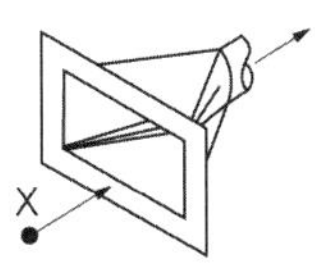	플랜지형 (Flanged Opening)	종횡비 : 0.2 이상 또는 원형 $Q=0.75V(10X^2+A)$
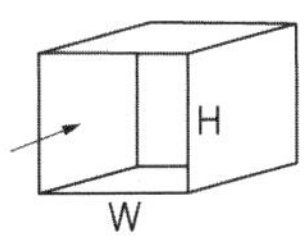	부스형 (Booth)	종횡비 : 작업에 맞게 $Q=VA=VWH$

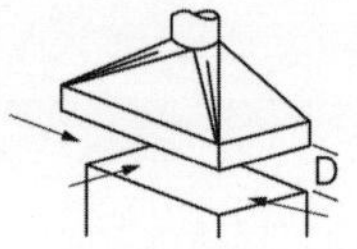	캐노피형 (Canopy)	종횡비 : 작업에 맞게 $Q=1.4PVD$ P : 둘레의 길이
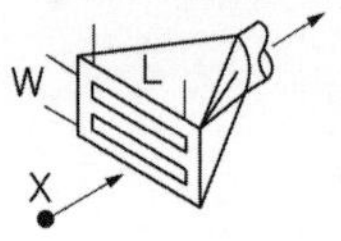	편평형 다중 슬롯 (Plain Multiple Slot Opening)	종횡비 : 0.2 이상 $Q= V(10X^2+A)$
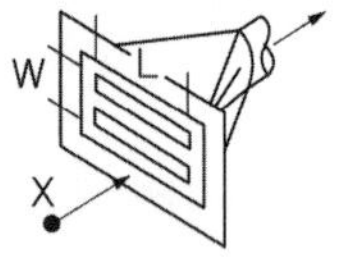	플랜지형 다중 슬롯 (Flanged Multiple Slot Opening)	종횡비 : 0.2 이상 $Q=0.75\,V(10X^2+A)$

(3) 후드의 제어속도

공기 중에서 유해물질을 후드 안으로 흡입하려면 유해물질의 발생원에 적절한 제어속도가 있어야 한다. 제어속도(Control Velocity 또는 Capture Velocity)란, 후드 전면 또는 후드 개구면에서 유해물질이 함유된 공기를 당해 후드로 흡입시킴으로써 그 지점의 유해물질을 제어할 수 있는 공기속도를 말한다.

다만, 포위식 및 부스식 후드에서는 후드의 개구면에서 흡입되는 기류의 풍속을 말하며, 외부식 및 레시버식 후드에서는 후드의 개구면으로부터 가장 먼 거리의 유해물질 발생원 또는 작업위치에서 후드 쪽으로 흡인되는 기류의 속도를 말한다.

발생한 오염물질을 후드로 끌어들이는 데 요구되는 제어속도는 오염원에서 뿐만 아니라 오염원에서 후드 반대쪽으로 비산하는 오염물질의 초기속도가 0이 되는 지점까지 도달해야 제대로 오염물질을 처리할 수 있다.

표 1.3 관리대상 유해물질의 제어속도

(고용노동부 기준)

유해물질의 상태	포위식 포위형	외부식 후드의 형식(m/sec)		
		측방 흡인형	하방 흡인형	상방 흡인형
가스 상태(가스 또는 증기)	0.4	0.5	0.5	1.0
입자 상태 (흄, 분진, 미스트)	0.7	1.0	1.0	1.2

표 1.4 ACGIH에서 권고하고 있는 제어속도의 범위

(단위 : m/s)

작업조건	작업공정 사례	제어속도
움직이지 않는 공기 중으로 속도 없이 배출됨	탱크에서 증발, 탈지 등	0.25~0.50
약간의 공기 움직임이 있고 낮은 속도로 배출됨	스프레이 도장, 용접, 도금, 저속 콘베이어 운반	0.50~1.00
발생기류가 높고 유해물질이 활발하게 발생함	스프레이 도장, 용기충전, 콘베이어 적재, 분쇄기	1.00~2.50
고속기류 내로 높은 초기속도로 배출됨	회전연삭, 블라스팅	2.50~10.00

* 제어속도 범위는 다음과 같은 경우를 고려하여 사용할 것

범위의 낮은 쪽	범위가 높은 쪽
1. 작업장 내 기류가 낮거나 포착하기 좋을 때	1. 작업장 내에 방해기류가 존재할 때
2. 유해물질이 저독성일 때	2. 유해물질이 고독성일 때
3. 물품 생산이 간헐적이고 생산량이 적을 때	3. 생산량이 많고 유해물질 사용량이 많을 때
4. 대형 후드로 유동 공기량이 많을 때	4. 소형 후드로 국소적일 때

제어속도를 결정하는 인자로는 후드의 모양, 후드에서 오염원까지의 거리, 오염물질의 종류 및 확산상태, 작업장 내 기류 등이다.

ACGIH(미국산업위생사협의회)에서는 작업조건 및 작업공정에 따라 표 1.4와 같은 제어속도를 권고하고 있다. 후드는 국소배기장치의 시작점으로 공간에서 오염물질이 포함된 공기를 유입시켜 주는 역할을 하므로 국소배기장치에서 가장 중요한 부분이다.

(4) 후드 선정 시 고려해야 할 조건

① 필요 환기량이 최소화되도록 설계할 것

㉠ 가급적 기류 차단판이나 커튼을 사용하여 오염원을 많이 포위한다.

㉡ 후드를 유해물질 발생원에 오염원에 가깝게 설치한다.

㉢ 공정에서 발생 또는 배출되는 오염물질의 절대량을 감소시킨다.

㉣ 후드 개구부에서 기류가 균일하게 분포되도록 설계한다.

② 작업자의 호흡영역을 보호할 것

㉠ 후드 내로 유입되는 오염물질이 작업자의 호흡 영역에 들어오지 않도록 후드를 위치시킨다.

㉡ 등을 구부리고 작업하는 용접이나 개방 처리조 작업인 경우에는 특히 주의하여야

한다.

③ 작업자가 사용하기 편리하도록 만들 것

㉠ 작업자에 작업에 방해가 되지 않으면서 발생되는 오염물질을 모두 제어할 수 있도록 적절한 후드를 선정한다.

㉡ 후드의 크기가 작으면 필요 환기량을 줄일 수는 있지만 작업자가 불편하여 미사용할 우려가 있다.

④ 가급적 추천된 설계 사양을 따를 것

㉠ 실제 설계 시 방해기류로 인해 설계 사양에 따라 설치한 후드의 성능이 떨어질 경우가 많으므로 주의하여 설계해야 한다.

㉡ 작업장 내에 존재하는 방해기류 및 오염물질의 독성, 유해물질의 발생특성 등을 고려하여야 한다.

⑤ 후드 설계 시 흡인거리, 물질, 비중 등 일반적인 오류를 범하지 말 것

㉠ 비중이 공기보다 무거운 기체는 작업장 내 바닥에 가라앉으므로 후드를 바닥에 설치하면 된다는 생각이다.
공기와 혼합된 오염물질은 공기와 비중이 거의 같아지므로 오염원의 위치를 고려하여 후드의 위치를 선정하여야 한다.

㉡ 후드 개구면으로부터 먼 거리에 있는 오염물질도 제어할 수 있다는 생각이다.
후드로 유입되는 기류는 개구부 주위에 구형의 기류를 형성하면서 유입속도는 개구부에서 덕트의 직경거리 이상을 벗어나면 급격히 감소한다.

3.2.2 덕트(Duct)

(1) 덕트의 정의

국소배기나 전체환기 장치에서 덕트는 후드와 송풍기, 송풍기와 배기구를 연결시켜 주는 역할을 한다. 인간의 몸에 비유하면 마치 혈관과 같은 것으로 혈관이 본류와 지류에 따라 동맥, 모세혈관 등으로 나누어지듯이 주덕트(Main), 가지덕트(Branch Duct), 접합부(Junction) 등으로 구성된다. 형태 및 기능에 따라 원형, 정방형, 장방형, 곡관, 합류관, 축소관, 확대관 등으로 분류된다.

(2) 덕트의 재질 선정

① 덕트는 내마모성, 내부식성 등의 재료 또는 도포한 재질을 사용하고, 변형 등이 발생하지 않는 충분한 강도를 지닌 재질로 하여야 한다.

② 덕트는 가능하면 원형관을 사용하고, 다음의 사항에 적합하도록 하여야 한다.
   ㉠ 가능하면 길이는 짧게 하고 굴곡부의 수는 적게 할 것
   ㉡ 접속부의 안쪽은 돌출된 부분이 없도록 할 것
   ㉢ 청소구를 설치하는 등 청소하기 쉬운 구조로 할 것
   ㉣ 덕트의 내부에 오염물질이 쌓이지 않도록 이송속도 유지할 것
   ㉤ 연결 부위 등은 외부공기가 들어오지 않도록 할 것

(3) 덕트의 접속

① 덕트의 접속 등은 다음의 사항에 적합하도록 설치하여야 한다.
   ㉠ 접속부의 내면은 돌기물이 없도록 할 것
   ㉡ 접속부는 덕트의 소용돌이(Vortex) 기류가 발생하지 않는 구조로 할 것
   ㉢ 곡관은 5개 이상 새우등 곡관으로 연결하거나, 곡관의 중심선 곡률반경은 덕트 지름의 2.5배 내외가 되도록 할 것
   ㉣ 주덕트와 가지덕트의 접속은 30° 이내가 되도록 할 것
   ㉤ 확대 또는 축소되는 덕트의 관은 경사각을 15° 이하로 할 것

② 덕트 내부에는 분진, 흄, 미스트 등의 퇴적예방을 위해 청소 가능 부위에 청소구를 설치하여야 한다.

③ 유해물질이 통과하는 덕트에는 응축된 미스트나 응축수 제거를 위한 드레인 밸브를 설치하여야 한다.

④ 덕트의 진동이 심한 경우, 진동전달 감소를 위한 지지대 등을 설치하여야 한다.

⑤ 덕트의 길이가 1 m 이상인 경우, 견고한 구조로 지지대 등을 설치하여 휨 등에 의한 구조변화나 파손 등이 발생하지 않도록 하여야 한다.

⑥ 작업장 천정 등의 설치 공간 부족으로 덕트 형태가 변경될 때에는 그에 따른 압력손실이 크지 않도록 설치하여야 한다.

⑦ 주름관 덕트(Flexible Duct)는 가능한 한 사용하지 않는 것이 원칙이나 부득이 필요에 의해 사용한 경우에는 접힘이나 꼬임에 의해 과도한 압력 손실이 발생하지 않도록 최소한의 길이로 설치하여야 한다.

(4) 덕트 내에 작용하는 공기 압력의 종류

공기가 이동하려면 두 지점 사이에 압력차가 있어야 한다. 즉, 압력이 높은 지점에서 낮

은 지점으로 힘이 작용하여 공기가 흐르게 된다. 덕트 내에서 작용하는 압력은 속도압, 정압, 전압이 있으며 여기서 속도압은 공기흐름 방향으로 미치는 압력이고, 정압은 모든 방향에서 동일한 압력이다.

속도압과 정압을 합한 값을 전압이라고 한다.

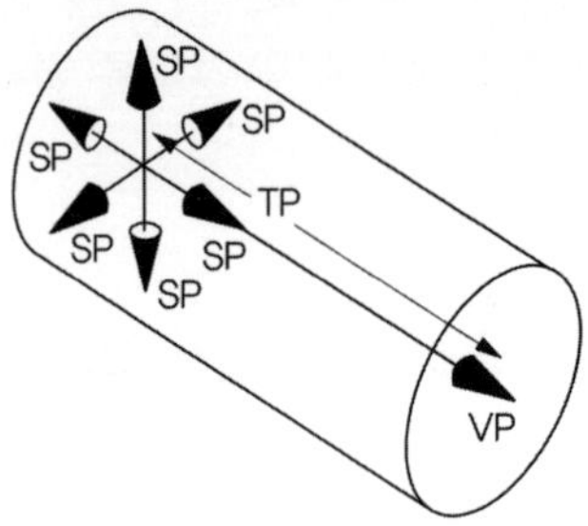

그림 1.7 덕트 내 정압, 속도압 및 전압

가. 속도압 또는 동압(VP, Velocity Pressure or Dynamic Pressure)

정지상태의 공기를 일정한 속도로 공기의 흐름방향으로 가속화시키는 데 필요한 압력으로 속도압은 공기가 이동할 때 생기며 항상 양압만 존재한다.

공기속도(V)와 속도압(VP)의 관계식은 다음과 같다.

$$V = 4.043\sqrt{VP}$$

여기서, V : 공기의 속도(m/sec)

VP : 속도압(mmH_2O)

나. 정압(Static Pressure, SP)

일정 공간에 있는 유체가 사방으로 동일하게 미치는 압력이다. 정압은 국소배기장치 내에 존재하는 잠재에너지(Potential Energy) 이다. 대기압보다 높을 때 양압(+)이라고 하며 대기압보다 낮을 때는 음압(−)이 된다.

다. 전압(Total Pressure, TP)

덕트 내 한 지점에서의 속도압과 정압을 합한 값을 전압이라고 하며, 다음과 같이 표시한다.

TP = SP + VP

분진을 취급하는 시스템에서 덕트의 눈막힘 현상과 침전 방지를 위해서는 최소한의 덕트 속도가 요구된다. 왜냐하면, 공기의 유속을 너무 크게 하면 전력 사용량이 늘어나고 덕트의 급격한 마모를 초래하는 등 여러 가지 문제가 나타나기 때문이다. 따라서 사업장 내에서 제거 대상 오염물질들이 덕트 내에서 막히거나 퇴적하지 않고 공기정화장치까지 운반되어지기 위해서는 반송속도가 항상 최소 설계보다 빨라야 한다. 다음은 덕트의 최소 속도가 이론치 또는 실험치보다 높아야 하는 이유에 대해 설명한 내용이다.

(5) 덕트의 최소 속도가 이론치 또는 실험치보다 높아야 하는 이유

① 만약 1개 이상의 분지관을 막거나 닫아버리게 되면 시스템의 유량이 감소되어 덕트 시스템 일부에서 유속의 저하가 나타난다.

② 덕트 장치에 이가 빠지는 것과 같은 손상이 발생하면 시스템 손상부분의 저항을 증가시켜 유량이 감소된다.

③ 덕트 어느 부위에서 공기가 새어 들어오면 그 부위 앞에서는 공기유량과 속도가 감소하고, 뒷부분에서는 공기유량과 속도가 증가한다.

④ 송풍기의 날개가 부식하거나, 송풍기 벨트가 헛돌게 되면 공기유량과 속도가 감소된다.

⑤ 국소배기시설 운전이 부적절하거나 덕트 내에 먼지가 침착되어 있을 경우 먼지 제거를 위해 덕트 속도 증가 등이 필요하다.

⑥ 점성물질이나 정전기적인 영향이 강한 분진이 존재하는 경우 유속만으로 막힘을 방지할 수 없으므로 특별한 대책이 필요하다.

(6) 반송속도의 결정

반송속도는 덕트를 통하여 이동하는 유해물질이 덕트 내에서 퇴적이 일어나지 않는 상태로 이동시키기 위하여 필요한 최소 속도를 말한다.

덕트에서의 반송속도는 국소배기장치의 성능향상 및 덕트 내 퇴적을 방지하기 위하여 유해 물질의 발생형태에 따라 정해진 기준에 따라야 한다. 너무 빠를 경우에는 불필요한 압력손실이나 소음 문제가 발생하게 된다.

3.2.3 공기정화장치(Air Cleaning Device)

국소배기장치에 의해 작업장으로부터 외부로 배출되는 오염물질은 대기오염을 유발하므로 외부로 배출하기 전에 오염물질을 정화하는 장치이다.

공기정화장치 선정을 위해서는 예비조사 단계에서 유해물질의 종류, 발생량, 입자의 크기, 형태, 밀도, 온도 등을 고려하여 선정하여야 한다. 공기정화장치를 설계할 경우 최소의 비용으로 최대의 집진성능을 유지하기 위해서는 배출가스의 특성과 함께 여러 가지 설계요인을 검토한 후 가장 적합한 집진장치를 선정하는 것이 무엇보다 중요하다. 다음은 공기정화장치에 설계 시 고려하여야 할 사항이다.

(1) 공기정화장치의 설계 시 고려되어야 할 항목

① 공기정화장치는 다음에 적합한 구조로 하여야 한다.

㉠ 마모, 부식과 온도에 충분히 견딜 수 있는 재질로 선정할 것

㉡ 공기정화장치에서 정화되어 배출되는 배기 중 유해물질의 농도는 다른 법령에서 정하는 바에 따를 것

㉢ 압력손실이 가능한 한 작은 구조로 설계할 것

㉣ 화재・폭발의 우려가 있는 유해물질을 정화하는 경우에는 방산구를 설치하는 등 필요한 조치를 하여야 하며, 이 경우 방산구를 통해 배출된 유해물질에 의한 근로자의 노출이나 2차 재해의 우려가 없도록 할 것

② 설치한 공기정화장치는 접근과 청소 및 정기적인 유지・보수가 용이한 구조이어야 한다.

③ 공기정화장치 막힘에 의한 유량 감소를 예방하기 위해 공기정화장치는 차압계를 설치하여 상시 차압을 측정하여야 한다.

공기정화장치는 후드로부터 포집된 오염공기를 외기로 배출하기 전에 정화하는 장치로 분진을 제거하는 장치와 가스나 증기를 제거할 수 있는 가스 제거장치 두 가지로 구분할 수 있다. 비교적 큰 입자상 물질 처리는 중력 및 관성력, 원심력 집진장치로 선정하고 미세한 입자상 물질은 여과 및 전기 집진장치를 사용하며, 오염원에서 발생되는 유해물질의 형상과 특성에 맞게 장치를 선정하면 된다.

(2) 성능유지

공기정화장치를 거친 유해가스 농도는 환경부의 환경관련법령에서 정하는 배출허용기준을 만족하도록 하여야 한다. 다만, 배기구를 옥내에 설치하고자 하는 경우에는 공기정화장치를 거친 유해가스에 포함된 유해물질로 인하여 작업장의 작업환경농도가 고용노동부장관이 정하는 유해물질의 노출 기준을 초과하지 않도록 하여야 한다. 또한, 작업장 내부에 설

치하는 공기정화장치는 작업장 내부로 유입 및 확산을 방지하기 위하여 덮개를 설치하고, 배기구를 옥외의 안전한 위치에 설치하여야 한다.

(3) 공기정화장치의 종류

① 입자상 물질을 처리하기 위한 공기정화기 : 중력 침강실, 관성력 집진장치 원심력 집진장치, 여과 집진장치, 세정 집진장치, 전기 집진장치

② 가스상 물질을 처리하기 위한 공기정화기 : 흡수탑, 흡착탑

표 1.5 공기정화장치의 종류

구 분	종 류	처리 방식
입자상 물질 처리	중력 침강실	가장 간단한 집진장치로 입자 자체의 무게에 의해 가라앉게 만드는 장치
	관성력 집진장치	유해물질 함유공기를 고속으로 유입시켜 내부에 설치한 장애물로 공기의 흐름을 급격히 바꾸면서 유해물질을 침강시키는 장치
	원심력 집진장치	유해물질 함유공기를 유입시켜 내부에서 회전시키고 그 원심력에 의해서 유해공기를 침강시키는 장치
	여과 집진장치	유해물질 함유공기를 유입시켜 여과재(Bag Filter)에 통과시킴으로써 공기를 정화시키는 장치
	세정 집진장치	액적, 액막, 기포 등에 의해 배기를 세정하여 공기를 정화시키는 장치
	전기 집진장치	고압의 직류전원을 이용한 코로나 방전해 의하여 분진을 내전시켜 제진극판에서 분진을 분리 포집하는 장치
가스상 물질 처리	흡수탑	배기가스를 흡수액(물, 알칼리, 산, 염류 등의 수용액)에 접촉시켜 반응을 시키거나 용해시켜 유해가스를 제거하는 장치
	흡착탑	흡착작용을 가진 흡착제를 유해가스가 함유된 공기를 통과시켜 유해가스가 흡착제에 흡수되어 제거되도록 하는 장치

(4) 입자상 오염물질의 처리

가. 중력 침강실(Settling Chamber)

입자의 중력을 이용하여 입자 자체의 무게에 의해 가라앉게 만드는 장치로 장치가 비교적 간단하여 시설 투자비가 적게 드는 장점이 있으나 미세입자 제거는 불가능하다. 침강 원리는 스토크 법칙(Stokes Law)이 적용되며 후단의 미세입자의 부담을 덜어주기 위한 전처리용으로 사용된다.

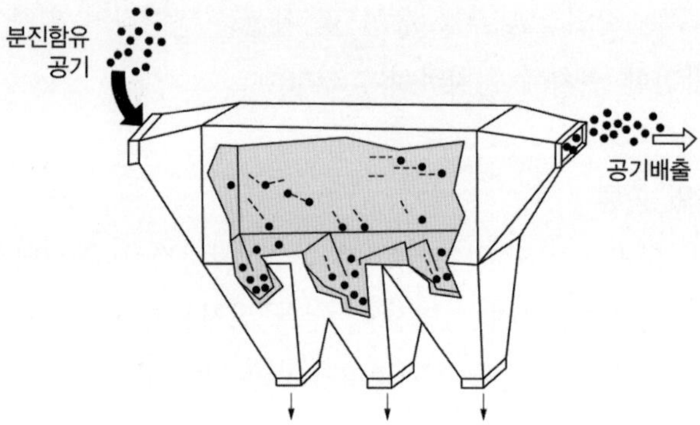

그림 1.8 중력 침강실

나. 관성력 집진장치(Inertial Separator)

관성력 집진장치는 입자상 물질을 고속으로 유입시켜 내부에 설치한 장애물(Baffle)에 충돌시켜 기류의 방향을 급격히 바꿈으로써 유해물질을 침강시키는 장치이다. 일반적으로 아주 큰 입자상 물질의 제거(10 μm 이상 입자)에 효율적이며 고온가스의 처리가 용이하다. 구조 및 원리가 간단하며, 비교적 적은 비용으로 큰 먼지입자를 효과적으로 제거할 수 있기 때문에 현장에서 미세입자 집진을 위한 전처리용 장치로 많이 사용된다.

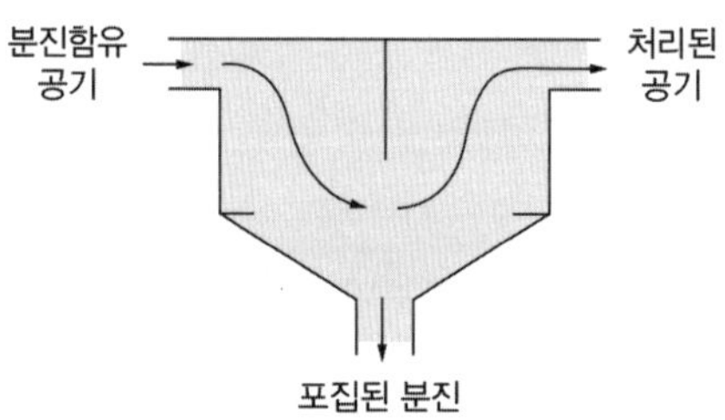

그림 1.9 관성력 집진장치

다. 원심력 집진장치(Cyclone)

원심력 집진장치는 고체나 액체를 함유한 오염물질이 포함된 공기를 입구로 유입시켜 선회운동을 통해 내부에서 회전시키고 그 원심력에 의하여 유해 공기를 침강시켜 분리시키는 장치이다.

비교적 적은 비용으로 큰 입자를 효과적으로 제거할 수 있기 때문에 현장에서 전처리용으로 널리 이용된다. 가동부가 없는 것이 기계적인 특징이며 가스유입 및 유출 형식에 따라 접선 유입식과 축류 유입식으로 구분한다.

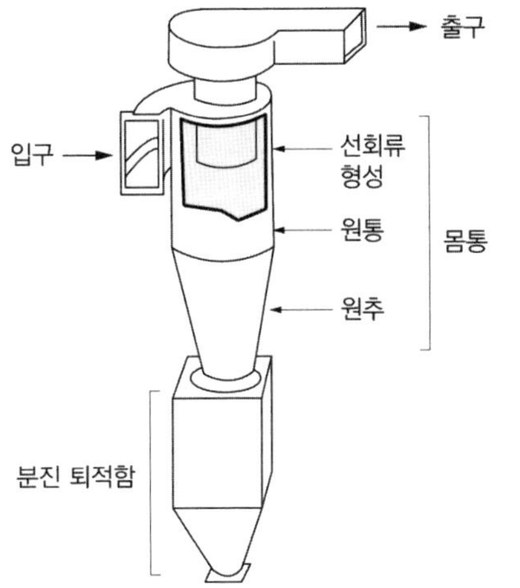

그림 1.10 원심력 집진장치

블로우 다운 효과(Blow Down Effect)를 적용하면 효율이 높아진다. 먼지박스(Dust Box) 또는 원추부(Hopper)에서 처리 가스량의 5～10%를 흡입함에 따라 원심력집진기 내의 난류 현상을 억제시킴으로써 집진된 먼지의 비산을 방지하고 먼지의 내벽 부착도 방지한다.

라. 여과 집진장치(Bag Filter)

여과 집진장치는 고효율 집진을 필요로 할 때 매우 흔하게 사용되는 것으로 산업 현장에서 쉽게 찾아볼 수 있다. 유해물질이 함유된 공기를 유입시켜 여과재(Bag filter)에 통과시킴으로써 공기를 정화시키는 장치로 여과재에 집진된 분진의 탈진 방식에 따라 진동형, 충격제트형, 역기류형으로 구분된다. 집진원리는 유해물질 함유공기가 필터(여과 섬유)를 통과할 때 분진은 여과재를 구성하는 섬유와 관성충돌, 직접 차단, 확산 그리고 중력, 정전기력 등이 복합적으로 작용하여 필터에 부착되어 가교를 형성하거나, 여과재 표면에 1차 층을 형성하여 집진이 된다.

① 직접 차단 : 비교적 큰 입자의 경우 섬유 사이의 공간을 빠져나가지 못해 여과재에 부딪혀 부착된다.

② 관성 충돌 : 섬유 사이의 공간을 통과할 수 있을 정도로 작으나 입자상 물질의 관성력에 의해 분진은 여과재에 충돌되어 부착된다.

③ 확산 : 매우 미세한 입자의 경우 유선을 따라 운동하지 않고 불규칙한 운동(브라운 운동)을 하다가 여과재에 포집된다.

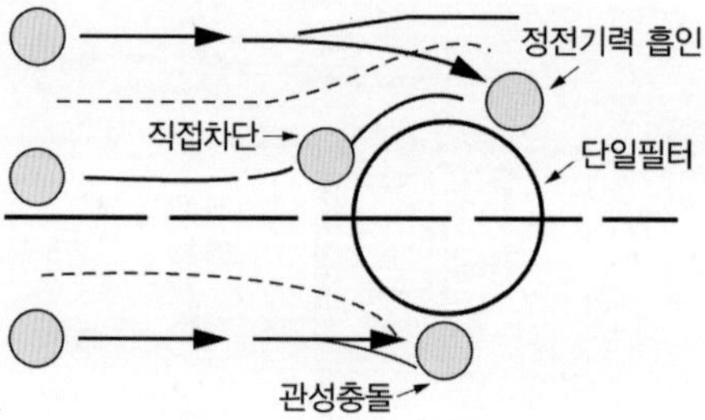

그림 1.11 여과재의 분진 포집원리

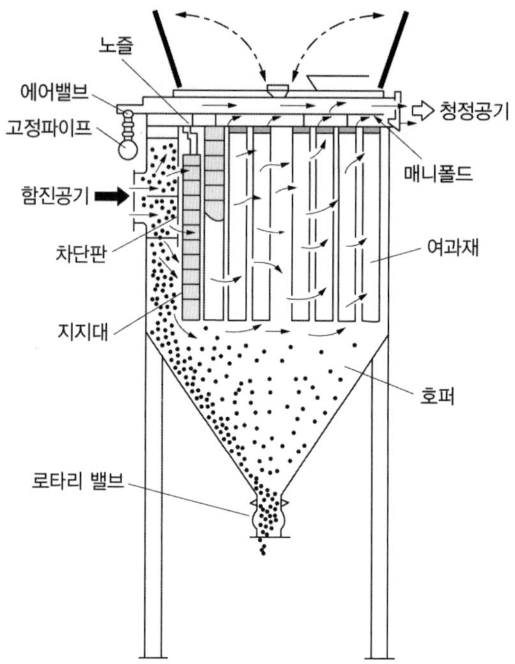

그림 1.12 여과식 집진장치

설치 조건에 따라 다양한 형태로 제작이 가능하고 여러 형태의 분진을 회수하여 재이용이 가능하다는 장점이 있으나, 반면에 고온이나 산・알칼리가 쓰일 경우에는 여과재의 수명이 단축이 되며 점성이 있는 분진을 제거할 경우에는 여과재가 막히는 블라인딩(Blinding) 현상이 발생되는 단점이 있다. 여과 집진장치의 효율을 향상시키기 위해서는 여과재의 선정이 가장 중요하다. 여과 속도는 작을수록 좋으며 지속적으로 여과재를 털어주는 등 여과재의 정기적인 점검이 중요하다.

마. 세정 집진장치(Wet Scrubber)

일명 스크러버(Scrubber)로 불리며 입자상 물질과 가스상 물질의 처리에 많이 사용된다. 원리는 액적, 액막, 기포 등에 의해 분진 및 유해가스가 함유된 분진을 물과 접촉시켜 유해가스를 세정하여 공기를 정화시키는 장치로 유수식, 가압수식, 회전식으로 분류한다. 세정 집진장치의 입자 포집원리를 간단히 요약하면 다음과 같다.

① 액적에 입자가 충돌하여 부착한다.
② 미립자의 확산에 의하여 입자가 서로 응집한다.
③ 배기의 증습(烝濕)에 의하여 입자가 서로 응집한다.
④ 입자를 핵으로 한 증기의 응결에 따라 응집성을 촉진시킨다.
⑤ 액막・기포에 입자가 접촉하여 부착한다.

유수식은 제진실 내에 일정한 세정액을 채운 후 처리가스를 고속으로 유입시켜 이때 생성된 다량의 액적・액막・기포와 접촉시키는 방식으로 S자 임펠러형(S-Impeller Type), 로터형(Rota Type), 나선 가이드베인형(Sprial Guide Vane Type), 오리피스 스크러버(Orifice Scrubber), 분수형 등이 있다. 가압수식은 세정액을 가압 공급하여 처리가스와 접촉시켜 세정하는 방식으로 벤츄리 스크러버(Venturi Scrubber), 제트 스크러버(Jet Scrubber), 싸이클론 스크러버(Cyclone Scrubber), 충진탑(Packed Tower), 분무탑 (Spray Type) 등이 있다.

회전식은 송풍기의 회전을 이용하여 물방울, 수막, 기포를 형성시켜 처리하는 방식으로 타이젠 워셔(Theisen Washer), 임펄스 스크러버(Impulse Scrubber) 등이 있다.

세정 집진장치의 장점은 처리 효율이 우수하며 입자상 물질 및 가스상 오염 물질의 제거 및 고온가스 처리가 용이하다. 반면에 폐수가 발생함에 따른 폐수처리장이 필요하며 충전제가 고가여서 유지비용이 많이 소요되며 흡수액 내 고형물질을 함유한 경우에는 장애가 발생하기 쉬운 단점이 있다.

사업장에서 비교적 많이 사용되는 장치이나 선정 시에는 폐수처리 문제를 사전 고려하여야 하며 접촉면적을 넓게 하여 처리효율을 상승시키기 위해서 폴링(Pall Ring), 새들(Saddle) 등의 충진재를 사용하는데 채널링(Channeling) 현상, 플로딩(Flooding) 현상의 발생에 주의하여야 한다.

세정탱크의 주기적인 청소, 적정 수준의 액・가스비 유지, 노즐의 막힘 현상에도 주의를 하여야 한다.

바. 전기 집진장치(Electrostatic Precipitators)

전기 집진장치는 전기적인 힘을 이용하여 입자상 물질을 포집하는 장치이다. 원리는 직류 고전압을 사용하여 적당한 불평등 전계를 형성하고, 코로나 방전을 이용하여 유해물질이 함유된 가스 중의 먼지에 전하를 부여, 대전입자를 쿨롱의 힘으로 그림 1.13과 같이 집진극으로 이동시켜 포집한다. 집진 메커니즘은 전계의 형성, 가스의 이온화, 입자의 하전, 하전 입자의 이동, 집진극에서의 포집 등으로 구분된다.

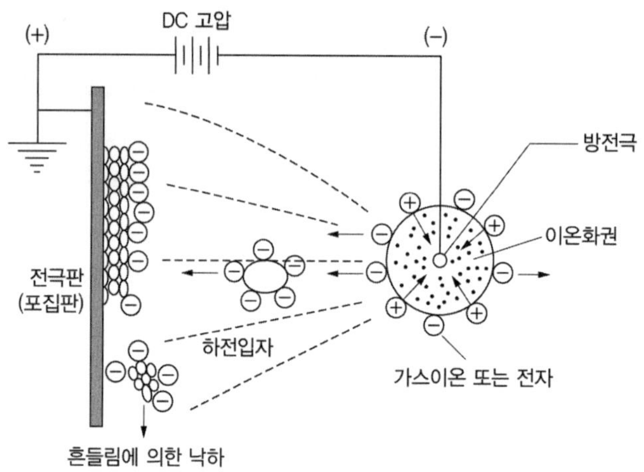

그림 1.13 전기 집진장치의 원리

전기 집진장치의 입자 포집원리를 요약하면 다음과 같다.

① 함진가스의 이온화 과정

② 분진입자의 대전 과정

③ 분진입자의 집진극으로 이동

④ 집진극에 포집된 분진 입자의 전하 상실 및 중성화 과정

⑤ 집진극으로부터 분진 입자의 제거 과정

전기 집진장치는 다른 집진기와 비교해서 다음과 같은 장점을 갖는다.

① 낮은 압력손실로 대량의 가스 처리가 가능하다(건식 10 mmH_2O, 습식 20 mmH_2O).

② 고온가스(500℃ 전후) 처리가 가능해 보일러, 철강로 등에 설치할 수 있다.

③ 건식 및 습식으로 집진이 가능하다.

④ 보수가 간단하며 운전 및 유지비가 저렴하다.

⑤ 넓은 범위의 입경과 분진농도에 집진효율이 높다.

단점으로는 다음과 같은 것을 들 수 있다.

① 초기 설치비가 많이 소요된다.

② 분진의 포집에만 적용되며 가스상 물질은 처리가 어렵다.

③ 먼지들의 비저항이 큰 분진은 집진효율이 떨어진다.

④ 먼지 입경이 큰 경우 효율이 떨어지므로 전처리 시설이 필요하다.

⑤ 가연성 입자 처리 시 폭발할 우려가 있다.

(5) 가스상 오염물질의 처리

가스상 오염물질은 화학제품의 제조 및 사용이나 화석연료의 연소과정에서 주로 발생되는데 독성과 악취로 인하여 산업현장뿐만 아니라 대기환경 측면에서도 여러 가지 악영향을 끼친다. 배기가스 중에 포함된 포름알데히드, 암모니아, 일산화탄소 등의 가스상 오염물질을 처리하는 방법으로 흡수법, 흡착법, 연소법 등이 널리 이용되고 있다.

가. 흡수법(absorption)

배출가스 내에 들어 있는 가스상 오염물질을 그 가스 성분이 잘 용해될 수 있는 흡수액에 접촉시켜 용해도에 따라 제거하는 방식으로 흡수액으로 물, 알칼리, 산, 염류 등의 수용액을 사용한다. 고효율 흡수효과를 얻기 위해 가스상 오염물질이 잘 용해되는 흡수액 사용과 오염물질과 흡수액이 충분한 접촉면적과 접촉시간을 가질 수 있도록 하여야 한다.

장점으로는 흡착법이나 연소법에 비해 처리비가 저렴하고 집진 및 가스의 냉각 등 다른 조작을 겸할 수가 있으나, 제거효율이 낮고 부대시설로서 폐수처리 시설이 필수적이며 적절한 후처리가 되지 않으면 백연현상 발생으로 주변의 민원발생이 우려된다.

흡수법에서 흡수액의 선정은 경제성을 좌우하므로 흡수액 선정 시 고려해야 할 구비조건은 다음과 같다.

① 가스를 많이 흡수하려면 용해도가 커야 한다.

② 흡수액의 손실을 줄이려면 휘발성이 낮아야 한다.

③ 장치를 보호하기 위해서는 부식성이 없어야 한다.

④ 본래의 성질을 오래 유지하려면 화학적으로 안정한 것이어야 한다.

⑤ 유출, 정비 시에 인체에 안전하려면 독성이 없어야 한다.

⑥ 가격이 저렴하고 구하기 쉬워야 한다.

그림 1.14 흡수탑

나. 흡착탑(Carbon Activated Tower)

가스상 오염물질 제거를 위해 흡착작용을 가진 다공성(Porous) 흡착제를 유해가스가 함유된 공기를 통과시켜 유해가스를 흡착제에 흡착되어 제거되도록 하는 장치이다. 주로 유기용제와 같은 악취물질 제거에 이용된다. 효율 향상을 위해서는 흡착제와의 접촉시간을 적절하게 결정하는 것이 오염가스 성분이 서서히 나타나게 되는데 이를 파과점(Break-Through)이라 하며 흡착률은 급격히 감소한다.

흡착탑의 효율 향상 및 눈막힘 현상 등을 예방하기 위해서는 전처리 필터를 설치하고 주기적으로 충진제를 교체하는 등 철저한 관리가 필요하다. 많이 사용되는 충진제는 다음과 같다.

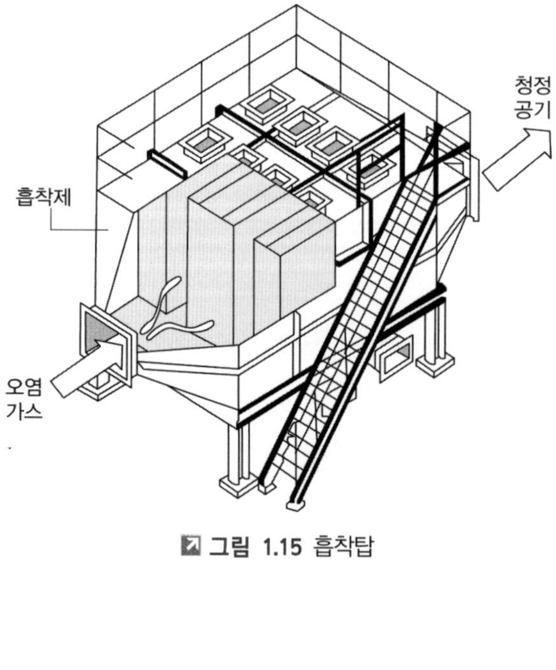

그림 1.15 흡착탑

① 활성탄 : 다공질로 표면적이 커서 일반적으로 사용되며 유기용제 증기의 제거를 위해 사용된다.
② 실리카겔 : 250℃ 이하에서 물과 유기물을 잘 흡착한다.
③ 활성 알루미나 : 물과 유기물을 잘 흡착하며 가열하여 재사용이 가능하다.

3.2.4 송풍기

(1) 송풍기의 종류

송풍기는 기계적 에너지를 기체에 주어 압력과 속도 에너지로 변환시켜주는 기계로서 유동을 일으키는 임펠러(Impeller), 임펠러로 들어가고 나오는 유동을 안내하는 케이싱(Casing), 동력을 생산하는 전동기(Motor)로 구성되며 동력은 일반적으로 직결 또는 V-Belt에 의하여 구동된다.

송풍기를 구입 및 사용 시에는 다음 사항을 고려하여야 한다.

① 송풍기는 설계 시 계산된 압력(송풍기 정압)과 배기량(송풍량)을 만족시킬 수 있는 크기의 송풍기를 선택한다.
② 유해물질의 이화학적 특성 및 공정의 특성에 따라 내마모성, 내산성, 내부식성 재질의 임펠러를 선택한다.
③ 마모, 부식, 분진의 퇴적에 의한 성능 저하가 발생하지 않아야 한다.
④ 전동기는 부하에 다소간 변동이 있어도 안정된 성능을 유지해야 한다.
⑤ 가능한 한 소음·진동이 적은 송풍기를 선택한다.
⑥ 화재·폭발의 위험이 있는 유해물질을 이송해야 하는 경우에는 방폭구조로 된 송풍기를 선택한다.

송풍기는 공기 흐름방향에 따라 축류 송풍기와 원심력 송풍기로 구분된다.

가. 축류 송풍기(Axial Flow Fan)

축 방향으로 흘러 들어온 공기가 축 방향으로 흘러 나갈 때 임펠러의 양력을 이용하는 방식이다. 원통형이므로 덕트 내에 삽입하여 사용이 가능하고 비교적 가벼워 재료비 및 설치비가 저렴하다는 장점이 있으나 압력손실이 비교적 많이 걸리는 시스템에 적용 시에는 서어징(Surging) 현상 발생으로 소음·진동이 심하다는 단점이 있다.

그림 1.16 축류 송풍기

그림 1.17 원심력 송풍기

나. 원심력 송풍기(Centrifugal Flow Fan)

축 방향으로 흘러 들어온 공기가 반지름 방향으로 흘러 나갈 때 생기는 원심력을 이용하여 공기를 이동시키는 방식으로 회전차(Impeller)의 모양에 따라 전향 날개형, 평판형, 후향 날개형, 익형(Airfoil) 4가지로 구분된다. 설치되는 국소배기 시설에 많은 압력이 소요될 경우 압력에 강한 후향 날개형 송풍기를 사용하고, 많은 유량이 필요한 경우 전향 날개형 송풍기를 사용한다. 또한, 분진이 많이 발생되는 작업이나 용접작업에는 날개에 분진이 퇴적되지 않는 평판형 송풍기를 사용하여야 한다.

표 1.6 원심력 송풍기의 종류 및 특성

종류	모양	특성	용도
전향날개형 (다익형, 시로코형)	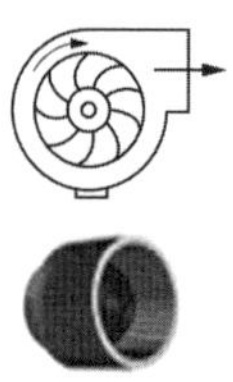	• 길이가 짧고 깃폭이 넓은 여러 개의 날개(36~64매) • 낮은 효율(60%) • 과부하 걸리기 쉬움 • 회전속도가 낮으나 빠른 배출 속도 • 소음 발생 적음 • 가격이 저렴	• HVAC 시스템 • 낮은 정압에 적합 • 날개에 부착된 부착물 제거가 어려워 분진 작업에 부적합
평판형 (방사형)		• 길이가 길고 폭이 좁은 가장 적은 수의 날개(6~12매) • 간단한 구조 • 회전차는 내마모성의 강한 재질 필요 • 고속회전이 가능 • 중간 정도의 최고 속도와 소음 발생 • 가격이 비쌈	• 높은 정압(500 mmHg)에 적합 • 무겁고 고농도의 분진에 적합(시멘트, 톱밥, 연마 등) • 부착성이 강한 분진

종류	모양	특성	용도
후향날개형 (터보형)	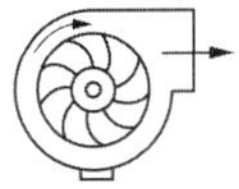 	• 길이와 폭은 방사형과 동일하며 중간 수의 날개(12~24매) • 효율이 좋고(85%) 안정적인 성능 • 과부하가 걸리지 않음 • 소음은 낮으나 가장 큰 구조	• 가장 광범위하게 사용 • 압력변동이 심한 경우 적합 • 비교적 깨끗한 공기에 적합
익형	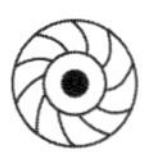 	• 깃 모양이 익형(airfoil)의 9~16개 날개 수 • 송풍량이 많아도 동력 증가하지 않음 • 기계효율이 가장 우수하며 소음도 가장 적음	• 비교적 깨끗한 공기의 환기장치나 HVAC 시스템에 적합 • 분진 작업에 부적합

(2) 송풍기의 구조 및 설치위치

가. 송풍기의 구조

① 송풍기는 국소배기장치 설계 시에 계산된 압력과 배기량을 만족시킬 수 있는 크기로 규격을 선정하여야 한다.

② 송풍기의 날개나 구성물은 내마모성, 내산성, 내부식성 재질을 사용하여 임펠러와 케이싱의 마모, 부식이나 분진의 퇴적에 의한 성능저하 또는 소음·진동이 발생하지 않도록 하여야 한다.

③ 화재 및 폭발의 우려가 있는 유해물질을 이송하는 송풍기는 방폭구조로 하여야 한다.

④ 전동기는 부하에 다소간 변동이 있어도 안정된 성능을 유지하고 가능한 한 소음·진동이 발생하지 않는 것을 사용하여야 하며, 과부하 시의 과전류 보호장치, 벨트 구동부분의 방호장치 등 기타 기계·기구 및 전기로 인한 위험예방에 필요한 안전상의 조치를 하여야 한다.

나. 송풍기의 설치

① 송풍기는 가능한 한 옥외에 설치하도록 하여야 한다.

② 송풍기 전후에 진동 전달을 방지하기 위하여 캔버스(Canvas)를 설치하는 경우 캔버스의 파손 등이 발생하지 않도록 조치하여야 한다.

③ 송풍기의 전기 제어반을 옥외에 설치하는 경우에는 옥내작업장의 작업영역 내에 국소배기장치를 가동할 수 있는 스위치를 별도로 부착하여야 한다.

④ 옥내 작업장에 설치하는 송풍기는 발생하는 소음 및 진동에 대한 밀폐시설, 흡음시설,

방진시설 설치 등 소음·진동 예방조치를 하여야 한다. 국소배기장치 설계 시에 계산된 압력과 배기량을 만족시킬 수 있는 크기로 규격을 선정하여야 한다.

⑤ 송풍기의 설치 시 기초대는 견고하게 하고 평형상태를 유지하도록 하되, 바닥으로 부터의 진동의 전달을 방지하기 위하여 방진스프링이나 방진고무를 설치하여야 한다.

⑥ 송풍기는 구조물 지지대, 난간 등과 접속하지 않아야 한다.

⑦ 강우, 응축수 등에 의하여 송풍기의 케이싱과 임펠러의 부식을 방지하기 위하여 송풍기 내부에 고인 물을 제거할 수 있도록 배수 밸브(Drain Valve)를 설치하여야 한다.

⑧ 송풍기의 흡입부분 또는 토출 부분에 댐퍼를 사용한 경우에는 반드시 댐퍼 고정장치를 설치하여 작업자가 송풍기의 배풍량을 임의로 조절할 수 없는 구조로 하여야 한다.

다. 'Six In and Three Out' 규칙

송풍기의 시스템 손실을 최소화하기 위해서는 입구 덕트의 길이는 직경의 6배 이상의 직관을, 출구 덕트의 길이는 직경의 3배 이상 직관을 사용하여야 한다. 출구의 직사각형 덕트의 직경은 면적이 동일한 원형 덕트 직경(D′)으로 한다.

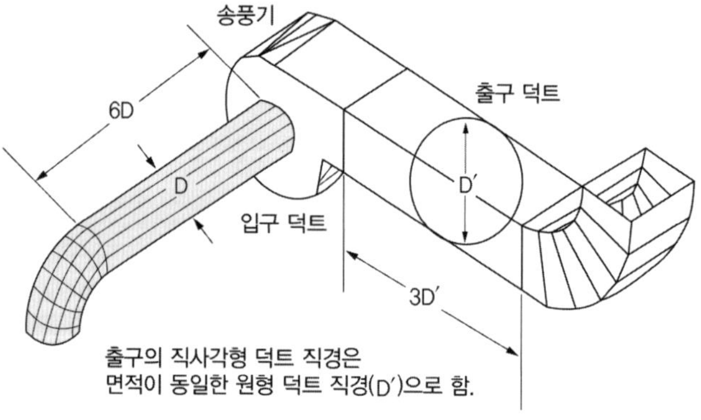

그림 1.18 송풍기의 Six In and Three Out

3.2.5 최종 배출구

배기구는 공기를 최종적으로 실외로 이송시키는 배출구를 말한다. 배기구를 설계할 경우 알아야 할 "15-3-15"의 규칙과 배기구를 설치할 경우 고려해야 할 사항에 대해 알아보자.

(1) 15-3-15 법칙

배기구는 일반적으로 "15-3-15"의 규칙에 따라 설계한다.

실내로 공기를 공급하는 시설의 유입구로 부터 15 m 떨어진 위치에 이웃하는 배기구의 지붕보다 3 m 높게 설치한다. 또한 공기가 배출구에서 적절하게 배출되기 위해서는 15 m/sec 이상이 되도록 한다.

(2) 배기구를 설치할 경우 고려해야 할 사항

① 아래로 내려 미는 공기 즉, 세류(洗流 : Downwash)를 없애기 위해서는 배기구의 속도가 바람 속도의 1.5배 이상이 되어야 한다.

② 내부식성, 내마모성이 있는 재질을 사용한다.

③ 배기구의 속도가 13 m/sec를 초과하면 빗방울의 배기구 유입을 막을 수 있다(빗방울의 속도는 10 m/sec).

④ 가능하면 배기구는 지붕에서 가장 높은 곳에 위치시킨다.

⑤ 배기구는 빗물이 유입되지 않는 구조이어야 한다. 가장 좋은 배기구의 모양은 실린더형이며 빗물 제거(Drain)가 필요하면 설치한다.

⑥ 배출지점은 작업장의 공기 흡인지점(창문, 출입구 등)에서 멀리 있어야 한다.

3.3 국소배기장치의 설계 순서

국소배기장치 설치 전에는 현장 여건 등으로 문제가 되지 않도록 현장 확인을 통해 공기정화장치나 송풍기 설치 장소를 사전에 확인하고 만약 근로자가 설치를 반대하거나 설계변경 필요 시 협조를 구하기 위해 근로자의 동의를 얻고 국소배기장치 필요성을 충분히 이해시킨 후에 설치하는 것이 바람직하다.

일반적으로 국소배기장치의 설계는 다음과 같은 순서로 한다.

① 후드를 설치할 장소, 형식, 설치 위치를 결정한다.

- 후드의 형식은 작업장의 현황을 고려하여 선정하는데 가능하면 포위식 후드로 설치한다.
- 발생원의 포위가 어려운 경우에는 외부식 후드로 설치하고 배출방향은 발생원에 가깝고 작업자와 반대방향으로 한다.

② 제어속도를 결정하고 필요 송풍량을 산출한다.

- 발생원에서 오염물질의 비산방향, 비산거리 및 후드의 형식을 고려한다.

- 제어속도와 후드의 개구면적으로 소요 송풍량을 산출한다.

③ 반송속도를 결정하고 덕트의 직경을 구한다.

- 오염물질의 종류에 따라 덕트 내부에 분진 및 오염물질이 퇴적하지 않는 반송속도를 결정한다.
- 결정된 반송속도와 송풍량을 기준으로 덕트의 구경을 계산한다.

④ 후드의 크기를 결정한다.

⑤ 덕트의 배치와 설치장소를 선정한다.

- 배관의 내경이 너무 굵어서 배치가 어려울 때에는 후드의 설치장소와 후드의 형식을 재검토하여 송풍량을 적게 한다.

⑥ 공기정화장치를 선정한다.

- 배출허용기준을 만족하는 유해가스 처리장치의 형식을 선정한다.

⑦ 국소배기장치의 계통도와 배치도를 작성한다.

- 후드, 직관과 곡관의 내경, 길이, 공기정화장치, 송풍기 및 배기구의 계통도를 기초로 하여 배치도를 작성한다.

⑧ 총 압력 손실량 계산

- 후드, 덕트, 공기정화장치 등의 총 압력 손실의 합계를 산출하여 소요되는 총 압력 손실량을 산출한다.

⑨ 송풍기의 용량을 선정한다.

- 국소배기장치의 총 압력손실과 총 배기량을 기준으로 송풍기의 풍량과 정압, 그리고 소요동력을 산출하여 송풍기를 선정한다.

4 교육

산업안전보건법에 사업장에서 근로를 제공하고 있는 근로자에 대하여 정기적으로 안전·보건에 관한 교육을 실시하게 되어 있다. 그리고 산업안전보건법의 교육은 사업주 교육과 직무교육으로 나누어진다. 사업주 교육은 정기교육과, 채용 시 교육, 작업내용 변경 시 교육과 특별교육이 있고 직무교육은 관리책임자, 안전관리자, 보건관리자, 재해예방 전문기관의 종사자에게 실시하는 교육이 있다. 해당 교육별 교육시간은 표 1.7과 같고 건설업 기초안전보건 교육은 건설일용 근로자가 그 대상이고 교육시간은 4시간을 실시하면 된다.

표 1.7 사업장 내 안전 보건교육

교육과정	교육대상		교육시간
가. 정기교육	사무직 종사 근로자		분기 3시간
	사무직 종사 근로자 외의 근로자	판매업무에 직접 종사하는 근로자	분기 3시간
		판매업무에 직접 종사하는 근로자외의 근로자	분기 6시간
	관리감독자의 지위에 있는 자		연간 16시간
나. 채용 시 교육	일용근로자		1시간 이상
	일용근로자를 제외한 근로자		8시간 이상
다. 작업내용 변경 시 교육	일용근로자		1시간 이상
	일용근로자를 제외한 근로자		2시간 이상
라. 특별교육	시행규칙 별표8의2 제1호 라목 각 호의 어느 하나에 해당하는 작업에 종사하는 일용근로자		2시간 이상
	시행규칙 별표8의2 제1호 라목 각 호의 어느 하나에 해당하는 작업에 종사하는 일용근로자를 제외한 근로자		16시간 이상

직무교육인 관리책임자 등에 대한 교육시간은 표 1.8과 같다. 교육 실시 전년도에 사업장이 무재해이면 교육시간을 반으로 줄여 실시할 수 있다.

표 1.8 사업장 내 직무교육 시간

구분	관리책임자	안전관리자	보건관리자	재해예방전문지도기관의 종사자	비고
신규	6시간 이상	34시간 이상	34시간 이상	-	선임 후 3개월 이내
보수	6시간 이상	24시간 이상	24시간 이상	24시간 이상	매 2년마다 전·후 3개월 이내

사업장에서는 산업안전 · 보건 교육을 실시하고 반드시 교육의 실시에 대한 기록을 남겨두어야 한다. 그리고 교육 내용이 법에 정해져 있는 교육은 반드시 교육 내용을 포함하여 진행하여야 한다. 예를 들면 물질안전보건자료에 대한 교육은

① 대상 화학물질의 명칭 또는 제품명

② 물리적 위험성 및 건강 유해성

③ 취급상의 주의사항

④ 적절한 보호구

⑤ 응급조치 요령 및 사고 시 대처방법

⑥ 물질안전보건자료 및 경고표지를 이해하는 방법의 내용이 포함된 내용으로 교육해야 한다.

Reference

1. 작업공정별 보건관리 매뉴얼. 대한산업보건협회
2. 산업위생. 김광종 외. 신광출판사. 2004
3. 산업위생관리 기술사. 서영민 외. 성안당. 2018
4. 산업보건 총람. 안전보건 자료사. 1992
5. 직무교육교재(보건관리전문기관). 안전보건공단. 2019
6. 산업안전보건교육 규정. 고용노동부. 2018-73호
7. 산업환기 이론 및 실제. 한돈희. 신광출판사. 2013
8. 국소배기장치 검사원. 안전보건공단. 2015
9. 환경기술인 법정교재 대기관리. 환경보전협회. 2013
10. 산업환기. 김태형 외. 신광출판사. 2011
11. 국소배기장치 구입 및 사용 시 안전보건 기술 지침. 안전보건공단. 2014
12. 산업환기 설비에 관한 기술지침. 안전보건공단. 2012
13. 안전검사 고시. 고용노동부. 2019
14. Occupational Health Practice. 3rd. ed. H.A. Waldron. Butterworths Co(Pub). 1988
15. Encyclopedia of Occupational Health and Safety(1)(11). 3rd. ed. ILO. 1983
16. Fundamentals of Industrial Hygiene. 3rd. ed. Batinal Counsil. 1988
17. Public Health. Handon Pickets. 2nd. ed. The C.V. Mosby Company. 1979
18. Occupational Health. Barry. S.Levy. Little Brown and Company. 1988
19. ACGIH. Industrial Ventilation-A Manual of Recommended Practice, 24th. ed. 2001
20. 健康障害. 安全工學協會 東京. 1982
21. 作業環境測定 ガイドプシク. (社)日本作業環境測定協會. 1984
22. 勞動衛生の知識. (社)日本作業環境測定協會 平成. 1991

제2장

청력보존 프로그램과 소음

1 소음일반

1.1 개요

소음은 보통 원하지 않는 소리, 듣기 싫은 소리로 정의된다. 정의에서 알 수 있는 것처럼 상당히 주관적인 개념의 정의를 가지고 있는 인자이다.

밤에 물방울이 떨어지는 소리 또는 시계의 초침 가는 소리 때문에 신경이 쓰여서 잠을 이뤄보지 못한 사람의 경우는 이러한 소리가 소음으로 규정될 수 있다. 그러나 이러한 음들은 음압 자체가 상당히 낮은 수준을 보인다.

산업보건에서는 이러한 음에 대한 정의보다는 근로자에게 노출이 이루어 졌을 때 청력장애를 유발 할 수 있는 음들을 소음으로 규정하고 있다. 다시 말하면 고음압, 고주파의 음들이 여기에 해당한다고 말할 수 있다.

1.2 주파수

사람이 들을 수 있는 가청주파수 영역은 통상적으로 20~20,000 헤르츠(Hz) 사이의 주파수를 듣는데 이를 중심 주파수로 끊어 보면 31.3, 63, 125, 250, 500, 1,000, 2,000, 4,000, 8,000,

16,000 Hz가 있으며 이 중 500∼1,000 Hz를 사람의 목소리의 주된 주파수로 말하며 이 주파수보다 낮은 주파수를 저주파 영역 그리고 높은 주파수를 고주파 영역의 소음으로 구분한다. 그리고 소음성 난청의 초기 증상인 C_5-dip 현상은 사람의 목소리 보다 높은 고주파 영역의 4,000 Hz에서의 증상을 의미한다. 그래서 고주파 영역의 소음에 반복적으로 노출되면 소음성 난청으로 발전되기 쉽다. 이러한 이유 때문에 산업보건에서는 음압도 중요하지만 발생하는 음의 주파수를 중요하게 생각하고 있다.

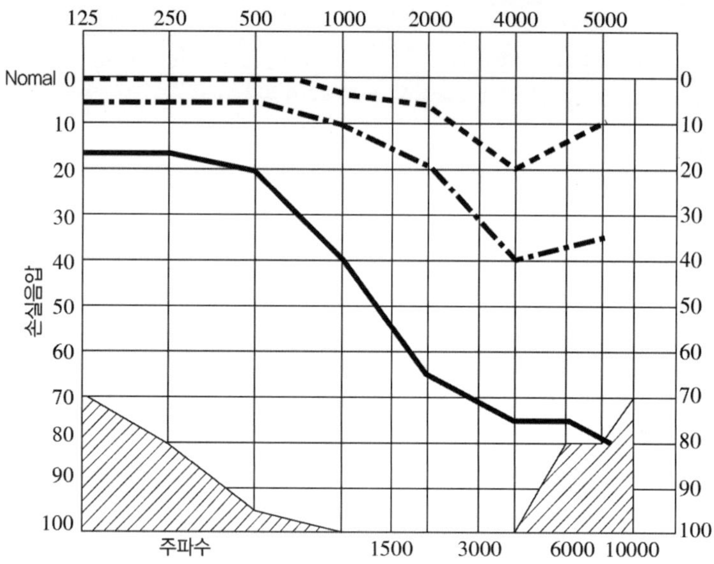

그림 2.1 소음성 난청(C_5–dip) 증상의 그래프

1.3 인체에 미치는 영향

발생한 음은 우리 인체의 외이도를 거쳐 중이에 이르게 되고 중이에서 진동이 된 음은 추골, 침골, 등골을 거쳐 내이의 난원창으로 전달된다. 이때의 압력은 내이액을 움직여 진정관과 고막관을 통하여 정원창에 이르러 없어진다. 이러한 내이액의 진동은 와우 각관의 막에 부딪혀서 그 속에 있는 코르티씨 기관의 유모세포를 자극하고 이에 연결된 신경에 전달되어 뇌에 전달되게 된다.

소음이 인체에 미치는 영향은 일시적 청력장애와 영구성 청력장애가 있으며 일시적 청력장애는 청각의 피로로 일어나며 소음 환경을 벗어나면 회복할 수 있는 장애이다. 그러나 영구성 청력장애는 초기증상이 C_5인 4,000 Hz에서 일어나며 지속적으로 소음에 노출이 일어날 시에는 가청 주파수 전 영역으로 확산되어 회복과 치료가 불가능하게 되는 장애이다. 그리고 소음은 이러한 장애 외에 대화방해, 작업방해가 있을 수 있다. 그리고 저주파수의 소음에 지속적으로 노출이 이루어지면 신경계통의 장애가 일어나기도 한다.

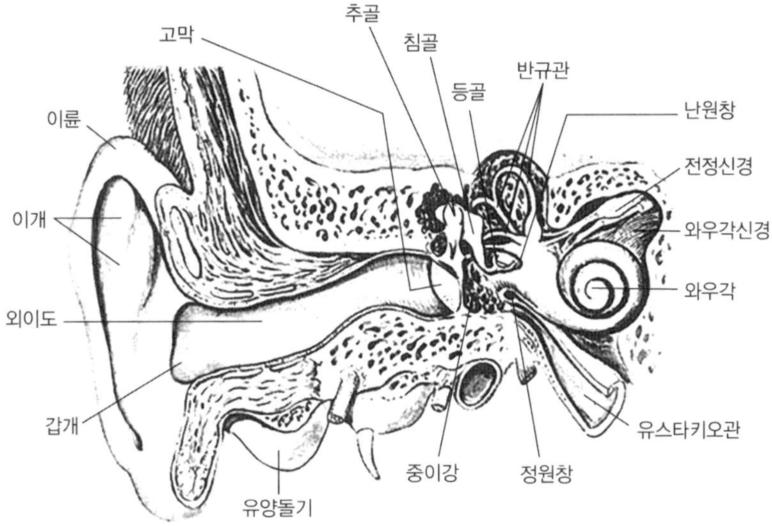

그림 2.2 귀의 구조

1.4 소음의 전파 원리

작업장에서 발생하는 음은 반사, 회절, 투과, 흡수 등의 전파로 작업장의 소음 환경이 형성되게 된다. 작업장에서 발생하는 음의 성질을 알아야 효과적인 대책을 세울 수 있다.

① 반사 : 작업장과 같은 실내에서는 자유공간과는 달리 벽, 천장, 바닥 그리고 설비 등의 반사 요소가 많이 있다. 그 요소들에 의해 반사되어 나오는 음을 반사음이라고 한다. 음의 반사 형태는 입사각과 반사각이 대칭을 이룬다.

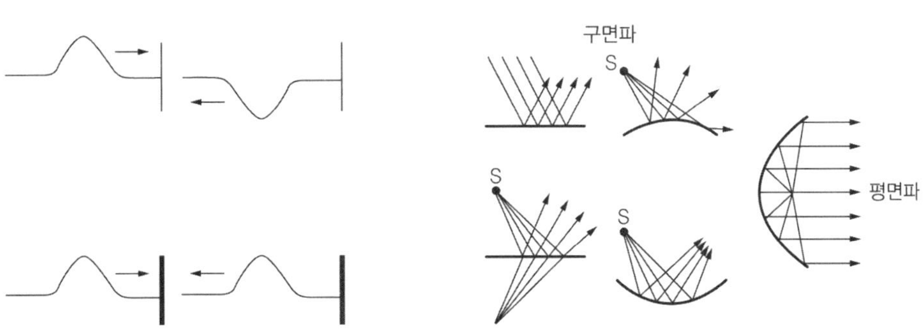

그림 2.3 음의 반사

② 회절 : 장애물의 뒤편으로 음이 전달되는 현상을 말한다. 음의 회절은 파장과 장애물의 크기에 따라 다르며 파장이 크고 장애물이 작을수록 그리고 물체의 구멍에 있어서는 구멍이 작을수록 회절은 잘 된다.

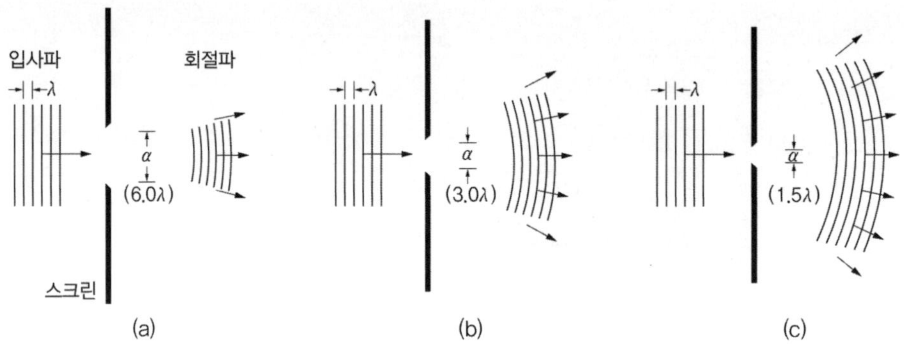

그림 2.4 음의 회절

③ 투과 : 소리가 벽같은 물체에 부딪히면서 반사 또는 흡수되지만 벽을 뚫고 투과되는 투과음도 발생하게 된다. 음의 투과량은 주파수가 적을수록 즉 저음에 가까울수록 크게 된다. 어떤 재료의 벽을 음이 투과해서 최초의 음보다 작게 되는 양을 "투과손실(Transmission Loss : TL)"이라 하고 투과손실이 큰 재료를 차음재료라 한다.

④ 흡수 : 음은 100% 반사되는 것이 아니고 재료에 따라서 일부는 흡수되기도 한다. 재료가 입사음의 에너지를 흡수하는 비율을 흡음률이라고 한다.

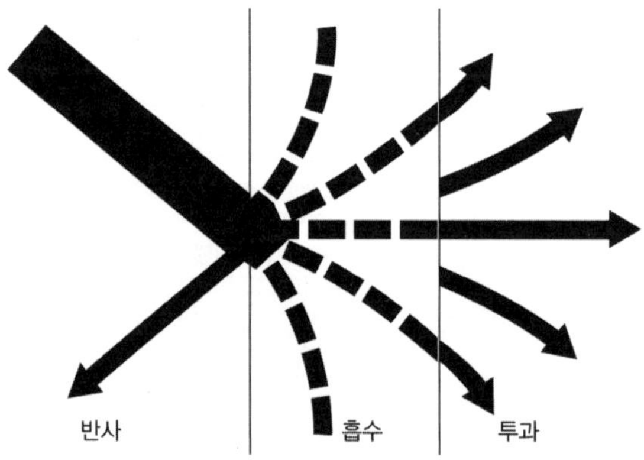

그림 2.5 음의 반사, 흡수, 투과

1.5 소음성 난청에 영향을 주는 요인

심한 소음에 노출이 이루어지면 작업자는 난청에 걸릴 수 있는데 난청은 일시적 난청과 영구적 난청으로 구분된다. 일시적 난청은 정상적인 청력으로의 회복이 가능한 상황을 말하며 영구적 난청은 코르티씨 기관의 신경말단이 손상이 되어 발생한 난청으로 회복과 치료가 불가능하다.

소음성 난청은 4,000 Hz에서 시작되어 전 주파수 영역으로 확산되며 소음성 난청에 영향을 미치는 요소는 높은 음압수준에서 고주파수 음에서 연속적 노출에서 더 유해하며 개인에 대한 감수성의 차이가 있어서 모든 사람들이 똑같이 반응하는 것은 아니다.

1.6 소음원의 합산

소음원을 합산하는 방법은 두 가지의 방법이 있다.

아래의 계산식으로 음원을 합산하는 방식이 있고 발생하는 두 음의 차이를 구해 그래프로 음의 합산 정도를 구하는 방법이 있다.

$$L_{eq} = 10\log\left(\sum_{i=1}^{n} fi \times 10^{\frac{Li}{10}}\right) \quad [\text{dB(A)}]$$

여기서, fi : Li의 지속 시간율

Li : i번째의 소음 레벨

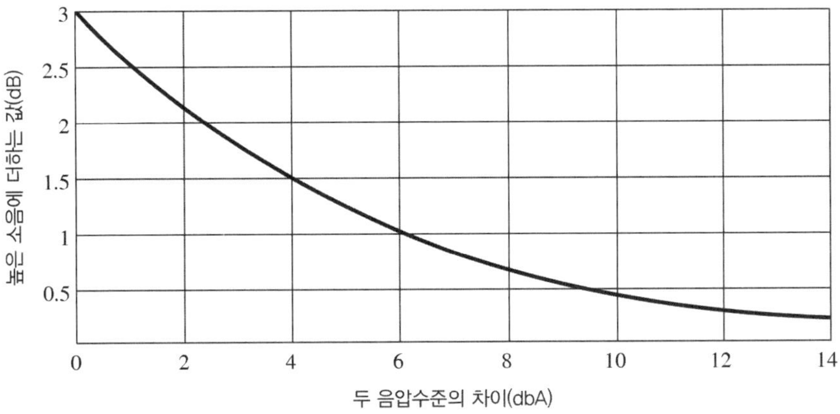

그림 2.6 음압의 차에 따른 합산 그래프

그림 2.6의 그래프에서 알 수 있는 것처럼 일반적으로 같은 음이 두 개가 있으면 3 dB(A) 정도가 상승한다. 소음원이 3개 이상인 경우에는 먼저 큰 음원 두 개를 합산하고 나머지 하나를 합산하면 된다.

1.7 소음전파

음원은 점음원과 선음원으로 나누어지는데 점음원은 음원의 크기가 음의 전파거리에 비해 아주 작은 음원을 말하며 선음원은 고속도로의 자동차 소음과 철도소음처럼 여러 개의 점음원이 모여 선처럼 연결되는 음을 말한다.

점음원

자유공간 $SPL = PWL - 10\log(4\pi r^2) = PWL - 20\log r - 11$

반자유공간 $SPL = PWL - 10\log(2\pi r^2) = PWL - 20\log r - 8$

선음원

자유공간 $SPL = PWL - 10\log(2\pi r) = PWL - 10\log r - 8$

반자유공간 $SPL = PWL - 10\log(\pi r) = PWL - 10\log r - 5$

여기서, SPL : 음압레벨(Sound Pressure Level)

PWL : 음향파워레벨(Power Level)

r : 거리

이 식으로 볼 때 점음원은 거리가 2배가 될 때마다 6 dB씩 감소하고 선음원은 3 dB씩 감소한다.

2 청력보존 프로그램

2.1 개요

청력보존 프로그램은 작업자의 청력을 보호하기 위하여 소음노출 평가, 소음노출 기준 초과에 따른 공학적 대책, 청력보호구의 지급과 착용, 소음의 유해성과 예방에 관한 교육, 정기적 청력검사, 기록 · 관리 사항 등이 포함된 소음성 난청을 예방 · 관리하기 위한 종합적인 계획을 말한다.

2.2 대상

청력보존 프로그램을 수립하여 관리해야 할 대상은 다음과 같다.

① 강렬한 소음(90 dB(A))이 발생하는 사업장

② 소음성 난청자(D1)가 발생한 사업장

③ 기타 소음 환경의 관리가 필요하다고 인정되는 사업장 등

2.3 청력보존 프로그램의 구성

청력보존 프로그램의 기본 내용은 다음과 같다.

① 교육 : 소음성 난청의 예방과 청력보호를 위한 교육의 제공

② 측정 : 작업장 소음 수준의 정기적인 측정과 평가

③ 공학적 관리 : 소음을 제거하기 위한 공학적 관리와 소음노출을 줄이기 위한 작업관리

④ 보호구 : 청력보호구의 제공과 착용지도

⑤ 건강관리 : 소음작업 근로자에 대한 배치전 및 정기적 청력검사・평가와 사후관리

⑥ 기록, 평가

청력보존 프로그램의 수립・시행의 문서 및 기록・관리

청력보존 프로그램의 수립・시행 결과에 대한 정기적인 평가와 보완

외국의 청력보존 프로그램과 한국의 청력보존 프로그램의 내용을 비교하여 보면 다음과 같다.

표 2.1 외국과 한국의 청력보존 프로그램의 내용 비교

외 국	한 국(KOSHA)
1. Noise Monitoring (소음측정(주파수포함)) 2. Hearing Protection (청력보호구) 3. Hearing Tests (청력손실측정) 4. Training (훈련)	1. 목적 2. 적용범위 3. 용어의 정의 4. 청력보존 프로그램의 목표 5. 청력보존 프로그램의 내용 6. 청력보존 프로그램의 운영체계 7. 소음성 난청 예방 교육 8. 소음측정 및 노출 평가 9. 공학적 대책 10. 청력보호구의 지급 및 착용 11. 청력검사・평가 및 사후관리 12. 문서 및 기록・관리 13. 청력보존 프로그램의 평가

2.4 조직의 구성과 구성원 역활

청력보존 프로그램은 통상적으로 기존 조직과는 별도의 T/F(Task Force)팀을 구성하여 프로그램을 운영 및 관리하는 것이 좋다.

T/F팀은 보건관리자, 해당부서 관리자, 설비 담당자, 외부 소음 전문가로 구성하고 보건관리자는 팀의 리더로 팀의 운영에 대한 지속적 관리와 주기적 회의 진행 및 팀의 성과보고 그리고 소음 감소를 위한 기본 개념의 교육 업무를 담당한다. 해당부서 관리자와 설비담당자는 소음설비에 대한 기초조사와 팀의 소음감소 활동과 생산성 관계 검토업무와 소음 감소 작업의 시행 및 개선 업무를 지원한다. 그리고 외부 소음 전문가는 소음 감소 활동에 대한 전문 지식을 제공하고 조언한다.

2.5 청력보존 프로그램 업무 흐름도

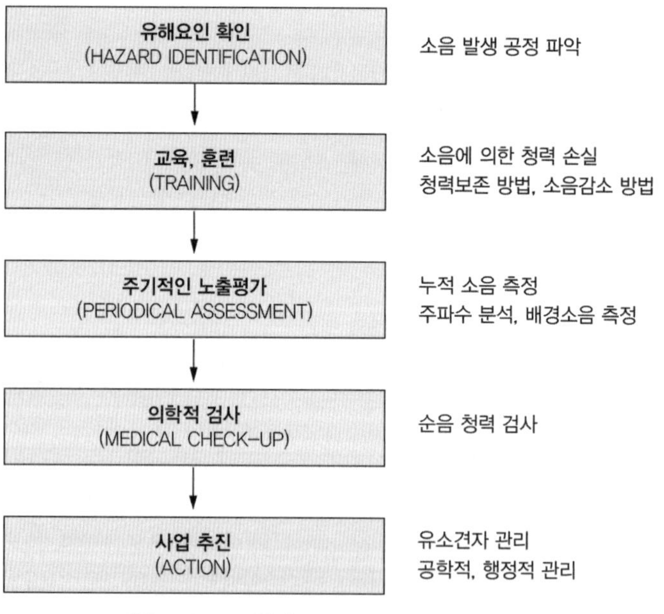

그림 2.7 청력보존 프로그램 업무 절차

2.6 교육

근로자에게 소음의 유해성 등에 관하여 소음에 관한 전문 지식을 보유한 자로 하여금 매년 정기적으로 교육을 실시하며 그 내용은 다음의 사항을 포함해야 한다.

① 소음의 유해성과 인체에 미치는 영향

② 소음의 초과 정도와 과거의 측정결과와 비교
③ 현재 시행되고 있는 관련 대책 및 향후 대책
④ 소음성 난청 예방을 위하여 근로자가 취하여야 할 조치
⑤ 청력보호구의 착용목적, 장단점, 형태별 감음 효과, 보호구 선정 및 착용방법 및 주의사항
⑥ 청력검사의 목적과 방법

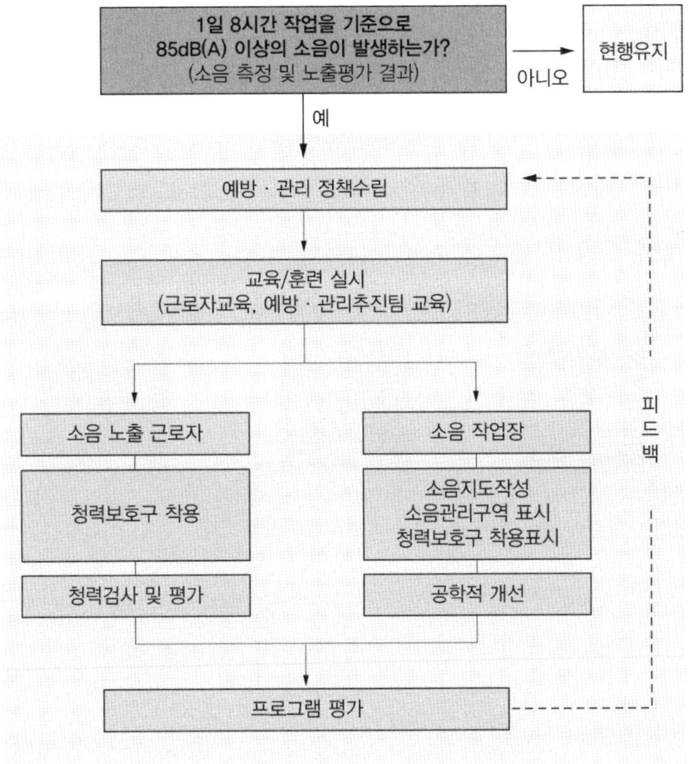

그림 2.8 청력보존 프로그램 진행 절차

2.7 소음노출 평가

소음의 측정은 고용노동부 지정 작업환경측정기관을 활용하거나 고용노동부령이 정하는 자격기준을 가진 자로 하여금 작업환경측정 정도관리 규정을 기준으로 평가한다.

공학적 개선을 위해 누적소음측정기, 지시소음계, 주파수측정기를 사용하여 측정하는데 정상적인 작업이 이루어질 때 측정을 실시하여 평가한다. 신규로 가동되는 설비가 있는 경

우는 30일 이내에 측정을 실시한다. 그리고 소음에 대한 측정 결과는 작업자들이 알 수 있도록 조치한다.

소음 측정을 통하여 작업장의 소음 발생 정도를 파악하여 청력손실을 유발할 수 있는 소음이 발생하는지 여부를 파악하여 관리해야 할 근로자를 확인하고 공학적인 개선대책 수립을 위한 측정을 진행한 후 작업장의 개선에 대한 우선 순위를 결정하여 개선을 진행하고 개선 완료 후에는 개선의 효과를 평가하여야 한다.

2.8 청력보호구

소음이 발생하는 작업장에서 일하는 근로자는 개인별로 지급받은 청력보호구를 착용하여야 한다. 이 경우 근로자가 속한 공정의 작업특성과 소음의 발생특성을 고려하여 안전보건공단의 검정을 받은 제품으로 착용해야 한다. 그리고 근로자는 지급받은 보호구를 올바른 착용방법으로 착용하여야 하고 이를 관리하여야 한다.

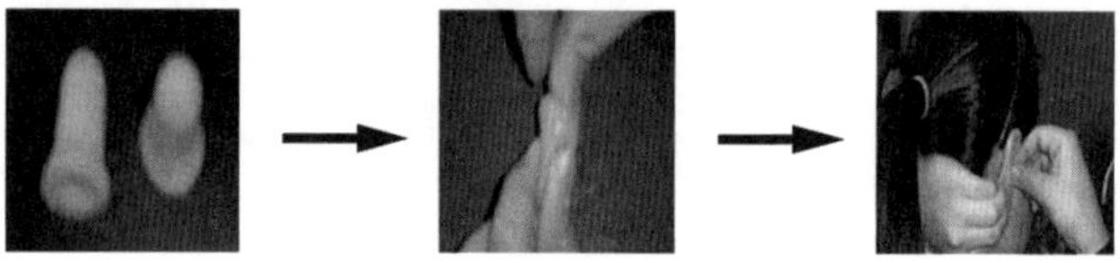

그림 2.9 청력보호구 착용 방법

2.9 청력검사

청력검사 및 평가는 고용노동부고시 근로자 건강진단 실시기준 및 KOSHA CODE 순음청력검사지침을 기준으로 실시한다.

청력검사는 소음에 노출되는 근로자의 청력손실 정도의 변화 및 소음의 영향을 파악하기 위해 실시한다. 청력검사의 대상은 근로자의 신규채용, 소음작업 부서에 종사할 근로자를 대상으로 실시하고 검사 주기는 최초 작업에 배치 후 1년 이내에 실시하고 그 후 2년에 1회 이상의 주기로 실시한다. 단, 작업환경측정결과 노출기준 이상인 작업공정에 속한 근로자와 건강진단 실시 결과 직업병 유소견자가 발생한 작업공정의 근로자는 실시 주기를 2분의 1로 단축하여 실시한다.

3 소음 작업장 관리

3.1 개요

현장에서 발생하는 소음은 다음의 절차를 거쳐서 개선을 진행한다.

① 해당 작업장에서 발생하는 소음의 발생원이 무엇인지 파악한다.

② 해당 음의 근로자 노출 정도와 음의 특성을 파악한다.

③ 무엇을 컨트롤 할 것인지 우선 순위를 결정한다.

④ 어느 정도를 개선할 것인지 목표치를 설정한다.

⑤ 개선의 방법을 도출한다.

⑥ 개선을 진행한다.

⑦ 개선 후 미비점을 찾아 보완한다.

3.2 소음 작업장 관리 방안

(1) 발생원 관리

가. 소음기(Silencer) 관리

현장에서 사용되는 설비는 대부분이 에어구동의 설비들이다. 에어구동의 설비의 경우 공압 회로에 사용되는 솔레노이드 밸브는 공압의 흐름을 제어하기 위해서 사용되는데 이 부분에 발생하는 에어 소음 관리를 위해 소음기를 설치하여 관리해야 한다.

소음기는 영구적인 설비가 아니므로 주기적인 관리를 통하여 노즐이 막힌 부분은 뚫어주어야 하고 파손된 것은 교체하여 주어야 한다.

그림 2.10 솔레노이드 밸브(Solenoid Valve)

그림 2.11 작업장에서 사용되는 소음기(Silencer)의 종류

나. 공구의 사용

현장에서 사용하는 공구는 에어임팩트렌치, 오일펄스렌치, 전동공구가 있다. 작업성에는 에어임팩트렌치가 제일 좋고 전동공구가 제일 떨어진다. 하지만 그와는 반대로 소음의 발생 정도는 전동공구의 소음 발생이 제일 적고 에어임팩트렌치의 소음 발생이 가장 크다.

그림 2.12 작업장에서 사용되는 공구

다. 설비의 정상상태 유지

설비는 항상 유지·보수를 통하여 정상 상태로의 가동이 필요하다. 예를 들면 송풍기의 베어링이 고장 나면 이상소음이 발생한다. 그리고 자동차의 머플러도 정상 상태를 유지해야 하며 머플러에 구멍이 생길 경우에는 이상소음이 발생한다.

라. 기계의 방진지지

모든 소음은 보이든 보이지 않든 반드시 진동이 같이 수반이 되어 발생한다. 설비의 경우 진동을 관리하지 않으면 진동의 전파로 건물에 균열이 발생할 수도 있고 근로자들에게도 작업 만족도가 떨어질 수 있는 부분이 있다. 이러한 진동을 관리해 주기 위해 방진재료로 탄성스프링, 고무, 펠트, 코르크, 목재, 톱밥, 공기 쿠션, 방진 패드 등을 사용한다.

방진재료로서 갖추어야 하는 조건으로는

① 탄성체로서 충분한 탄성을 지녀야 하며 탄성계수가 작고 일정 하중의 진동에 의한 영구변형 현상이 없어야 한다.

② 진동 발생원을 지지하는 것에 충분한 강도가 있어야 한다.

③ 가격이 싸고 구입이 용이해야 한다.

하지만 이런 조건을 전부 구비한 재료는 없으므로 경우에 따라 적정하게 선택해야 한다.

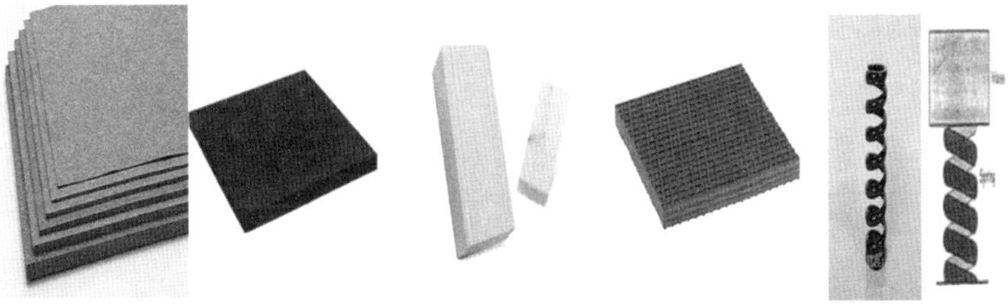

그림 2.13 방진재료

(2) 전파경로 대책

가. 흡음재

흡음은 재료 표면에 입사하는 음 에너지가 마찰저항, 진동 등에 의해 열에너지로 바뀌는 현상을 말한다. 흡음 성능이 높은 재료 또는 음을 흡수시킬 목적으로 사용하는 재료를 흡음재라 한다. 흡음 성능은 주파수에 따라 현저하게 달라진다. 또한 흡음재가 설치된 위치, 표면마감의 상태, 두께 및 밀도 등에 따라서 흡음 성능이 변화하므로 적절한 흡음재를 사용하여야 한다.

음 에너지의 일부는 구멍 속에서 공기의 점성 마찰에 의해 흡음되고 또 구멍 속의 공기와 벽과의 열전도에 따른 열손실, 구멍을 구성하는 작은 섬유, 골재 등의 진동에 따라서도 음의 감쇠가 증가하는 원리이다. 그러므로 흡음재는 해당 공정의 작업특성과 소음의 발생형태를 파악하여 선택적으로 적용되어야 한다.

그림 2.14 각종 흡음재료

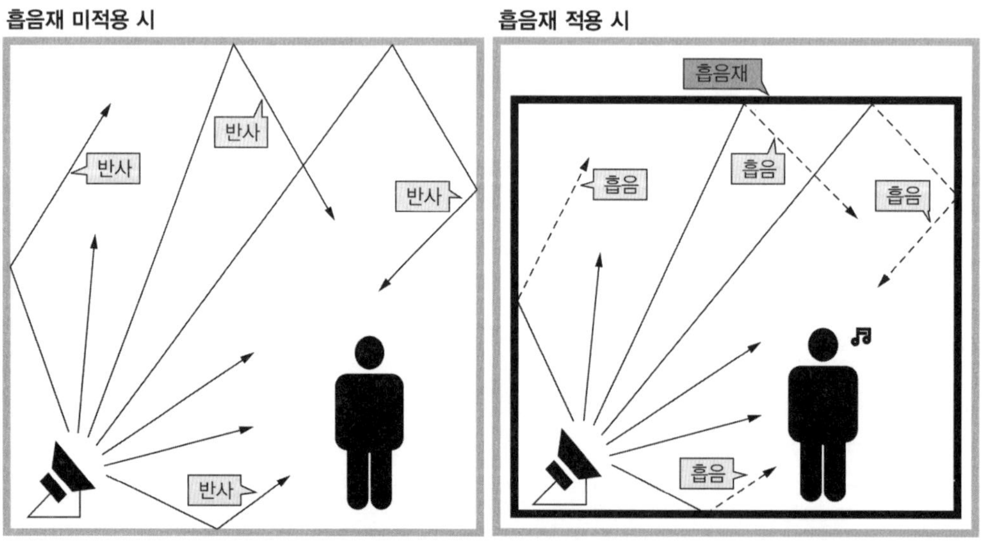

그림 2.15 흡음 에너지의 흐름

나. 노출 경로를 길게

음의 발생원에서 수음자까지 노출 경로를 가급적 길게 해 주면 거리에 의해 소음이 감소한다.

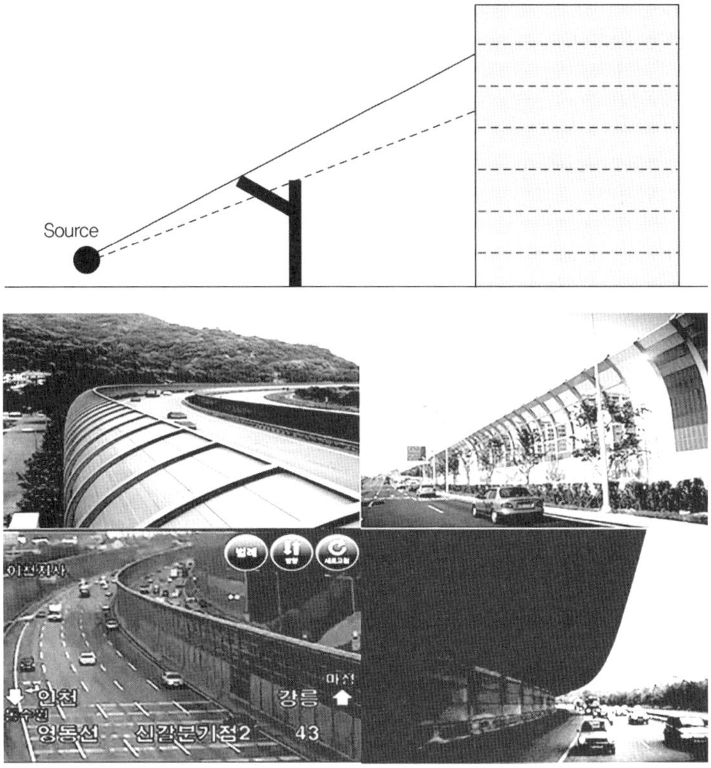

그림 2.16 음의 전파경로

다. 접촉면적의 최소화

접촉면적을 최소화하여 주면 해당 발생원에서 발생하는 소음이 줄어든다.

그림 2.17 송풍기 모타의 팬벨트

사례를 보면, 송풍기의 팬벨트를 한 가닥으로 해주는 것보다 여러 가닥으로 관리하여 주면 송풍기의 벨트 가동음이 줄어든다.

라. F = ma와 F = mgh를 이용한 관리

F = ma는 우리가 가속도의 법칙으로 알고 있는 내용이다.

여기에서 F(힘)를 결정짓는 것은 m(무게)과 a(가속도)이다. 이것을 소음에 적용하여 보면 여기에서 변수는 a(가속도)이다. 그러므로 a(가속도)를 줄여주면 F(힘)가 감소한다. 즉, 소음이 감소한다.

F = mgh의 식에서도 m(무게)와 g(중력가속도)는 상수이고 h(낙하거리)가 변수이다. 그러므로 낙하거리를 줄여주면 F(힘)가 감소한다.

예를 들면, 아래의 사진처럼 박스를 공급해 주는 작업에서 하단 부분에 설치되어 있는 센서를 상단부분으로 옮겨 설치하면 낙하거리가 줄어 박스의 충돌음이 줄어들게 관리할 수 있다.

그림 2.18 작업장의 박스 공급

(3) 수음자 관리

소음의 노출자인 수음자를 관리하는 방법으로는 청력보호구 착용, 콘트롤 룸 활용, 휴게실 설치, 노출시간 관리 등의 방법이 있다.

가. 콘트롤 룸 활용

현장의 설비에 대한 제어시설을 한 군데에 모아서 관리함으로써 작업장에서 발생하는 소음에 근로자가 노출하지 않는 방식이다. 그리고 제한적이지만 최근에는 CCTV의 보급과 활용이 점차 커져 산업현장에서도 많이 활용되고 있다.

예를 들면, 현장의 설비를 관리하는 근로자가 관리 포인트를 설정하여 그 지점에 CCTV를 설치하여 컨트롤 룸에서 모니터를 이용하여 관리하고 에러가 발생하면 현장으로 나가서 설비를 관리하는 방식을 말한다.

그림 2.19 콘트롤 룸

나. 청력보호구 지급 및 착용

소음작업장에서 사용하는 청력보호구로는 귀마개와 귀덮개가 있다.

귀마개의 경우 NRR 29를 주로 사용하는데 이 귀마개는 차음 정도가 11 dB 정도이다. 다시 말하면 80 dB(A)가 넘는 소음 환경에서 지속적인 노출이 이루어질 시에는 청력장애가 일어날 수 있는데 이러한 사항을 고려하면 NRR 29인 귀마개는 소음 발생 정도가 92 dB(A) 이상인 작업장에서는 그 사용이 제한적이라는 의미이다.

귀마개는 착용 방법에 따라서 차음 정도가 달라질 수 있으므로 올바른 착용방법을 숙지하고 사용해야 차음에 대한 효과를 얻을 수 있다.

그림 2.20 청력보호구

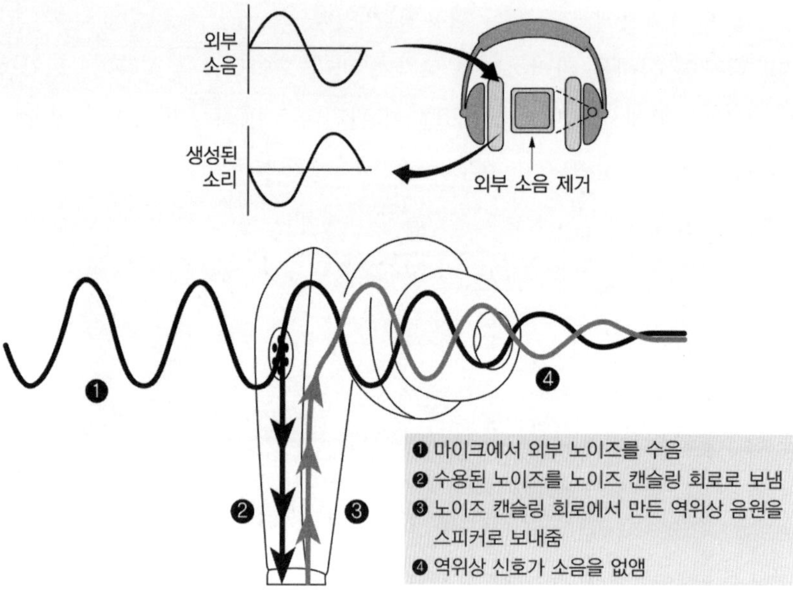

그림 2.21 소음 캔슬링(Noise Canceling) 원리

귀덮개는 귀마개보다는 차음 정도가 큰 반면에 그 착용감이 떨어지고 귀덮개의 사용 시에는 외부의 음을 잘 인지하지 못해서 안전에 대한 위험도가 상승하는 문제가 발생한다.

최근에는 소음 캔슬링(Noise Canceling)에 대한 기술이 많이 발전하여 전자분야에서 소음 관리부분에 사용이 이루어지고 있다. 이러한 내용은 일부 산업보건 분야에서도 활용이 가능하고 점차 그 폭이 넓어질 것으로 본다.

그 밖에도 작업시간을 조절하는 방법이 있는데 예를 들면, 작업장의 소음 발생 정도가 94 dB(A) 정도인 공정에서 소음공정에서 근로자가 4시간 미만으로 근무하고 비소음 부서에서 나머지 시간을 근무하는 즉, 작업을 쉐어링(Sharing)하는 방법이다. 그리고 근로자들에게 휴게 공간을 제공하여 쉬는 시간이나 중식시간 등 작업이 이루어지지 않는 시간에 비소음 지역에서 휴식함으로써 청력을 관리하는 방법이 있다.

Reference

1. 산업보건학. 가톨릭대학교 의과대학 예방의학교실. 2003.
2. 산업위생. 김광종 외. 신광출판사. 2004
3. 산업위생관리 기술사. 서영민 외. 성안당. 2018
4. 소음진동학. 안전공학협회. 해문당. 1998
5. 청력보존 프로그램. 산업안전보건공단
6. 건축 음향설계 방법론. 김재수 외. 서우. 2001
7. 실내건축재료학. 김형돈 외. 한국이공학사. 2001
8. 건축과 음향. 강성훈. 음향기술산업연구소. 2005
9. 건설업 근로자의 유해 작업환경 노출 실태에 관한 연구. 최재욱 외. 한국산업위생학회지. 2000;10:74-92
10. 경도방재 홈페이지(http://www.kdfire.co.kr/)
11. 산업안전보건법. 고용노동부. 2018
12. Google.com 이미지
13. Fundamentals of Industrial Hygiene. 3rd. ed. Batinal Counsil. 1988
14. ISO Recommendation R 131:Expression of the Physical and Subjective Magnitudes of Sound or Noise. 1959
15. OSHA Technical Manual. OSHA. 1990
16. Noise & Hearing Conservation Manual. Elliott H. Berger. 1986
17. Fundamentals of Noise Control Engineering. Albert Thumann, P.E. and Richard K, Miller. 1986

제3장 밀폐공간작업

1 밀폐공간 등의 개념

1.1 밀폐공간

밀폐공간은 근로자가 작업을 수행할 수 있는 공간으로 환기가 불충분한 상태에서 산소결핍, 유해가스로 인한 건강장해와 인화성 물질에 의한 화재·폭발 등의 위험이 있는 장소를 말하며, 산업안전보건법에서는 "산소결핍, 유해가스로 인한 질식·화재·폭발 등의 위험이 있는 장소"라고 정의하고 있다.

일반적으로 우물, 수직갱, 터널, 잠함, 피트, 암거, 맨홀, 탱크, 반응탑, 정화조, 침전조, 집수조 등이 해당된다.

1.2 산소결핍

산소결핍은 공기 중의 산소농도가 18% 미만인 상태를 말하며, 산소결핍증이란 산소가 결핍된 공기를 들여 마심으로써 생기는 증상을 말한다. 일반적으로 정상적인 공기는 산소 20.9%, 질소 78.1%, 그리고 아르곤 0.93%, 이산화탄소 0.035%, 헬륨 등 기타물질 0.005% 수준이다.

1.3 유해가스

유해가스는 밀폐공간에서 탄산가스, 황화수소 등의 유해물질이 가스 상태로 공기 중에 발생되는 것을 말하며, 산소농도가 18% 이하 또는 23.5% 이상, 탄산가스의 농도 1.5% 이상, 황화수소의 농도 10 ppm 이상, 기타 유해가스는 작업환경측정 노출기준을 적용하여 그 이상을 말한다.

2 산소의 성질 및 특성

2.1 산소의 특성

산소(O_2)는 색깔과 냄새가 없으며, 맛도 없는 기체이고 물과 알코올에 녹으며 자체는 가연성이 아니나 다른 물체의 연소를 돕는 물질이다. 의료용으로는 약 50%의 산소에 1~5% 정도의 탄산가스를 혼합한 것이 이용되며, 고압 산소요법으로 순산소도 이용이 된다. 공기 중 산소농도가 6%~17% 이하가 되면 불꽃이 꺼지고 동물과 사람에게 생명의 위험을 초래하게 된다.

공기 중의 산소량이 증가하면 발화가 쉽고 연소속도가 급격히 상승하여 화재 및 화상사고의 위험이 증가하게 되며, 성인은 안정된 상태에서 0.2~0.3 L 소비하고 뇌에서 100 L/일 사용하며 이는 전신 소요량의 25%에 해당한다. 뇌는 산소 의존도가 매우 높으며 무산소 상태가 되면 뇌 활동이 정지되고 2분이 경과하면 대뇌의 피질 세포가 비가역적인 붕괴를 초래하고 6~8분이 되면 세포가 붕괴되며 전체로 파급되면 죽음에 이르게 된다.

대기 중의 산소농도는 일반적으로 20.9%로서 생명체는 여기에 순응되어 있고 고농도는 오히려 유해성을 가진다. 높은 곳에서는 대기압의 저하에 따라 산소분압도 저하되고 산소섭취에도 곤란하여 지며, 3,000 m 이상 높은 곳에서는 인체에 변화가 일어나 호흡의 기능이 왕성하게 되고 혈액 중에 적혈구의 헤모글로빈이 증가하여 고지대 거주에 대한 내성이 생긴다. 거주 한계는 약 5,500 m이며 8,000 m 이상에서는 산소흡입기가 필요하다.

고압산소를 사용하는 작업인 잠함・잠수 작업 등에는 기중 산소농도의 상승이 문제가 되며, 생리작용 측면에서는 산소의 농도가 50% 이하 정도까지는 이상이 없으나 60% 이상의 농도에서는 호흡, 맥박수의 감소가 일어난다. 2~3기압 이상에서는 고농도의 산소를 흡입하면 중독증상을 일으키게 된다. 산소중독 증상은 근육의 경련, 멀미, 현기증, 시야가 좁아

지며, 호흡곤란, 발작 등을 일으킨다.

밀폐된 공간에 인공 공기를 이용하여 과도하게 산소를 공급하게 되어 공기 중 산소농도가 23.5% 이상이 되면 가연성 물질을 발화시켜 사고를 일으킬 수 있으므로 유의하여야 한다.

산소결핍장소에서의 방독마스크 착용은 질식사망 재해를 유발할 수 있어 위험하므로 적정 공기상태를 유지할 수 있도록 환기를 실시하거나, 송기마스크의 착용이 필요하다.

2.2 산소농도에 따른 인체영향

산소농도에 따른 인체 영향은 표 3.1과 같다.

표 3.1 산소농도에 따른 인체 영향

인체영향	산소농도(%)	산소분압(mmHg)
증상없음	16～20.9	122～159
심장 및 호흡박동수 증가, 집중력 저하	< 16	< 122
작업 후 비정상적 피로감, 판단력 저하	< 14	< 106
판단능력의 급격한 저하, 영구적 심장손상, 구토, 메스꺼움	< 12	< 90
의식불명, 행동둔화, 무기력감	< 10	< 76
경련, 가쁜 숨, 신장정지, 수분 후 사망	< 6	< 46
한두 번 호흡으로 사망	< 4	< 30

3 산소결핍의 원인

탱크, 지하실, 곡물 사일로 등 기타 외기로부터 격리된 통풍이 나쁜 장소에서 산소결핍증이 일어나는 위험이 있는데 이와 같은 장소가 산소결핍이 되는 것은

- 공기 중의 산소 소비
- 산소 함유량이 적은 공기의 분출
- 공기 이외의 기체(예 : 메탄, 질소, CO_2 분출 등)에 의한 치환 등의 원인이 있다.

실제로 사고가 일어나는 데는 이 같은 원인이 상호 연관되어 복합요인에 의하여 일어나

는 경우가 많다. 이밖에 공기 이외의 기체가 분출 시 통풍이 좋은 옥외에서도 조건에 따라서는 산소결핍을 일으키는 경우가 있을 수 있다.

3.1 가스의 위험한 성질

3.1.1 보이지 않는 위험

일반적으로 사람은 눈에 보이지 않는 위험물에 대해서는 경계심이 약하다. 산소결핍 공기나 일산화탄소, LP가스, 수소 등의 가스도 무색으로 눈에 보이지 않기 때문에 질식, 중독, 폭발 등의 사고가 많이 발생하고 있다. 만약에 산소결핍 공기가 물처럼 보인다면 위험을 사전에 감지하여 사고의 발생에 대비하여 위험을 크게 감소시킬 수 있을 것이다.

3.1.2 누설하기 쉬움

수돗물의 수도꼭지 누수는 보이기 때문에 발견이 용이하지만 질소, 이산화탄소 등은 배관이나 밸브 등으로부터 누출되어도 발견하기 어렵다. 많이 사용하는 가스밸브는 사용 중에 밸브 본체, 패킹 부위 등에 이상으로 누설이 생기게 된다. 따라서 가스를 안전하게 취급하기 위하여 밸브를 이중으로 한다든지 가스감지기를 설치하고 수리 시에는 밸브 후렌지에 맹판(Blind Patch)을 붙이는 일 등 주의를 해야 한다.

3.1.3 가스는 무겁다

일반적으로 가스는 가볍기 때문에 탱크나 사일로 등의 맨홀을 열면 내부 가스는 자연적으로 외부로 배출되어지는 것으로 생각하고 있다. 그러나 수소와 메탄을 제외한 대부분의 가스는 공기보다 무겁다. 따라서 통풍이 나쁜 장소에서는 가스의 자연 확산은 기대하기 어렵다. 더욱이 가스는 온도가 낮으면 무겁고, 따스하게 되면 가볍기 때문에 드라이아이스로부터 발생한 차가운 이산화탄소는 보다 무겁게 된다. 따라서 산소농도를 측정할 때는 농도분포를 고려해서 우물, 지하 수직 갱도 같은 경우에는 상, 중, 하로 입체적으로 측정 위치를 다양하게 측정하지 않으면 안 된다.

3.2 공기 중 산소의 소비

공기의 조성은 산소와 질소로 되어 있으며 조성비는 1 : 4 정도이며 표 3.2와 같다.

표 3.2 공기의 조성

구성 성분	체적백분비(vol %)	분압(mmHg)
산소(O_2)	20.95	159.2
질소(N_2)	78.09	593.5
이산화탄소(CO_2)	0.03	0.2
기타(아르곤 등)	0.93	7.1
계	100.0	760.0

공기 중의 산소를 소비하는 원인에는 물질의 산화, 미생물의 호흡작용, 식물, 곡물, 목재 등의 호흡작용 등으로 구분 할 수 있다.

3.2.1 물질의 산화

(1) 저장용 탱크 등 소재의 산화

철재 탱크 내에 물기가 있거나 장기간 밀폐되면 내벽이 산화되어 생긴 녹이 탱크내의 산소를 감소시키므로 산소결핍 상태가 된다. 특히, 해수 같은 전해질을 함유한 물의 경우는 산화의 진행이 빠르다. 내부를 수세한 후 물을 닦지 아니하고, 밀폐하여 옥외에 방치한 철재 탱크 내, 제염공장의 식염종축 철재 탱크 등에 들어가 근로자가 사망한 일이 있다.

지하에 매장되어 있는 광물질에는 황화철을 비롯한 환원상태의 제1철 화합물이 많이 함유되어 있는데 이들 환원상태의 물질은 공기와 접촉할 때 수분이 존재하면 쉽게 산화하여 산소를 흡수한다.

- 발생장소 : 철재의 보일러, 탱크, 반응탑, 가스홀더, 반응기, 추출기, 분리기, 열교환기, 선창, 선박의 저장 공간 등의 내부

(2) 저장 또는 운반 물질의 산화

석탄, 강철재, 고철 등은 상온에서도 공기 중의 산소를 소비하여 산화 발열 한다. 따라서 이 같은 물질을 저장한다든지 운반하는 탱크, 선창 등에는 산소결핍의 상태가 되는 위험이 존재한다.

- 발생장소 : 탱크, 선창, 호퍼, 사일로의 내부

(3) 건성유의 산패

아마유, 보일(Boil)유 등의 도료용 건성유는 건조, 경화할 때 다량의 산소를 유성분 분자 내에 포집하여 결합하며 동시에 일산화탄소와 알데히드를 방출함으로써 저산소 상태를 만들고, 건성유, 대두유, 유채유와 같은 불포화 지방산을 함유한 식물성 식용유는 공기 중의 산소와 결합하여 변질된다. 따라서 건성유를 함유한 도료를 환기가 나쁜 지하실, 선박내부 등에 도장 하면 주위의 산소농도가 저하된다. 또 식물성유를 저장하는 탱크 내는 질소 치환이 일어나서 산소농도가 저하되는 위험이 있다.

- 발생장소 : 건성유를 사용하여 도장한 환기가 불량한 장소, 식물성 기름 저장 탱크 등의 내부

3.2.2 미생물의 호흡작용

미생물의 산소 소비량을 비교하여 보면 생체 1 kg(수분제외)이 섭씨 30도 부근에서 1시간에 소비하는 산소 소비량은 사람의 몇 배로부터 최고 6,000배까지 산소를 소모시키는 것도 있으며, 이런 점을 이용하여 발효식품, 의약품(페니실린, 스트렙토마이신)의 제조와 폐기물 처리(하수, 분뇨, 매립)를 하고 있다.

표 3.3 생체의 산소 소비량

생체	소비량
사람	200 mL
원생동물(Paramecium)	500 mL
사상균(Lusarium)	10,000 mL
조류(Chlorella)	40,000 mL
세균(Azotobacter)	1,200,000 mL

(1) 미생물의 증식

분뇨, 분뇨오수, 펄프액 등 부패하거나 분해되기 쉬운 물질을 넣었던 탱크 등이나 하수 그리고 오물은 세균의 증식에 따른 산소의 소비로 이산화탄소, 메탄, 황화수소 등의 발생을 동반하고 하수설비나 핏트, 오수조, 분뇨처리장의 오물조 내 등에서 밀폐공간 질식재해를 일으킨다.

- 발생장소 : 양조장(간장, 식초)의 내부 및 미생물 발효가 이루어지는 항온실

(2) 유기물의 부패

밀폐된 공간 내부에 유기물이 부패하는 경우 산소가 소비되고 이산화탄소, 메탄, 황화수소 등이 발생할 수 있다.

- 발생장소 : 케이블 또는 가스관의 암거, 맨홀 또는 피트의 내부, 우수, 유수 등이 체류했던 암거, 맨홀 또는 핏트의 내부

(3) 미생물의 발효

청주 등의 발효조 등에는 이산화탄소 등의 가스가 대량으로 발생해 탱크 내는 산소가 결핍하게 된다. 배양액을 가열할 때는 배양액으로부터 이산화탄소가 대량으로 발생되어 급속하게 산소가 결핍된다. 항생물질 제조공정의 배양 탱크나 발효액 저장 탱크도 위험성이 높다.

- 발생장소 : 탱크, 발효조, 항온실 또는 양조 조(간장, 식초)의 내부 등

(4) 절임식품, 야채, 곡물 등의 호흡작용

절임식품, 야채, 곡물 등의 보관 시에 저장장소 등에서 호흡작용에 의하여 산소가 소비된다.

- 발생장소 : 단무지와 오이지 저장소, 야채 항온실 등

(5) 목재의 호흡작용

원목 또는 펄프의 원료로 사용하기 위하여 가늘게 자른 목재의 호흡작용, 미생물에 의한 발효작용 또는 수지의 산화작용 등으로 선박의 수중선창 내에 산소를 소비하여 이산화탄소를 현저히 발생하여 산소결핍 상태를 초래한다.

- 발생장소 : 목재를 운반하거나 보관하는 선창, 호퍼 등의 내부

3.2.3 기타

(1) 각종 탱크나 밀폐된 방

제품의 처리과정에서 가열, 감압, 건조, 냉동 등의 작업이 이루어지는 밀폐된 작은 실내, 저장고, 냉동실 등에서 사람의 잘못으로 문이 닫혀 산소소비에 따라 질식한 사례도 있다.

- 발생장소 : 냉장실, 냉동실, 항온실, 탱크, 보일러, 압력용기, 반응탑 등 내부

(2) 지하수의 산소 소모

지하수가 있는 밀폐된 공간에는 지하수의 용존 산소가 적을 때 공기 중에 있는 산소가

물로 용해되어 산소 결핍상태가 될 수 있다.

- 발생장소 : 상수도 지하 집수지, 수력발전소 취수구, 용수가 풍부한 지하터널이나 맨홀 등의 내부

3.3 산소량이 적은 공기의 분출

교각공사나 용수가 많은 지반에서의 기초공사 및 지하철 공사 등에서는 잠함공법이나 압기쉴드공법이 사용되고 있다. 이러한 공법에서는 용수를 방지하기 위하여 작업실 내에 압출공기를 압입하여 굴착하므로 지층이 모래 자갈층이면 압축공기가 모래와 자갈 사이로 침입하게 된다. 모래 자갈층에 함유되어 있는 제1철염 등의 다량의 환원성 물질에 의하여 압입 공기층의 산소가 소비되어 산소결핍 상태로 되게 된다. 이와 같은 산소 결핍상태의 공기가 다시 잠함 내로 흘러들거나 주위의 지하실로 분출되어 산소결핍 상태로 만들 가능성이 있다. 이러한 산소결핍가스가 분출되는 형태를 보면 1) 역류현상 2) 관류현상 3) 지층 내 매몰가스의 용출 현상 4) 저기압 시의 용출 등으로 나눌 수 있다.

터널공사나 탄광 내의 채탄작업 중에 다량의 메탄가스나 탄산가스가 돌연히 분출되어 산소결핍 상태가 발생되기도 한다. 또한 환기가 나쁜 빌딩의 지하실, 선박의 협소한 선실 및 각 공장의 지하피트에 설치한 소화설비의 오동작에 의한 분출사고도 산소결핍의 원인으로 되고 있다. 전화 케이블이나 송전선 케이블에는 습기침입의 방지나 파손경보를 위하여 질소가 봉입되어 있으므로 맨홀 내에서 누설되면 산소를 결핍시킬 가능성이 있다. 그러므로 폐쇄성의 공간이나 반 폐쇄의 공간에서 작업하고자 할 때에는 항상 산소 결핍 상태에 유의하여야 한다.

3.4 공기이외의 가스에 의한 치환

3.4.1 가스에 의한 치환

가연성 가스나 액체에 의한 화재나 폭발을 방지하기 위하여 배관이나 탱크의 설치 또는 수리 시에는 내부의 공기나 가연성 가스를 질소로 치환하는 경우가 많다. 산화되기 쉬운 입자상이나 미분상의 물질을 저장할 때에는 저장 공간에 질소로 산화에 의한 변질이나 열화를 방지하기 위하여 저장 공간에 질소로 공기를 치환하여 봉입하여 두기도 한다. 또한 고온고압의 보일러 수에는 부식을 방지하기 위하여 수중의 용매 산소를 제거하고 있으며, 이러한 물의 저장 탱크의 공간에는 질소로 공기를 치환하여 두고 있다. 이와 같이 각종의 저장조에는

불활성 가스의 봉입이 광범위하게 이용되고 있으므로 이러한 불활성 가스가 폐쇄성의 공간에 분출되거나 불활성 가스가 저장되었던 저장조에는 산소결핍 상태가 초래될 가능성이 있으므로 유의를 하여야 한다. 위험성가스의 분류는 표 3.4와 같다.

표 3.4 위험성 가스의 분류

가연성 가스	수소, 메탄, 부탄, LP가스 등
지연성 가스	공기, 산소, 일산화탄소 등
불연성(질식성, 불활성 가스)	이산화탄소, 질소, 아르곤 등

가스에 의한 사고는 대부분 질식에 의한 것인데 이에 대한 정의 및 분류, 종류는 다음과 같다.

① 질식 : 생체 또는 조직에 산소결핍이나 탄산가스의 과잉으로 일어나는 상태

② 질식제 : 조직 내의 산화작용을 방해하는 화학물질

③ 질식제의 종류

- 단순질식제 : 원래 가스 자체는 독작용이 없으나 공기 중에 많이 존재하면 산소분압을 저하시켜 조직에 필요한 산소공급의 부족을 초래하는 물질로 수소(H_2), 질소(N_2), 헬륨(He), 메탄(CH_4), 에탄(C_2H_6), 탄산가스(CO_2) 등 불활성 가스
- 화학질식제 : 혈액중의 혈색소와 결합하여 산소 운반능력을 방해, 조직 중의 산화효소를 불활성화시켜 질식 작용
- 혈액 중의 산소운반능력을 방해하는 가스 : 일산화탄소(CO), 아닐린, 니트로소아민, 아비산(A_5H_3)
- 조직으로 산소배분을 저해하는 화학물질 : 황화수소(H_2S), 오존(O_3), 염소(Cl_2), 포스겐($COCl_2$)

• 발생장소 : 질소치환을 실시하는 반응탑, 저장 탱크, 배관, 용접 절단작업, 드라이아이스를 취급하는 작업, 이산화탄소, 하론 등의 소화설비를 가진 지하실 핏트의 내부 등

3.4.2 기타

전화 및 송전선 케이블(Cable) 등에는 습기의 침입 방지와 파손 확인을 위하여 질소가 봉입되어 있는 일이 있는데 맨홀 내에 누설되면 산소결핍 사고가 일어날 위험이 있다.

이밖에 사과의 신선도를 높여 주기 위해서 이산화탄소 농도를 제어하여 저장하는 데 사용되어진다. 이같이 이산화탄소, 아르곤, 하론 등의 불연성 가스에는 여러 가지 용도가 있고, 또 새로운 기법이 개발되어지고 있기 때문에 그러한 경우 작업자의 경우 산소결핍 위험에 처하게 될 수가 있다.

- 발생장소 : 질소를 봉입한 Cable을 설치한 맨홀 또는 암거, 불활성 가스를 넣은 것이나 넣은 적이 있는 보일러 탱크, 반응탑, 선창 등의 기타시설 내부

4 산업안전보건기준에 관한 규칙에 의한 밀폐공간 장소

산업안전보건기준에 관한 규칙 제10장에는 밀폐공간작업으로 인한 건강장해 예방에 대한 사항 등에 대하여 상세하게 규정하고 있으며, 밀폐공간으로 산소결핍, 유해가스로 인한 질식, 화재, 폭발 등의 위험이 있는 장소로 다음과 같은 18개항 장소를 규정하고 있다.

1. 다음의 지층에 접하거나 통하는 우물 · 수직갱 · 터널 · 잠함 · 피트 또는 그 밖에 이와 유사한 것의 내부
   - 상층에 물이 통과하지 않는 지층이 있는 역암층 중 함수 또는 용수가 없거나 적은 부분
   - 제1철 염류 또는 제1망간 염류를 함유하는 지층
   - 메탄 · 에탄 또는 부탄을 함유하는 지층
   - 탄산수를 용출하고 있거나 용출할 우려가 있는 지층
2. 장기간 사용하지 않은 우물 등의 내부
3. 케이블 · 가스관 또는 지하에 부설되어 있는 매설물을 수용하기 위하여 지하에 부설한 암거 · 맨홀 또는 피트의 내부
4. 빗물 · 하천의 유수 또는 용수가 있거나 있었던 통 · 암거 · 맨홀 또는 피트의 내부
5. 바닷물이 있거나 있었던 열교환기 · 관 · 암거 · 맨홀 · 둑 또는 피트의 내부
6. 장기간 밀폐된 강재(鋼材)의 보일러 · 탱크 · 반응탑이나 그 밖에 그 내벽이 산화하기 쉬운 시설(그 내벽이 스테인리스강으로 된 것 또는 그 내벽의 산화를 방지하기 위하여 필요한 조치가 되어 있는 것은 제외한다)의 내부
7. 석탄 · 아탄 · 황화광 · 강재 · 원목 · 건성유(乾性油) · 어유(魚油) 또는 그 밖의 공기 중의 산소를 흡수하는 물질이 들어 있는 탱크 또는 호퍼(Hopper) 등의 저장시설이나 선창의 내부

8. 천장・바닥 또는 벽이 건성유를 함유하는 페인트로 도장되어 건조되기 전에 밀폐된 지하실・창고 또는 탱크 등 통풍이 불충분한 시설의 내부
9. 곡물 또는 사료의 저장용 창고 또는 피트의 내부, 과일의 숙성용 창고 또는 피트의 내부, 종자의 발아용 창고 또는 피트의 내부, 버섯류의 재배를 위하여 사용하고 있는 사일로(Silo), 그 밖에 곡물 또는 사료종자를 적재한 선창의 내부
10. 간장・주류・효모 그 밖에 발효하는 물품이 들어 있거나 들어 있었던 탱크・창고 또는 양조주의 내부
11. 분뇨, 오염된 흙, 썩은 물, 폐수, 오수, 그 밖에 부패하거나 분해되기 쉬운 물질이 들어 있는 정화조・침전조・집수조・탱크・암거・맨홀・관 또는 피트의 내부
12. 드라이아이스를 사용하는 냉장고・냉동고・냉동화물자동차 또는 냉동 컨테이너의 내부
13. 헬륨・아르곤・질소・프레온・탄산가스 또는 그 밖의 불활성 기체가 들어 있거나 있었던 보일러・탱크 또는 반응탑 등 시설의 내부
14. 산소농도가 18% 미만 23.5% 이상, 탄산가스 농도가 1.5% 이상, 일산화탄소 농도 30 ppm 이상 또는 황화수소농도가 10 ppm 이상인 장소의 내부
15. 갈탄・목탄・연탄난로를 사용하는 콘크리트 양생장소 및 가설숙소 내부
16. 화학물질이 들어있던 반응기 및 탱크의 내부
17. 유해가스가 들어있던 배관이나 집진기의 내부
18. 근로자가 상주(常住)하지 않는 공간으로서 출입이 제한되어 있는 장소의 내부

5 밀폐공간 건강장해

5.1 산소결핍에 따른 건강장해

산소가 부족한 상태에 있는 인체의 세포내에서는 젖산(Lactic Acid)의 생성량이 증가함으로 혈액은 산성으로 기울게 된다. 이로 인하여 호흡중추나 신장중추 등이 자극을 받게 되고, 호흡심도와 호흡수 및 심박수 등이 증가하게 되어 산소농도가 낮은 폐 내의 공기를 보다 많이 호흡하여 산소섭취량을 보충하게 되는 것이다. 또한 산소함유량이 적은 혈액을 보다 다량으로 순환시키므로 뇌의 혈관은 확장되어 다량의 혈액을 받아들이게 되는 것이다. 따라서 여러 가지의 보완기능이 동원되게 된다. 그러나 이의 한계는 공기 중의 산소농도가 16% 이상인 것이고, 16% 이하로 되면 여러 가지의 보완기능이 작용하지 아니하므로 산소

결핍 증상이 현저하게 된다.

고산지방에 오랫동안 체류하게 되면 서서히 적혈구나 헤모글로빈 양이 증가하고, 세포의 산소이용 효율을 높이는 산소의 작용이 활발하게 되어 폐활량의 증대화 같은 순응현상이 나타나서 저산소 환경을 이겨나갈 수 있게 되는 것이다. 예로서 해발 8,848 m의 에베레스트 정상에 대하여 산소분압으로 환산하여 보면 산소농도가 7% 정도밖에 되지 않는다. 그러므로 별도의 산소흡입을 하지 않으면 10분 정도의 시간 내에 사망하게 되지만, 산소마스크 없이도 등정하는 대원을 때때로 볼 수 있다.

이러한 현상은 등정대원이 산의 중턱에서부터 서서히 장기간에 걸쳐서 올라가므로 고산지대에 오랫동안 체류하는 결과가 되어 인체가 고도에 순응이 이루어졌기 때문이다. 일반적으로 고도 순응에 필요한 체류시간은 3주일 정도이다.

산소부족에 대하여 가장 민감한 반응을 나타내는 것은 최대의 산소 소비처인 뇌 중의 대뇌피질이다. 대뇌피질은 사람에게 있어서 고도로 발달되어 있긴 하지만, 이것은 산소결핍에 대하여서는 가장 취약한 요인으로 작용하게 되는 것이다. 따라서 사람의 대뇌피질이 산소결핍에 가장 민감한 기관인 것이다. 산소결핍의 증상을 보면 먼저 대뇌피질의 기능 저하로부터 시작되고, 결국은 대뇌피질의 세포가 파괴되어 대뇌피질의 기능이 상실되는 단계를 거쳐서 뇌세포 전체가 파괴되어 사망하게 되는 증상이라고 할 수 있다. 산소결핍에 대한 인간의 반응을 도해로 보면 그림 3.1과 같다.

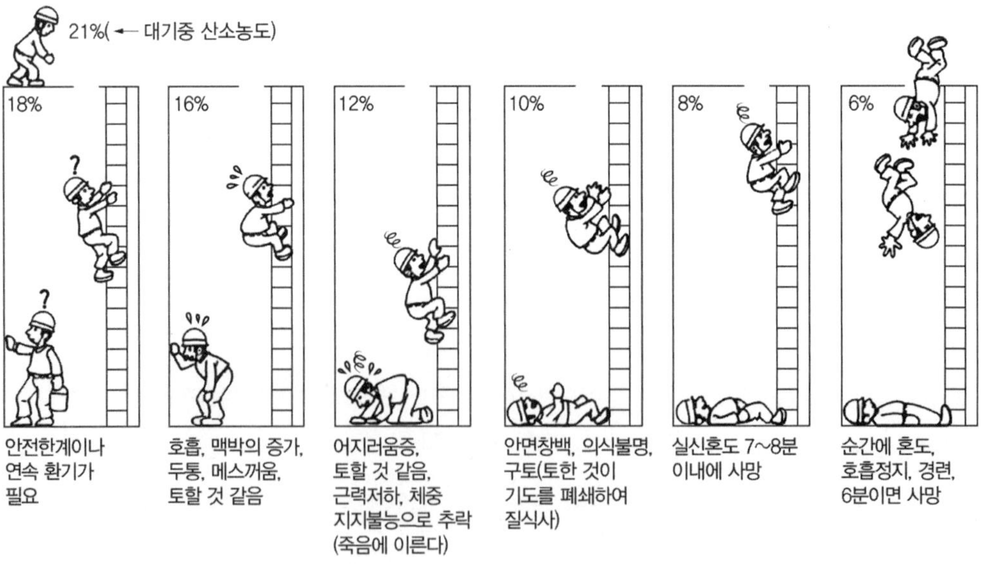

그림 3.1 산소결핍에 대한 인간의 반응

5.2 황화수소의 건강장해

황화수소는 무색의 기체로, 계란 썩는 냄새가 나는 대표적인 악취물질이며 유독성 가스로 분류된다. 미국산업안전보건청(OSHA)의 보고에 의하면 밀폐공간에서 가장 많은 사망자를 발생한 물질로 공기보다 비중이 커서 무거우므로 높은 농도의 황화수소는 밀폐공간 내 저층부에 주로 존재하여 환기가 원활히 이루어지지 못하는 것으로 알려지고 있다.

황화수소는 화산, 유황온천 등에서 자연적으로 생성되기도 하고 석유정제공정이나 피혁, 아교, 형광물질 원료 등의 제조공정 중의 부산물, 돈사 등 분뇨를 처리하는 과정에서도 발생되어 작업자가 사망하는 경우도 종종 발생하고 있다.

황화수소의 노출기준은 8시간 가중평균노출기준(TWA)이 10 ppm, 단시간 노출기준(STEL)이 15 ppm이고, 이는 최소한의 눈 및 호흡기계의 자극, 피로증상, 두통, 어지러움 및 중추신경계 장해와 호흡기의 마비, 갑작스런 죽음 등의 재해의 발생 가능성을 최소화하기 위한 농도기준이다.

5.3 일산화탄소의 건강장해

일산화탄소를 흡입하면 폐에서 혈액 속의 헤모글로빈과 결합하여 일산화탄소-헤모글로빈을 형성하고, 이 때문에 혈액의 산소운반 능력이 상실되어 내부적인 질식 상태에 빠지게 된다. 일산화탄소와 헤모글로빈의 친화력이 산소보다 200배 이상 강하여 저농도에도 다량의 일산화탄소-헤모글로빈을 형성하여 산소운반을 저해하여 질식을 일으킨다.

일산화탄소 노출기준은 8시간 가중평균노출기준(TWA)이 30 ppm, 단시간 노출기준(STEL)이 200 ppm이며, 이것은 재해 발생 가능성을 최소화하기 위한 농도기준이다. 일산화탄소는 눈 및 호흡 기계의 자극, 피로증상, 두통, 어지러움 및 중추신경계 장해와 호흡기의 마비, 갑작스런 죽음 등을 가져오기도 한다. 일산화탄소는 불완전연소에 의해서도 발생하며, 동절기 건설현장에서 콘크리트 양생을 위하여 갈탄을 태워 온도를 높이는 과정에서 다량의 일산화탄소가 발생하며, 이를 모르고 갈탄을 갈아 주기 위하여 밀폐공간에 들어갔던 작업자들이 중독되는 사례가 많이 있다.

6 산소농도 등의 측정 및 관리

6.1 산소농도 측정

산소결핍 사고 예방을 위하여 가장 필요한 사항 중 하나는 밀폐공간의 산소농도를 측정하여 안전성을 확인하는 것이고 무엇보다 정확하게 측정하는 것이 중요하다.

(1) 측정장소

산소농도 측정은 다음의 장소에 대하여 실시한다.

① 작업장소에 산소결핍의 공기가 발생하거나 유입 또는 정체할 염려가 있는 장소

② 작업장소에 대하여 수직방향 및 수평방향으로 각각 3점 이상

③ 작업에 따라 근로자가 출입하는 장소

산소결핍은 비교적 환기가 나쁜 장소에서 일어나는 일이 많으나 같은 장소에서도 위치에 따라 산소농도가 현저히 차이가 나는 경우가 있다. 따라서 부분적인 산소결핍 공기의 존재를 확인하기 위해서는 가능한 많은 위치에서 측정할 필요가 있다.

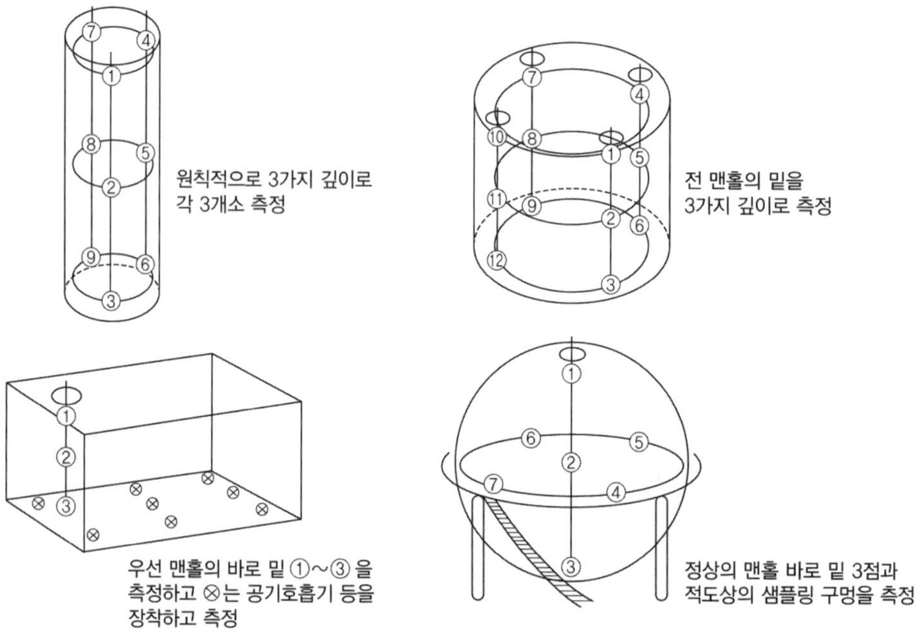

그림 3.2 측정점의 선별예

현장의 형태에 따라 측정점을 선정할 필요가 있고, 비교적 넓은 장소에서는 수직, 수평방향과 함께 간격이 약 5 m 되도록 늘릴 수도 있다.

(2) 측정방법

① 우물 등 깊은 장소의 산소농도를 측정할 때에는 공기가 새지 않는 고무호스나 폴리염화비닐제의 채기관을 사용하여야 한다. 이 경우 채기관은 1 m마다 작은 눈금으로, 5 m마다 큰 눈금으로 표시를 하여 깊이를 동시에 측정할 수 있어야 한다.

② 측정 시 채집된 공기는 그 용적 이상의 피검공기를 흡입 배출하므로 채기관의 내부용적을 미리 산출하여 채기관의 공기를 완전히 치환한 후 채기하여야 한다. 이 경우 채기관의 내부용적 계산은 다음과 같다.

$$채기관의\ 내부용적(mm^2) = \pi \cdot r^2 \cdot L$$

여기서, r : 반경(mm)

L : 채기관의 길이(mm)

가. 측정 시 주의사항

① 측정자는 측정방법을 충분히 숙지하고 있어야 한다.

② 측정기는 사전에 이상이 없는 검사를 하여야 한다. 깨끗한 야외 공기에서 측정했을 때 20.9%를 초과하거나 낮게 나왔을 경우는 검교정을 하여야 한다.

③ 측정 시 밀폐공간 내부를 살펴보기 위하여 측정자의 머리(호흡기)가 개구면 안쪽으로 들어가는 것을 금해야 한다. 밀폐공간에 유독가스가 차 있다면 위험할 수 있다.

④ 측정자는 안전보호 장비를 미착용하고 측정하려는 장소에 들어가거나 출입하여서는 안 된다. 추락의 우려가 있는 곳에서는 안전대 등을 착용하고 구명줄을 착용하고 측정한다.

⑤ 깊은 곳의 측정에서는 공기호흡기 또는 송기마스크를 착용하고 측정하고, 가급적 채기관을 연결하여 측정한다.

⑥ 밀폐공간 내부에는 가연성 가스가 차 있을 수 있으므로 어두운 내부에서 측정할 방폭구조의 전등을 사용하여야 한다.

⑦ 긴급 상황을 대비하여 감시인을 배치하여야 하며, 공기호흡기 또는 송기마스크, 안전대, 구명밧줄 등을 준비하여야 한다.

6.2 밀폐공간의 관리

밀폐공간의 재해예방 및 건강장해를 예방하기 위하여는 산소결핍 및 유해가스가 발생하는 개념을 이해하고, 작업 전과 작업을 하는 과정에서 철저한 관리가 필요하며, 다양한 예방활동을 하여야 재해와 건강장해를 예방할 수 있다. 그중에서도 가장 중요한 것은 작업 전과 작업 중에 산소농도의 확인을 위한 측정, 지속적인 환기 실시, 작업에 적합한 공기호흡기, 송기마스크 등 보호장구를 착용하는 것이 기본적인 사항이며, 다음과 같은 예방활동 및 조치 등이 필요하다.

6.2.1 밀폐공간 내 작업 시의 조치

(1) 밀폐공간 보건작업 프로그램 수립 · 시행

밀폐공간에서 근로자에게 작업을 하도록 하는 경우와 밀폐공간이 있는 경우는 밀폐공간 보건작업 프로그램을 수립 · 시행하여 재해와 건강장해를 예방하여야 한다. 프로그램에는 회사 내 밀폐공간의 위치 파악 및 관리방안, 밀폐공간 내 질식 중독 등을 일으킬 수 있는 유해 · 위험 요인의 파악 및 관리 방안, 밀폐공간 작업 시 사전 확인이 필요한 사항에 대한 확인절차, 안전보건교육 및 훈련 등 그 밖에 밀폐공간작업 근로자의 건강장해 예방에 관한 사항을 포함하여야 한다. 또한 밀폐공간에서 작업을 시작하기 전에 다음과 같은 사항을 확인하여 근로자가 안전한 상태에서 작업을 하도록 하여야 하며, 밀폐공간에서 작업이 종료될 때까지 관련 내용을 해당 작업장 출입구에 게시하여 관리하여야 한다.

① 작업일시, 기간, 장소 및 내용 등 작업정보
② 관리감독자, 근로자 , 감시인 등 작업 정보
③ 산소 및 유해가스 농도의 측정결과 및 후속조치 사항
④ 작업 중 불활성 가스 또는 유해가스의 누출, 유입, 발생 가능성 검토 및 후속조치 사항
⑤ 작업 시 착용하여야 할 보호구의 종류
⑥ 비상연락체계

(2) 산소 및 유해가스 농도의 측정

밀폐공간에서 작업을 하는 경우는 사전에 밀폐공간에서의 산소 및 유해가스 농도를 측정하여 적정공기가 유지되고 있는지를 평가하도록 하여야 한다.

가. 산소농도 등의 측정이 가능한 사람

① 관리감독자
② 안전관리자 또는 보건관리자
③ 안전관리전문기관
④ 보건관리전문기관
⑤ 지정측정기관

나. 산소농도 등의 측정시기

① 당일 작업을 개시하기 전
② 교대자가 최초로 작업을 시작하기 전
③ 작업에 종사하는 전체 근로자가 작업을 하고 있던 장소를 떠났다가 돌아와 작업을 재개하기 전
④ 근로자의 신체, 환기장치 등에 이상이 있을 때
⑤ 작업 중에는 경보기를 착용하고 작업 실시

산소 및 유해가스 농도를 측정한 결과 적정공기가 유지되고 있지 않다고 평가된 경우에는 작업장을 환기시키거나 근로자에게 공기호흡기 또는 송기마스크를 지급하여 착용하도록 하는 등 근로자의 건강장해 예방을 위하여 필요한 조치를 하여야 한다.

(3) 환기실시

근로자가 밀폐공간에서 작업을 하는 경우에 작업을 시작하기 전과 작업 중에 해당 작업장을 적정공기 상태가 유지되도록 환기하여야 한다. 폭발이나 산화 등의 위험으로 인하여 환기할 수 없거나 작업의 성질상 환기하기가 매우 곤란한 경우에는 근로자에게 공기호흡기 또는 송기마스크를 지급하여 착용하도록 하여야 한다.

작업 전 작업장의 밀폐공간 체적의 5배 이상의 신선한 공기를 급기한 후 작업자를 출입시키고, 작업 중에도 균일하게 환기되도록 하며, 시간당 20회 이상의 환기가 되도록 급기를 지속한다. 급기관이 길이가 짧을 경우에는 급기하고 충분한 길이인 경우에는 배기를 하여 밀폐공간에 환기효율을 높이도록 한다. 또한 환기 시에는 급기구와 배기구를 유해가스 발생원과 반대 방향에 설치하는 등 적절하게 배치하여 작업장 내 환기가 효과적으로 이루어지도록 관리하여야 한다.

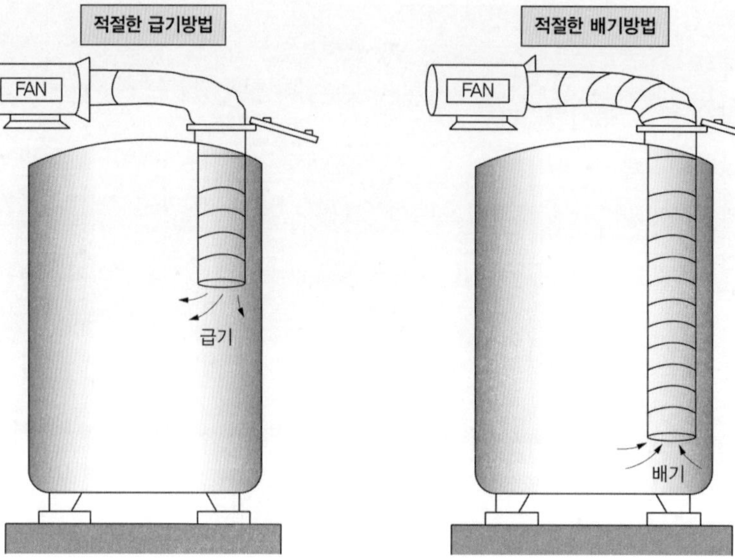

그림 3.3 환기의 올바른 방법

(4) 작업자 안전 · 보건교육

밀폐공간 작업을 하는 근로자를 대상으로 특별 안전 · 보건교육을 실시하여야 한다.

가. 밀폐공간작업 관련 특별 안전 · 보건교육 내용

① 산소농도 측정 및 작업환경에 관한 사항
② 사고 시의 응급처치 및 비상 시 구출에 관한 사항
③ 보호구 착용 및 사용방법에 관한 사항
④ 밀폐공간 작업의 안전작업방법에 관한 사항
⑤ 그 밖에 안전 · 보건 관리에 필요한 사항

(5) 작업허가 제도 실시

밀폐공간에서의 작업 시에는 작업 전에 산소농도 등 측정, 환기실시 준비사항, 공기호흡기 등 보호구 비치, 구조장비 비치, 감시인 배치, 안전보건교육 실시 등 안전보건 확보상태를 확인하는 작업허가제도를 시행해야 한다.

작업허가는 실제 작업시간에 한하여 허가하고, 가급적 야간작업 등은 피하는 것이 좋다.

(6) 인원의 점검 및 출입금지

밀폐공간에서 작업을 하는 경우에 그 장소에 근로자를 입장시킬 때와 퇴장시킬 때마다 인원을 점검하여야 하며, 밀폐공간에는 관계 근로자가 아닌 사람의 출입을 금지하고, 출입금지 표지를 밀폐공간 근처의 보기 쉬운 장소에 게시하여야 하며, 근로자는 출입이 금지된 장소에 사업주의 허락 없이 출입해서는 안 된다.

그림 3.4 밀폐공간 출입금지 표지

(7) 감시인의 배치

밀폐공간에서 작업을 하는 동안 작업 상황을 감시할 수 있는 감시인을 지정하여 밀폐공간 외부에 배치하여야 하며, 감시인은 밀폐공간에 종사하는 근로자에게 이상이 있을 경우에 구조요청 등 필요한 조치를 한 후 이를 즉시 관리감독자에게 알려야 한다. 또한 밀폐공간에서 작업을 하는 동안 그 작업장과 외부의 감시인 간에 항상 연락을 취할 수 있는 설비를 설치하여 연락체계를 유지하여야 한다.

(8) 송기마스크, 안전대 등 보호 장구

밀폐공간에서 작업하는 근로자가 산소결핍이나 유해가스로 인하여 추락할 우려가 있는 경우에는 해당 근로자에게 안전대나 구명밧줄, 공기호흡기 또는 송기마스크를 지급하여 착용하도록 하여야 한다. 안전대나 구명밧줄을 착용하도록 하는 경우에는 이를 안전하게 착용할 수 있는 설비 등을 설치하여야 하며, 작업자는 지급된 보호구를 착용하여야 한다.

(9) 대피용 기구의 비치

밀폐공간에서 작업을 하는 경우에 공기호흡기 또는 송기마스크, 사다리 및 섬유로프 등 비상시에 근로자를 피난시키거나 구출하기 위하여 필요한 기구를 갖추어 두어야 한다.

6.2.2 유해가스 발생장소 등에 대한 조치기준

(1) 유해가스의 처리

근로자가 터널·갱 등을 파는 작업을 하는 경우에 근로자가 유해가스에 노출되지 않도록 미리 그 농도를 조사하고 유해가스의 처리방법, 터널 갱 등을 파는 시기 등을 정한 후 이에 따라 작업을 하도록 하여야 한다.

(2) 소화설비 등에 대한 조치

지하실, 기관실, 선창(船倉) 그 밖에 통풍이 불충분한 장소에 비치한 소화기나 소화설비에 탄산가스 등을 사용하는 경우에 다음과 같은 조치를 하여야 한다.

① 해당 소화기나 소화설비가 쉽게 뒤집히거나 손잡이가 쉽게 작동되지 않도록 할 것

② 소화를 위하여 작동하는 경우 외에 소화기나 소화설비를 임의로 작동하는 것을 금지하고, 그 내용을 보기 쉬운 장소에 게시할 것

(3) 용접 시 등에 대한 조치

탱크·보일러 또는 반응탑의 내부 등 통풍이 충분하지 않은 장소에서 용접·용단 작업을 하는 경우에 다음의 조치를 하여야 한다.

① 작업장소는 가스농도를 측정(아르곤 등 불활성 가스를 이용하는 작업장의 경우에는 산소농도 측정)하고 환기시키는 등의 방법으로 적정 공기 상태를 유지할 것

② 환기 등의 조치로 작업장소의 적정공기 상태를 유지하기 어려운 경우 작업자에게 공기호흡기 또는 송기마스크를 지급하여 착용하도록 할 것

(4) 불활성 기체의 누출

헬륨, 아르곤, 질소, 프레온, 탄산가스 또는 그 밖의 불활성 기체를 내보내는 배관이 있는 보일러·탱크·반응탑 또는 선창 등의 장소에서 작업을 하는 경우에 다음의 조치를 하여야 한다.

① 밸브나 콕을 잠그거나 차단판을 설치할 것
② 밸브나 콕과 차단판에는 잠금장치를 하고, 이를 임의로 개방하는 것을 금지한다는 내용을 보기 쉬운 장소에 게시할 것
③ 불활성 기체를 내보내는 배관의 밸브나 콕 또는 이를 조작하기 위한 스위치나 누름단추 등에는 잘못된 조작으로 인하여 불활성 기체가 새지 않도록 배관 내의 불활성 기체의 명칭과 개폐의 방향 등 조작방법에 관한 표지를 게시할 것

(5) 불활성 기체의 유입 방지

탱크나 반응탑 등 용기의 안전판으로부터 불활성 기체가 배출될 우려가 있는 작업을 하는 경우에 안전판으로부터 배출되는 불활성 기체를 직접 외부로 내보내기 위한 설비를 설치하는 등 불활성 기체가 작업장소에 잔류하는 것을 방지하기 위한 조치를 하여야 한다.

(6) 냉장실 등의 작업

냉장실・냉동실 등의 내부에서 작업을 하는 경우에 근로자가 작업하는 동안 해당 설비의 출입문이 임의로 잠기지 않도록 조치하여야 한다. 다만, 설비의 내부에 외부와 연결된 경보장치가 설치되어 있는 경우에는 그러하지 아니하다. 냉장실・냉동실 등 밀폐하여 사용하는 시설이나 설비의 출입문을 잠그는 경우, 내부에 작업자가 있는지를 반드시 확인하여야 한다.

(7) 출입구의 임의 잠김 방지

탱크・반응탑 또는 그 밖의 밀폐시설에서 작업을 하는 경우에 근로자가 작업하는 동안 설비의 출입 뚜껑이나 출입문이 임의로 잠기지 않도록 조치하고 작업하게 하여야 한다.

(8) 가스배관공사 등에 관한 조치

지하실이나 맨홀의 내부 또는 그 밖에 통풍이 불충분한 장소에서 가스를 공급하는 배관을 해체하거나 부착하는 작업을 하는 경우에 다음의 조치를 하여야 한다.

① 배관을 해체하거나 부착하는 작업 장소에 해당 가스가 들어오지 않도록 차단할 것
② 해당 작업을 하는 장소는 적정공기 상태가 유지되도록 환기를 하거나 근로자에게 공기호흡기 또는 송기마스크를 지급하여 착용하도록 할 것
③ 지급된 보호구를 사업주의 지시에 따라 착용

(9) 압기공법에 관한 조치

지층(地層)이나 그와 인접한 장소에서 압기공법(壓氣工法)으로 작업을 하는 경우에 그 작업에 의하여 유해가스가 샐 우려가 있는지 여부 및 공기 중의 산소농도를 조사하여야 한다. 조사 결과 유해가스가 새고 있거나 공기 중에 산소가 부족한 경우에 즉시 작업을 중지하고 출입을 금지하는 등 필요한 조치를 하여야 하며, 출입이 금지된 장소에 사업주의 허락 없이 출입해서는 안 된다.

(10) 지하실 등의 작업

밀폐공간의 내부를 통하는 배관이 설치되어 있는 지하실이나 피트(pit) 등의 내부에서 작업을 하는 경우에 그 배관을 통하여 산소가 결핍된 공기나 유해가스가 새지 않도록 조치하여야 한다. 또한 작업 장소에서 산소가 결핍된 공기나 유해가스가 새는 경우에 이를 직접 외부로 내보낼 수 있는 설비를 설치하는 등 적정공기 상태를 유지하기 위한 조치를 하여야 한다.

(11) 설비 개조 등의 작업

분뇨 · 오수 · 펄프액 및 부패하기 쉬운 물질에 오염된 펌프 · 배관 또는 그 밖의 부속설비에 대하여 분해 · 개조 · 수리 또는 청소 등을 하는 경우에 다음의 조치를 하여야 한다.

① 작업 방법 및 순서를 정하여 이를 미리 해당 작업에 종사하는 근로자에게 알릴 것
② 황화수소 중독 방지에 필요한 지식을 가진 사람을 해당 작업의 지휘자로 지정하여 작업을 지휘하도록 할 것

6.2.3 관리 및 사고 시의 조치

(1) 사후관리 및 조치

관리감독자 등이 작업장소의 공기를 측정하고, 측정장비, 환기장치, 공기호흡기 · 송기마스크 등 점검결과 이상을 발견하여 보고하였을 경우에 즉시 환기, 보호구 지급, 설비 보수 등 근로자의 안전을 위하여 필요한 조치를 하여야 한다.

(2) 사고 시의 대피 등

근로자가 밀폐공간에서 작업을 하는 경우에 산소결핍이나 유해가스로 인한 질식 · 화재 · 폭발 등의 우려가 있으면 즉시 작업을 중단시키고 작업자를 대피하도록 하여야 한다. 작

업자를 대피시킨 경우 적정공기 상태임이 확인될 때까지 그 장소에 관계자가 아닌 사람이 출입하는 것을 금지하고 그 내용을 해당 장소의 보기 쉬운 곳에 게시하여야 한다.

(3) 긴급 구조훈련

긴급상황 발생 시 대응할 수 있도록 밀폐공간에서 작업하는 근로자에 대하여 비상연락체계 운영, 구조용 장비의 사용, 공기호흡기 또는 송기마스크의 착용, 응급처치 등에 관한 훈련을 6개월에 1회 이상 주기적으로 실시하고, 그 결과를 기록하여 보존하여야 한다.

(4) 안전한 작업방법 등의 주지

근로자가 밀폐공간에서 작업을 하는 경우에 작업을 시작할 때마다 사전에 다음의 사항을 작업자에게 알려야 한다.

① 산소 및 유해가스농도 측정에 관한 사항
② 사고 시의 응급조치 요령
③ 환기 설비의 가동 등 안전한 작업방법에 관한 사항
④ 보호구의 착용과 사용방법에 관한 사항
⑤ 구조용 장비 사용 등 비상시 구출에 관한 사항

(5) 의사의 진찰

작업자가 산소결핍증이 있거나 유해가스에 중독되었을 경우에 즉시 의사의 진찰이나 처치를 받도록 한다.

(6) 구출 시 공기호흡기 또는 송기마스크의 사용

밀폐공간에서 위급한 근로자를 구출하는 작업을 하는 경우 그 구출작업에 종사하는 작업자에게 공기호흡기 또는 송기마스크를 지급하여 착용하도록 하고, 작업자는 지급된 보호구를 착용하여야 한다.

(7) 보호구의 지급 등

공기호흡기 또는 송기마스크를 지급하는 때에 근로자에게 질병 감염의 우려가 있는 경우에는 개인전용의 것을 지급하여야 한다.

Reference

1. 산업안전보건법. 고용노동부. 2018
2. 산소결핍 및 유해가스에 의한 재해성 질병 예방대책. 안전보건공단. 2014
3. 밀폐공간작업 질식재해예방 매뉴얼. 안전보건공단. 2017
4. 밀폐공간작업. 산업안전보건공단. 2014
5. 현장에서의 질식재해 예방. 안전보건공단. 2011
6. 보건관리 전문기관 종사자 직무교육. 안전보건공단. 2019
7. 산업위생. 김광종 외. 신광출판사. 2004
8. 산업위생관리 기술사. 서영민 외. 성안당. 2018
9. OSHA. Permit-Required Confined Spaces Entry. National Safety Council(U.S.A). 2000

제4장 인간공학

1 인간공학과 작업개선

1.1 인간공학의 개요

인간공학이란 작업을 연구하는 학문이다. 이 말의 어원은 "작업(Work)"이란 의미의 '일(Ergon)'과 "연구(The Study of)"란 의미의 '법칙(Nomos)'에서 온 것이다. 인간공학은 인간이 보다 안전하고 위생적이며, 효율적이고 생산적이면서 편리하도록 사람의 일, 그리고 작업, 직무, 정보, 도구, 장비, 설비, 환경을 연구하는 과학이다.

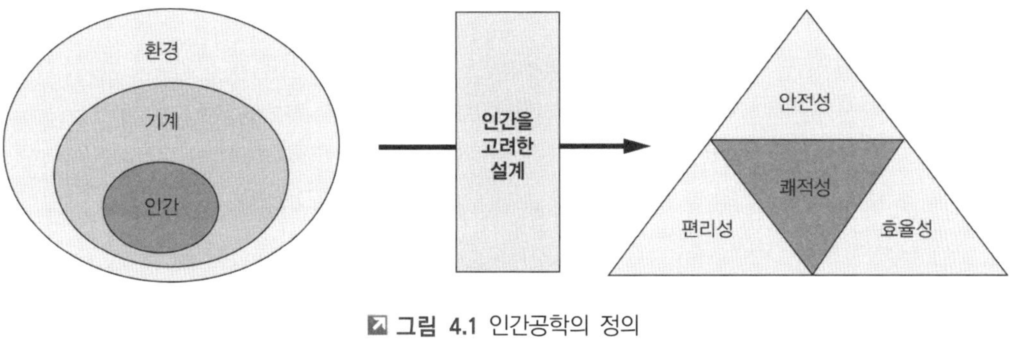

그림 4.1 인간공학의 정의

또한, 인간공학(Ergonomics)은 "작업을 인간에게 맞추어 주자"는 것을 의미한다. 어떤 작업은 그 작업을 하는 사람들의 인간적 한계(Human limitation)를 고려하지 않는다. 그 결과 몇몇 사람들은 일과 후에 매우 지쳐서 그들의 아이들과 함께 놀 수 없다. 그들 중 몇몇은 통증(Ache)과 고통(Pain)으로 한밤중에 깨어난다. 어떤 이들은 작업제한(Work Restriction)에 처하기도 하고 치료와 회복을 위해 시간을 내야 하는 것이 일반적이다.

이러한 작업에서의 문제점을 해결하기 위해 작업과정과 작업환경에 인간공학을 적용하는 것은 중요하다.

① 인간공학의 목표는 인간이 안전하고 효율적이면서, 효과적이고 자연스러운 동작으로 작업을 이행하도록 하는 것이다.

② 인간공학에서 중요한 점은 사람들의 육체적, 지적 능력과 직무 그리고 작업, 도구, 장비, 시설, 정보, 그리고 환경에 사람이 좀 더 적합하게 모든 것이 변화할 수 있다는 것이다. 인간공학은 사람의 변화를 검토하는 것보다 도구, 장비, 시설 등의 변화에 초점을 둔다.

③ 인간공학은 사람의 능력에 관련된 직무의 요구사항을 검토하는 것이다. 직무 요구사항이 인간의 능력을 넘는다면 문제가 발생할 것이다. 예를 들면 사람이 너무 무겁거나 너무 어려운 업무를 하다가 다치는 경우이다. 다른 문제는 아마도 작업 수행에 관련된 것인데, 예를 들면 생산성이 예상보다 낮거나, 낮은 품질에서 발생하는 오류에 대한 검토가 해당된다.

④ 인간공학 문제들은 인간 작업수행의 모든 면에 영향을 준다.

- 작업장 상해와 직업병(Workplace Injuries and Occupational Illnesses)
  - 요통(Back Strains)
  - 누적 외상장애(Cumulative Trauma Disorders)
  - 수근관 터널 증후군(Carpal Tunnel Syndrome)
- 생산성(Productivity)
  - 작업의 비능률(Work Inefficiency)
  - 생산 방법의 불완전한 디자인(Poorly Designed Production Methods)
- 제품품질(Product Quality)
  - 재작업(Rework)/인간오류(Human Error)/조립실수들(Assembly Mistake)
- 작업방식의 질(Quality of Worklife)
  - 조잡하고 복잡한 작업(Demanding and Demeaning Jobs)
  - 반복, 단순 작업들(Repetitive, Boring Tasks)

⑤ 인간공학은 인간의 능력을 결정짓기 위하여 의학과 공학의 지식을 응용함과 더불어 해부학, 인체측정학, 신체운동학, 생리학, 심리학, 물리학에서 발달된 사람들의 기초지식을 이용한다.

⑥ 작업 요구사항은 작업 확인과 분석, 방법분석, 작업장 측정, 힘의 측정 등과 같은 도구(Tools)를 사용함에 의하여 명백해진다.

그림 4.2 인간공학적 작업분석의 핵심

1.2 작업개선 원리

(1) 작업을 근로자에게 맞게 설계

문제는 부적절한 작업 설계에서 시작된다. 인간공학적 용어로 부적절한 작업설계는 전체 시스템에서 인간의 육체적 능력을 지나치게 많이 기대했다는 것을 의미한다. 설계자와 공학자가 고의로 부적절한 설계를 하지는 않았을 것이다. 그들은 인간의 한계가 어디까지인지를 언제나 염두에 두고 있지는 않다. 부적절한 작업설계는 인간적 요소에 지나치게 기대하는 것을 의미한다. 육체의 한계를 간과할 때 이것은 주의산만, 과실, 근무 중 사고 등 단기적 피해와 장기적으로는 다양한 건강장해의 문제를 일으킨다.

① 하루 종일 작업대에 몸을 구부리기 / 통제장치에 도달하려고 내뻗기

② 부피가 큰 상자 들기 / 손바닥으로 부품 치기

③ 미터계를 읽기 위해 목을 길게 내뻗기

④ 머리 위로 팔을 뻗어 작업하기

⑤ 작은 활자를 읽기 위해 눈을 가늘게 뜨기

⑥ 날카롭거나 미끄러지기 쉬운 부품 다루기

⑦ 소음이 나는 지역에서 지시를 듣기 위해 귀를 기울이기

⑧ 공구를 작동하기 위해 심하게 손목을 구부리기

(2) 부적절한 작업설계의 건강관점 영향

부적절한 작업설계로 인한 건강상의 영향은 다음 표 4.1과 같다.

표 4.1 부적절한 작업설계의 건강관점 영향

단기적 영향	장기적 영향
• 불편/피로 • 통증과 고통 • 정신적 긴장(Mental Strain) • 주의산만/실수 • 근무 중 사고	• 수근관증후군(Carpal Tunnel Syndrome) → 손과 손목의 신경장애 • 외상과염(上顆炎, Epicondylitis) → 팔꿈치에 붙어 있는 건(腱, Tendon)의 염증 • 요통(Low-Back Pain) • 건염(腱炎, Tendinitis) → 몸의 일부의 건(腱)에 염증 • 방아쇠 손가락(Trigger Finger) → 손가락의 건에 영향을 미치는 장애

(3) 부적절한 작업설계가 근로자에 미치는 영향

일반적으로 작업자들은 부적절한 작업설계로 발생하는 통증, 불안, 피로, 불편 등의 문제를 회사측면에서 바람직하지 않은 방향으로 극복하는 경향이 있다.

① 결근(Absenteeism)

작업자들은 심신(心身) 회복을 위해 근무해야 할 날에 직장에 나가지 않고 결근을 하는 경향이 있으며, 일부는 건강상의 문제로 인해 병가(病暇)를 사용할 수밖에 없는 상황에 놓인다.

② 전직 또는 이직(Change Job or Turnover)

작업자들은 현재 수행하고 있는 작업에서 상대적으로 적절한 작업설계가 되어 있는 다른 작업으로 바꾸려고 하며, 심지어 적극적으로 다른 회사로 이직을 하는 경우도 발생하게 된다.

③ 불평(Complaints)

작업자들은 부적절한 설계의 구체적 사항(부적절한 작업대, 좁은 작업공간, 진동이 많은 공구 등)에 대해 동료, 감독자 심지어 노동조합의 대표에게 불만과 불평을 하여 현장의 근무 분위기가 경색되고 노·사간 마찰이 생기기도 한다.

④ 낮은 성과(Low Performance)

심신(心身)이 정상적이지 않은 작업자들은 작업을 하는 동안 최선을 다하려는 의지도 낮으며, 최선을 다한다 하더라도 좋은 성과(생산, 품질, 재해, 에러 등)를 내기 어렵다.

일반적으로 부적절한 작업 설계는 다음과 같은 필연적인 작업상의 결과를 낳는다.

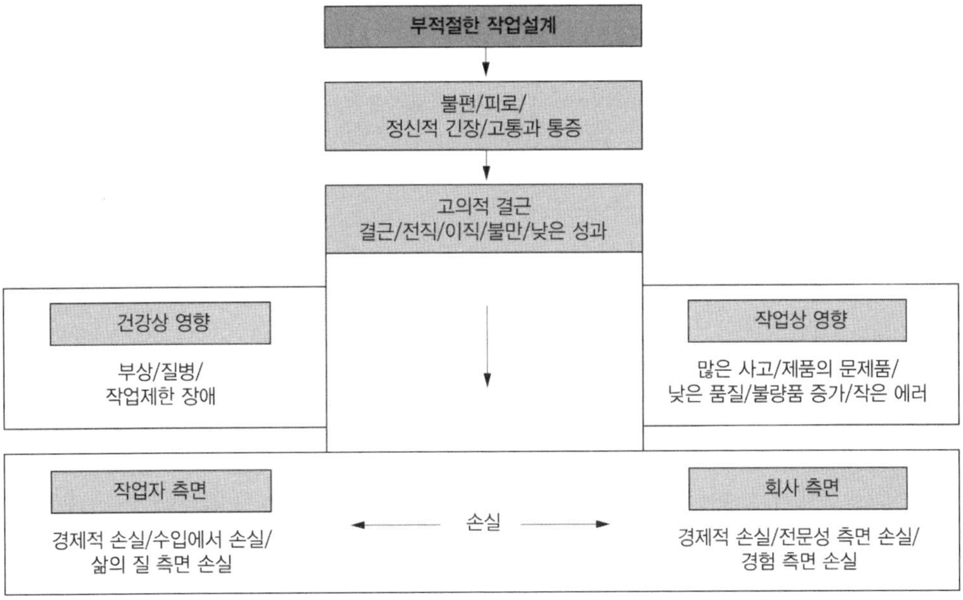

그림 4.3 부적절한 작업설계의 영향

(4) 인간공학적 해결방법

가. 현존하는 작업

인간공학은 근로자와 작업환경 사이의 상호작용을 분석하기 위해 많은 다른 분야의 지식을 이용한다. 우리는 어떠한 환경 요소가 근로자에게 부적절한 영향을 미치는가를 이해하고 육체의 한계를 초과하는 작업의 필요조건을 확인하기 위해 인간공학을 사용한다. 이러한 부정적인 요소와 과도한 요구조건은 작업부담이라고 불린다. 이러한 작업부담을 줄이기 위해 우리는 작업 방법, 작업환경, 공구 같은 것을 개선한다. 이것이 바로 "작업을 인간에게 맞춘다"는 것이다.

나. 새로운 작업

작업자를 보호하는 최선의 방법은 작업을 인간의 한계와 능력에 맞추는 방식으로 처음부터 설계하는 것이다. 이것은 작업장이 설계되는 단계에서 인간공학을 주요한 관심사로 만드는 것을 의미한다. 현재 작업의 작업부담을 개선하는 것과 새로운 작업을 인간공학적으로 초기부터 설계하는 것은 병행되어야 한다. 그러기 위해서는 기존 작업장의 작업부담에 대한 분석자료들을 설계부문의 전문가들에게 잘 정리해서 전달하여야 한다. 회사 내 한 명의 담당자에 의해 이러한 일들이 효과적으로 진행되기는 어렵기 때문에 회사 내 여러 부문과 협업체계를 갖추는 것이 중요하며 필요하다면, 외부 전문가의 도움을 받는 것이 필요하다.

(5) 인간공학적 해결방법

성공적인 인간공학적 개선방법은 작업자와 작업장에 다음의 효과를 기대할 수 있다.

① 건강과 안전
- 업무상 상해 및 수명의 감소 / 업무상 사고의 감소

② 작업 생활의 질
- 향상된 직원의 사기 / 향상된 직무만족

③ 작업상의 효과
- 의료비와 보험료의 감소 / 향상된 제품 품질 / 낮은 불량률 / 결근감소

2 근골격계질환

2.1 근골격계질환 정의

산업안전보건기준에 관한 규칙 제656조 2호에 정의되어져 있는 "근골격계질환"이란 반복적인 동작, 부적절한 작업자세, 무리한 힘의 사용, 날카로운 면과의 신체접촉, 진동 및 온도 등의 요인에 의하여 발생하는 건강장해로서 목, 어깨, 허리, 팔·다리의 신경·근육 및 그 주변 신체조직 등에 나타나는 질환을 말한다. 통증, 감각마비, 경련, 따끔거림, 뻣뻣함 등 다양한 증상이 수반되며, 악력의 저하, 각 관절에서의 움직임의 장해 그리고 신체 각 부위에 기능이 저하되는 것이 느껴지면 근골격계질환의 이환을 의심해 봐야 한다.

2.2 근골격계질환 원인

근골격계질환의 주요 발병요인은 그림 4.4에 제시한 것처럼 작업자 및 작업특성이다. 물론, 작업장의 환경(온도, 조명 등)에 의해서도 영향을 받는다.

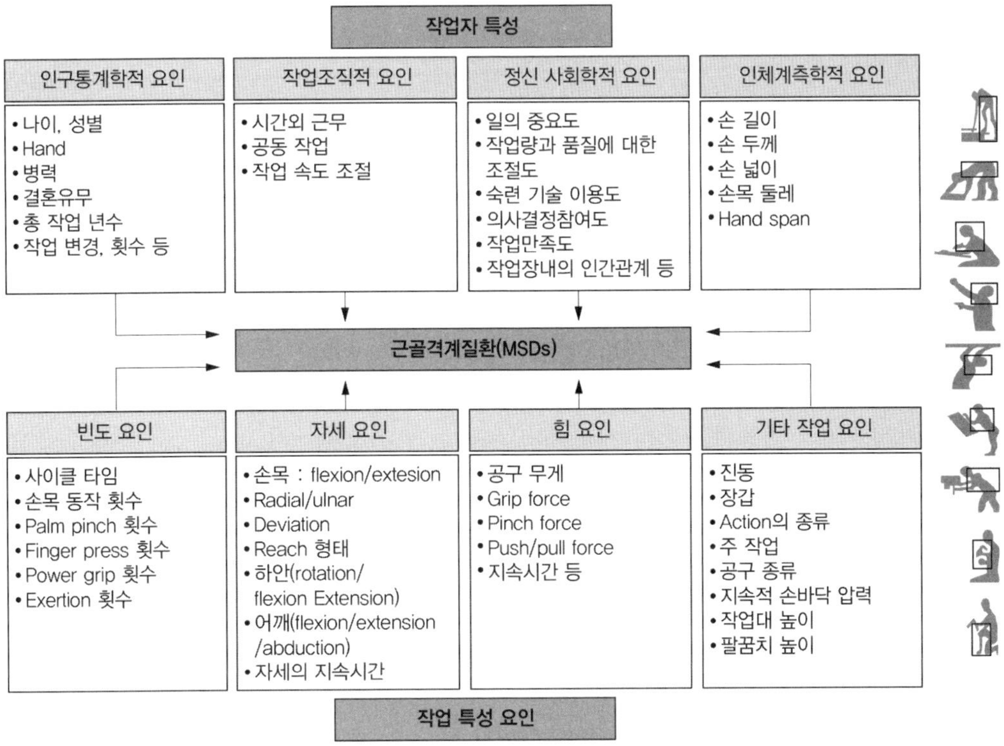

그림 4.4 근골격계질환의 원인

2.3 근골격계질환과 유해인자 사이의 연관성

미국 산업안전보건연구원(1997)에 따르면, 위험요소들과 근골격계질환 사이의 어떤 관련성이 있는지에 대하여 2,000개 이상의 역학조사의 결과를 분석하여 다음과 같은 결론을 얻었다. 이는 보건관리자가 사업장에서 근골격계질환의 체계적인 관리를 하는 데 있어 기본적으로 숙지해야 할 사항으로 이는 유해요인 조사 및 인간공학적 작업 개선뿐만 아니라 업무상 질병을 처리하는 과정에서 작업관련성에 대한 검토를 하는데도 중요한 근거로 활용된다.

표 4.2 미국 OSHA의 근골격계질환의 위험요소 연관성 분석결과

신체부위	위험요소	강한 증거	증거	증거불충분
목과 목/어깨	반복		√	
	힘		√	
	자세	√		
	진동			√

신체부위		위험요소	강한 증거	증거	증거불충분
어깨		반복		√	
		힘			√
		자세		√	
		진동			√
팔꿈치		반복			√
		힘		√	
		자세			√
		진동	√		
손/손목	수근관증후군	반복		√	
		힘		√	
		자세			√
		진동		√	
		혼합	√		
	건염	반복		√	
		힘		√	
		자세		√	
		진동	√		
	수완진동증후군	진동	√		
허리		들기/힘든 동작	√		
		부적절한 자세		√	
		과도한 육체작업		√	
		전신진동	√		
		정적 작업자세			√

2.4 근골격계질환 발병단계

근골격계질환의 발병 과정은 아래와 같다.

표 4.3 근골격계질환 발병과정

단 계	주요 증상 및 상태	도식적 이해
1단계	1) 작업시간 중 통증 및 피로감 2) 하룻밤 지나면 증상 없음 3) 작업능력 저하는 없음	

단 계	주요 증상 및 상태	도식적 이해
2단계	1) 작업시작 초기부터 증상 발생 2) 하룻밤 지나도 통증 지속 3) 화끈거려 잠을 설침 4) 작업능력 감소 5) 악화와 회복 반복됨	
3단계	1) 휴식 시에도 통증 2) 반복적인 움직임이 없어도 발생 3) 통증으로 불면 4) 작업수행 불가능 5) 일상생활에 지장	

2.5 근골격계질환 종류

근골격계질환은 어떤 외부의 스트레스에 의하여 오랜 시간을 두고 반복적인 작업이 누적(Cumulative)되어 질병(Disorder)이 발생하는 것이 의미한다. 제조업 또는 기타 직종에서 신체의 일부를 과사용(Overuse)하면서 주로 상지와 경부에 나타나며, 신경, 근육, 인대, 관절 등에 문제가 생겨 통증, 이상감각, 마비 등의 증상이 나타나는 질환을 총칭하여 말한다.

(1) 경부(Cervical)에서 발생하는 질환

가. 근막통 증후군(Myofascial Pain Syndrome)

① 원인 : '잘못된 자세'와 '스트레스'가 가장 큰 원인으로 꼽힘. 근육의 과도한 사용, 지속적인 수축이나 이완 또는 외상 등에 의해 근육 자체에 대한 산소 공급 장애 등에 의해 발생함.

② 증상 : 주로 근육에서 통증은 깊고, 쑤시는 듯하며 타는 듯한 느낌이 들며 근육을 땡기면 통증이 악화되고 운동범위가 제한됨. 근육이 약해져 있지만 근육의 위축은 없으며 누르면 아픈 부위가 있는데 이 부위가 통증 유발점임. 통증 유발점이 목 주위 근육에 생기면 두통, 눈 주위 통증, 귀울림(이명), 그리고 어지럼증이 생기기도 함.

나. 경추 자세 증후군(Cervical Postural Syndrome, 거북목증후군)

① 원인 : 경추 전만의 증가와 턱을 앞으로 내밀고 있는 나쁜 자세 또는 머리가 아래를

향하는 자세를 반복적으로 하거나 지속하는 경우 발생함.

② 증상 : 뒷목과 어깨 뻐근하고 심하면 두통을 동반함.

(2) 견관절(Shoulder)에서 발생하는 질환

가. 근막통 증후군(Myofascial Pain Syndrome)

① 원인 : '잘못된 자세'와 '스트레스'가 가장 큰 원인으로 꼽힘. 근육의 과도한 사용, 지속적인 수축이나 이완 또는 외상 등에 의해 근육 자체에 대한 산소 공급 장애 등에 의해 발생함.

② 증상 : 근육의 통증은 깊고, 쑤시는 듯하며 타는 듯한 느낌이 들며 근육을 땡기면 통증이 악화되고 운동범위가 제한됨. 근육이 약해져 있지만 근육의 위축은 없으며 누르면 아픈 부위가 있는데 이 부위가 통증 유발점임. 어깨 근육에 통증 유발점이 있으면 팔이나 손이 저리거나 힘이 빠지는 느낌이 들게 됨.

나. 극상근 건염(Supraspinatus Tendinitis)

① 원인 : 계속적인 외상과 기계적인 자극, 불충분한 회복 또는 극상근의 조기마모와 국소허혈, 염증성 반응과 석회화 그리고 나이가 들어감에 따라 점액낭의 보호가 약해져 회전근개의 퇴행성 변화로 발생됨.

② 증상 : 상완골(윗팔) 외전 시 심한 통증(특히 90도 외전하는 경우)

(3) 팔꿈치(Elbow)에서 발생하는 질환

가. 외상과염(Lateral Epicondylitis) : Tennis Elbow

① 원인 : 팔꿈치에서 손목으로 이어진 뼈를 둘러싼 인대가 부분적으로 파열되거나 염증이 생겨 발생. 한 번의 충격으로 생기는 것이 아니고 작은 충격이 반복되면서 그 충격이 쌓여 서서히 통증으로 발전됨. 상완골의 끝(팔꿈치)에는 동그란 두 개의 돌출부가 있는데 이 돌출부에 손목과 손가락을 움직이는 근육이 연결되어 있고 그 연결부위를 인대라고 함. 테니스엘보는 두 개의 돌출부 중 바깥쪽 돌출부의 인대에 염증이 생겨 나타남. 팔꿈치나 손목을 많이 사용하는 모든 사람에게 나타날 수 있음.

② 증상 : 주 증상은 팔꿈치 통증으로 초기에는 약간의 통증만 느껴지다가 질환이 진행되면서 통증이 심해짐. 주로 물건을 들어올릴 때, 팔을 비트는 동작을 할 때 통증이 있음. 팔꿈치 관절의 바깥쪽이 아프고 누르면 통증이 심해지는 것이 특징임.

나. 내상과염(Medial Epicondylitis) : Golfer's Elbow

① 원인 : 팔과 손을 많이 사용하면 움직이는 근육과 힘줄에 무리가 가서 염증이 생기고 그 염증이 치료되지 않은 상태로 다시 사용하면 그것이 반복되어 염증이 심해짐. 이 질환은 반복적인 가사노동을 하는 주부에게 많이 발생함.

② 증상 : 내상과염(골프엘보)의 증상은 팔꿈치 안쪽에 통증이 생기는 것으로 이곳을 누르거나, 물건을 잡거나 걸레를 짤 때, 손목이나 팔을 비트는 동작 시 통증이 심함.

(4) 수부(Hand)와 손목(Wrist)에서 발생하는 질환 및 장애

가. 손목터널 증후군(Carpal Tunnel Syndrome)

① 원인 : 손목의 과사용(심한 굴곡이나 신전 또는 회전)에 의해 수근관내 공간을 감소시킬 수 있는 어떤 경우라도 원인이 됨.

② 증상 : 손의 힘이 약해지는 경우가 많고, 손목 부위에 이상 감각이나 감각 감소(엄지와 2,3,4 손가락)현상이 나타나 물건을 떨어뜨리는 현상이 생김. 손을 꽉 쥐거나 사용할 때 악화되며, 주로 야간에 증상이 심하게 나타남.

나. 데꿔벵 건초염(DeQuervain Disease)

① 원인 : 대개의 경우 수부나 수근관절을 과도하게 사용하는 직업적 요인이나 가사노동에 시달리는 주부들에게서 빈발함.

② 증상 : 장모지 외전근(전완내 근육)이 엄지부위로 연결하는 건(근육과 뼈 연결하는 결합조직)의 건초(건을 둘러싸고 있는 근육)에 염증이 발생된 것이기에 요골의 원위 외측에 동통과 압통이 발생함.

다. 결절종(Ganglion)

① 원인 : 확실치는 않으나, 관절액이나 건막의 활액이 세어 나와 고여 만들어지는 것이라는 주장이 일반적임.

② 증상 : 두드러지게 감지되는 증상은 없는 것이 보통, 신경이나 혈관을 누르면 동통이나 근력약화 등이 나타남. 종양이 만져지기 전에 불편감이 먼저 나타남.

2.6 근골격계질환 현황 분석

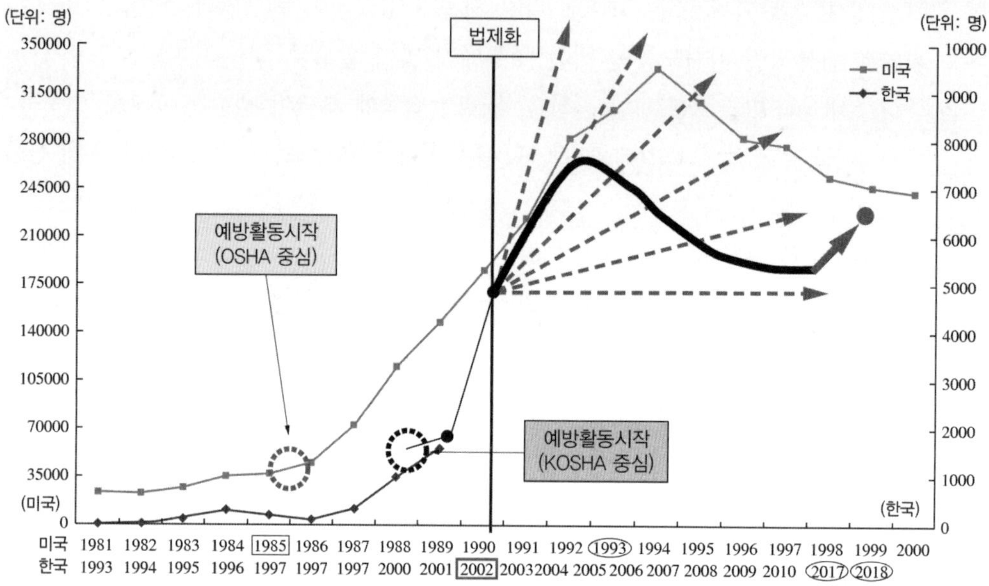

그림 4.5 업무상질병자 중 근골격계질환자 수의 통시적 분석

국내의 경우 근골격계질환은 2002년이 되어서야 산업안전보건법 및 산업재해보상보험법에 반영이 되어 시행이 되었다. 그림 4.5에서 알 수 있듯이 시행 3년(2002~2005) 동안 근골격계질환으로 산업재해를 인정받는 숫자는 급격히 증가하다가 2006년부터 2017년까지 안정세를 보였으나, 2018년 정부가 재해율에 대한 관리보다는 업무상 재해 사망자에 대한 관리에 초점을 두기 시작하고 사회생태계의 변화와 업무상질병 판정위원회의 승인율이 급격히 올라가면서 2005년 최고치에 근접해 가고 있는 상황이다. 2017년 근골격계질환자는 업무상 질병자(9,183명) 중 57%인 5,195명이었으나, 2018년 근골격계질환자는 업무상질병자(11,473) 중 59%인 6,715명으로 전년대비 1,520명이 증가하였다.

3 근골격계 부담작업 유해요인조사

유해요인조사는 산업안전보건기준에 관한 규칙 제12장 및 고용노동부고시 제2018-13호(근골격계부담작업의 범위 및 유해요인조사 방법에 관한 고시)의 규정에 따라 근골격계 부담작업에 대한 유해요인조사를 실시하고 개선과 사후조치를 해야 한다.

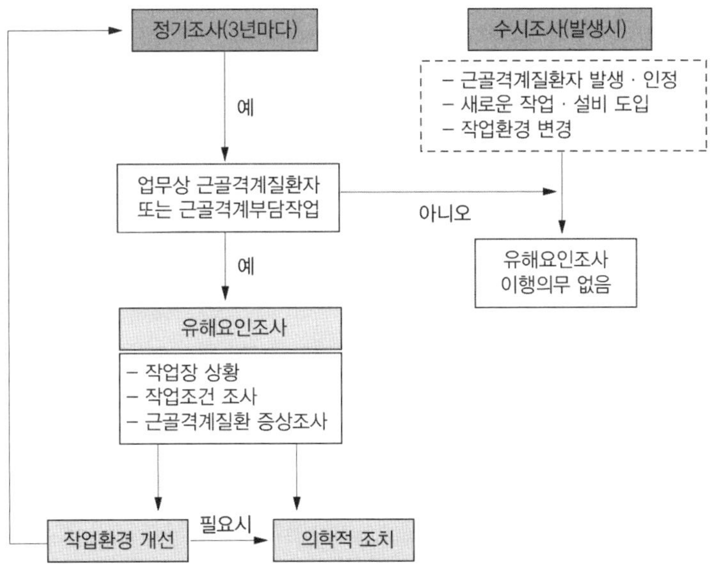

그림 4.6 유해요인조사 흐름도

3.1 용어의 정의

① "근골격계부담작업"

근골격계부담작업의 범위 및 유해요인조사 방법에 관한 고시(고용노동부고시 제2018-13호)로 고용노동부장관이 정하여 고시하는 작업을 말한다(별표1).

② "근골격계질환 유해요인"

근골격계부담작업을 포함하는 작업과 관련하여 근골격계질환을 유발시킬 수 있는 반복동작, 부적절한 자세(부자연스런 또는 취하기 어려운 작업자세), 과도한 힘(무리한 힘의 사용), 접촉스트레스(날카로운 면과의 신체접촉), 진동 등을 말하며, 간략히 "유해요인"이라 말할 수 있다(별표2).

③ "유해요인조사자"

근골격계부담작업 유해요인조사를 수행하는 자로서 보건관리자 또는 관련업무의 수행능력 등을 고려하여 사업주가 지정하는 자를 말한다.

④ "단기간 작업"

2개월 이내에 종료되는 1회성 작업을 말한다.

⑤ "간헐적인 작업"

연간 총 작업일수가 60일을 초과하지 않는 작업을 말한다.

3.2 유해요인조사 시기

(1) 사업주는 근골격계부담작업을 보유하는 경우에 다음의 사항에 대해 최초의 유해요인조사를 실시한 이후 매 3년마다 정기적으로 실시한다.

① 설비 · 작업공정 · 작업량 · 작업속도 등 작업장 상황

② 작업시간 · 작업자세 · 작업방법 등 작업조건

③ 작업과 관련된 근골격계질환 징후(Signs)와 증상(Symptoms) 유무 등

(2) 사업주는 다음에서 정하는 경우에는 수시로 유해요인조사를 실시한다.

① 법에 따른 임시건강진단 등에서 근골격계질환자가 발생하였거나 근로자가 근골격계질환으로 「산업재해보상보험법 시행령」 별표 3 제2호 가목 · 마목 및 제12호 라목에 따라 업무상 질병으로 인정받은 경우

② 근골격계부담작업에 해당하는 새로운 작업 · 설비를 도입한 경우

③ 근골격계부담작업에 해당하는 업무의 양과 작업공정 등 작업환경을 변경한 경우

3.3 유해요인조사 방법

「산업안전보건법」제24조 제1항 제5호 및 「산업안전보건기준에 관한 규칙」 제656조 제1호 및 제658조 단서의 규정에 따른 근골격계부담작업의 범위 및 유해요인조사 방법에 관한 [고용노동부고시 제2018-13호]에 따라 유해요인조사를 하는 것이 사업주의 의무이다.

(1) 유해요인조사는 그림 4.6과 같이 근골격계부담작업 [별표1]을 보유(정기유해요인조사 대상)하거나 업무상 근골격계질환자가 발생 · 인정(수시유해요인조사 대상)된 경우 실시하며, 근로자와의 면담, 증상설문조사, 인간공학적 측면을 고려하여 조사한다.

(2) 유해요인조사는 유해요인조사표(KOSHA GUIDE H-9-2018의 별지 제1호 서식)를 활용하여 조사개요, 작업장 상황조사, 작업조건 조사를 실시하며, 작업조건 조사를 실시할 때 추가 필요하다고 판단되는 경우 작업분석·평가도구를 활용하여 조사대상 근골격계부담작업 또는 근로자의 근골격계질환 유해요인에 대해 분석·평가한다. 또한 유해요인조사는 근골격계질환 증상조사표(KOSHA GUIDE H-9-2018의 별지 제2호 서식)를 활용하여 근로자의 직업력, 근무형태, 근골격계질환의 징후 또는 증상 등의 정보를 파악한다.

가. 조사개요

① 양식에 따라 조사구분, 조사일시, 조사자, 조사부서명 등 기재함

② 작업공정명은 해당 작업의 포괄적인 공정명을 기재하고(예, 도장공정, 포장공정 등), 작업명은 보다 구체적으로 기재(예 : 자동차휠 공급작업, 의자포장 및 공급작업 등)

나. 작업장 상황 조사

① 작업자와 면담 및 작업관찰을 통해 작업설비, 작업량, 작업속도 등 기재

② 이전 유해요인조사 날짜를 기준으로 작업설비, 작업량, 작업속도, 업무형태, 기타의 변화 유무를 체크하고, 변화가 있을 경우 언제부터, 얼마나 변화가 있었는지를 구체적으로 기재

다. 작업조건 조사

① 【1단계】 조사개요에 기재한 작업명을 적고, 작업내용은 단위작업으로 구분이 가능한 경우 각각의 단위작업 내용을 기재(예 : 포장상자에 의자넣기, 포장된 상자를 운반수레로 당기기, 운반수레 밀기 등)

② 【2단계】 단위 작업명에는 해당 작업 시 수행하는 세분화된 작업명을 적고, 해당 부담작업을 수행하는 노동자와의 면담을 통해 노동자가 자각하고 있는 작업의 부하를 5단계로 구분하여 점수를 기재함. 작업의 빈도 또는 노출수준도 5단계로 구분하여 해당 점수를 적고, 총점수(근골격계부담작업 위험성 수준 또는 근골격계질환 발생 위험성 수준)는 작업부하와 작업빈도의 곱으로 계산함. 총 점수는 유해요인조사 평가 대상의 우선 순위 결정에 활용함

③ 【3단계】 단위작업을 가장 잘 설명하는 사진 또는 그림을 선택함. '유해요인'은 <[별표 2] 근골격계부담작업 유해요인>를 참조하여 반복동작, 부적절한 자세, 과도한 힘, 접촉스트레스, 진동, 기타로 구분하여 기재함. '유해요인의 발생원인 또는 노출특징'은 해당 유해요인별로 작성함

④ 조사대상 근골격계 부담작업에 대해 【1~3단계】 작업조건 조사 이외에 특정 작업분석・평가 도구를 이용하여 추가적인 유해요인 평가가 필요한 경우 실시함. 적절한 작업분석・평가 도구(표 4.4 참고)를 선택하며, 복수의 평가도구를 이용한 유해요인평가 방법이 더 바람직함

라. 종합요약

조사대상 근골격계부담작업에 대해 실시한 조사개요, 작업상황 조사, 작업조건 조사, 작업분석・평가 결과를 바탕으로 결론을 도출하면서 종합 요약함

(3) 유해요인조사표 사례

가. 작업장 상황 조사

• 작업 설비	■ 변화 없음	□ 변화 있음(언제부터 :)
• 작 업 량	□ 변화 없음 □ 늘어남(언제부터 :) □ 기타( )	■ 줄음(언제부터 : 2개월 전)
• 작업 속도	□ 변화 없음 □ 늘어남(언제부터 :) □ 기타( )	■ 줄음(언제부터 : 2개월 전)
• 업무 변화	□ 변화 없음 □ 늘어남(언제부터 :) □ 기타( )	■ 줄음(언제부터 : 2개월 전)

나. 작업조건 조사

[1단계] 작업별 과제 내용 조사(유해요인 조사자)

직종명(Job Title) : 일반기능공
작업내용(Tasks) : 작업장 바닥의 파렛트 위의 타이어 휠을 콘베어라인에 들어 올리고, 콘베어라인 위의 휠에 공기주입구를 조립함

[2단계] 각 작업별 작업부하 및 작업빈도(근로자 면담)

작업 부하(A)	점수	작업 빈도(B)	점수
매우 쉬움	1	3개월마다(년 2~3회)	1
쉬움	2	가끔(하루 또는 주 2~3일)	2
약간 힘듦	3	자주(1일 4시간)	3
힘듦	4	계속(1일 4시간 이상)	4
매우 힘듦	5	초과근무 시간(1일 8시간 이상)	5

작업내용	작업부하(A)	작업 빈도(B)	총점수(A*B)
휠 들어 올리기	3	5	15
공기주입구 조립	2	5	10

[3단계] 유해요인 및 원인평가서

직 종 명	일반기능공	근 로 자 명	홍길동

유해요인설명

• 반복성	같은 근육, 힘줄 또는 관절을 사용하여 동일한 유형의 동작을 되풀이해서 수행함
• 부자연스런 자세	반복적이거나 지속적으로 팔을 뻗음, 비틂, 구부림, 머리 위 작업, 무릎을 꿇음, 쪼그림, 고정 자세를 유지함, 손가락으로 집기 등
• 과도한 힘	물체 등을 취급할 때 들어 올리거나 내리기, 밀거나 당기기, 돌리기, 휘두르기, 지탱하기, 운반하기, 던지기 등과 같은 행위·동작으로 인해 근육의 힘을 많이 사용해야 하는 것
• 접촉 스트레스	작업대 모서리, 키보드, 작업공구, 가위사용 등으로 인해 손목, 손바닥, 팔등이 지속적으로 눌리거나 반복적으로 물체에 압력을 가함으로써 해당 신체부위가 충격을 받게 되는 것
• 진동	신체의 특정부위가 동력기구 또는 장비와 같은 진동하는 물체와 접촉함으로써 영향을 받게 되는 것
• 기타요인	극심한 저온 또는 고온, 너무 밝거나 어두운 조명

작업별로 관찰된 유해요인 원인분석

유해요인	유해요인에 대한 원인	총점수
작업내용 1 : 휠 들어올리기		15
- 반복성 • 팔과 허리	- 근로자 고정매치 작업 • 근로자 1명이 10시간 휠 공급	
- 부자연스런 자세 • 허리를 굽히고, 비틂 • 휠을 잡고자 팔을 뻗힘	- 작업장 설계 결함 • 파렛트 높이가 낮음	
	- 규격파렛트 미사용 • 파렛트가 직사각형으로 길고, 폭이 넓어 반대편은 작업점과 멀다.	
작업내용 2 : 공기주입구 조립		10
- 부자연스런 자세 • 어깨 들림, 손목 꺾임	- 조립공구 디자인 불량 • 공구의 길이가 길다 • 공기주입구 거는 공구 걸이부 각이 작음	
- 반복성 • 손목과 팔	- 근로자 고정배치 작업 • 근로자 1명이 10시간 작업함	

(4) 작업환경 개선 등 사후조치

가. 작업환경 개선은 그림 4.6에 따라 실시하되, 유해요인조사 또는 근골격계질환 증상조사 결과를 바탕으로 근골격계질환 발생 위험이 높은 경우로써 다음의 사항에 따른다.

① 다수 근로자가 유해요인에 노출되고 있거나 증상 및 불편을 호소하는 작업

② 비용편익 효과가 큰 작업

나. 사업주는 인간공학적으로 설계된 인력작업 보조설비 및 편의설비를 설치하는 등 적절한 개선계획을 수립하고, 해당 근로자 또는 근로자 대표에게 알려야 하며, 적정한 작업환경 개선 등 사후조치를 실시하여야 한다.

다. 사업주는 개선계획의 수립 및 그 타당성을 검토하기 위하여 외부의 전문기관이나 전문가로부터 지도·조언을 들을 수 있다.

(5) 문서의 기록과 보존

가. 사업주는 안전보건규칙에 따라 문서를 기록 또는 보존하되 다음을 포함하여야 한다.

① 유해요인조사 결과(해당될 경우 근골격계질환 증상조사 결과 포함)

② 의학적 조치 및 그 결과

③ 작업환경 개선계획 및 그 결과보고서

나. 사업주는 상기 가.의 ①과 ②의 문서는 5년 동안 보존하며, ③의 문서는 해당 시설·설비가 작업장 내에 존재하는 동안 보존한다.

3.4 인간공학 평가도구의 이해와 활용

산업안전보건법상 근골격계질환에 대한 사업주의 의무는 앞의 3.3 유해요인조사 방법에서 기술되어 있는 사항을 충실히 이행하면 충분하다. 하지만, 인간공학 평가도구(표 4.4)를 활용하여 추가적인 분석을 수행한다면, 부적절한 작업장의 구조와 불편한 작업자세 등 근골격계질환 발생요인에 대해 보다 구체적인 단서를 찾을 수 있고 이를 바탕으로 위험요인을 제거함으로써 보다 쾌적한 인간공학적 작업환경을 만들 수 있는 장점이 있으므로 개선에 목적을 두고자 하는 사업장에서는 인간공학적 평가도구의 활용은 중요하다.

표 4.4 인간공학 평가도구 특징 요약

평가도구명	평가 유해요인	관련 신체부위	적용대상 (작업종류)	한계점
OWAS	자세, 힘 노출시간	상체, 허리, 하체	중량물취급	중량물작업한정 반복성 미고려
RULA	반복성, 힘, 불편한 자세	손목, 팔, 팔꿈치, 어깨, 목, 상체	조립, 목공, 정비, 육류가공, 교환대, 치과	반복성, 정적자세 고려 미흡 (전문성요구)
REBA	반복성, 힘, 불편한 자세	손목, 팔, 어깨, 목, 상체, 허리, 다리	간호사, 청소부, 주부, 서비스업	반복성 미고려
JSI (Job Strain Index)	반복성, 힘, 불편한 자세	손, 손목	경조립, 검사, 육류가공, 포장, 자료입력, 세탁	손, 손목부위 작업 한정(평가 객관성)
NIOSH 들기작업지침	반복성, 힘, 불편한 자세	허리	중량물 취급 (4 kg 이상)	전문성 요구

4 주요 위험요인별 인간공학적 개선가이드

4.1 반복성

구분		주요 내용
유해요인	정의 (고시)	■ 같은 근육, 힘줄 또는 관절을 사용하여 동일한 유형의 동작을 되풀이해서 수행함 → 1. 하루에 4시간 이상 집중적 자료입력(키보드, 마우스작업) → 2. 하루에 2시간 이상 목, 어깨, 팔꿈치, 손목 또는 손을 사용 동작반복
	사례	 
인간공학적 개선가이드		▸과학적인 작업순환 - 단순 밀어내기 아닌 국소근육의 부담을 달리하도록 작업순환 ▸반복성 外 타 유해요인에 대한 개선 추진 - 작업대 높이, 의자, 바닥, 기타 작업환경 ▸적절한 휴식설계 / 작업방법 변경 : 단순조립 → 다양한 조립 ▸왼손 활용하기 (힘이 덜 들고, 높은 품질 요구 않는 작업) ▸작업 전, 중, 후 스트레칭 생활화

4.2 부적합한 자세

구분		주요 내용
유해 요인	정의 (고시)	■ 지속적인 팔을 뻗음, 비틂, 구부림, 머리 위 작업, 무릎을 꿇음, 쪼그림, 고정자세를 유지함, 손가락으로 집기 등 → 3. 하루에 총 2시간 이상 머리 위에 손, 팔꿈치가 어깨 위, 팔꿈치를 몸통으로부터 들거나, 팔꿈치를 몸통 뒤쪽에 위치해 작업 → 4. 지지되지 않은 상태이거나 임의로 자세를 바꿀 수 없는 조건에서, 하루에 총 2시간 이상 목이나 허리를 구부리거나 트는 상태에서 이루어지는 작업 → 5. 하루에 총 2시간 이상 쪼그리고 앉거나 무릎을 굽힌 자세로 작업 → 6. 하루에 총 2시간 이상 지지되지 않은 상태에서 1 kg 이상의 물건을 한 손가락으로 집어 옮기거나, 2 kg 이상에 상응하는 힘을 가하여 한 손가락으로 물건 쥐는 작업

구분		주요 내용
	사례	   
인간공학적 개선가이드		▸ 앉아서 일하든 서서 일하든 작업대 높이는 팔꿈치 높이이어야 함. (하나의 작업대를 두명 이상이 사용하는 경우 빠른 높이 조정 가능) ▸ 주요작업은 작업점이 어깨 높이~무릎 높이이어야 함. ▸ 작업 위한 충분한 작업공간 확보 : 물리적 제약 개선으로 자세 개선 ▸ 쪼그려 앉아 작업을 하는 경우 엉덩이 보호대 및 무릎보호대 활용 ▸ 불편한 작업자세로 일할 수밖에 없는 경우 지지대, 보조도구 활용

4.3 과도한 힘

구분		주요 내용
유해 요인	정의 (고시)	■ 작업을 수행하기 위해 근육을 과도하게 사용함 → 7. 하루에 총 2시간 이상 지지되지 않은 상태에서 4.5 kg 이상의 물건을 한 손으로 들거나 동일한 힘으로 쥐는 작업 → 8. 하루에 10회 이상 25 kg 이상의 물체를 드는 작업 → 9. 하루에 25회 이상 10 kg 이상의 물체를 무릎 아래에서 들거나, 어깨 위에서 들거나, 팔을 뻗은 상태에서 드는 작업 →10. 하루에 총 2시간 이상, 분당 2회 이상 4.5 kg 이상의 물체를 드는 작업
	사례	  
인간공학적 개선가이드		▸ 반복적인 중량물 작업인 경우 각종 고정식 및 이동식 호이스트 고려 ▸ 자재 및 부품 박스의 손잡이 개선 ▸ 대차 개선 : 바퀴는 우레탄 재질로 클 것, 대차 높이는 조절이 가능해야 하며, 대차의 적재대도 가능하면 마찰계수를 낮게 할 것 ▸ 중량물은 몸에 바짝 붙여 다리의 힘을 이용해 들고 내릴 것 ▸ 쪼그려 앉아 작업을 하는 경우 엉덩이 보호대 및 무릎보호대 착용 ▸ 5 kg 이상 중량물 취급 시 주의안내 표지판 설치

4.4 접촉스트레스

구분		주요 내용
유해 요인	정의 (고시)	■ 작업대 모서리, 키보드, 작업공구, 가위사용 등으로 인해 손목, 손바닥, 팔 등이 지속적으로 눌리거나 손바닥 또는 무릎 등을 사용하여 반복적으로 물체에 압력을 가함으로써 해당 신체부위가 충격을 받게 되는 것 → 11. 하루에 총 2시간 이상 시간당 10회 이상 손 또는 무릎을 사용하여 반복적으로 충격을 가하는 작업
	사례	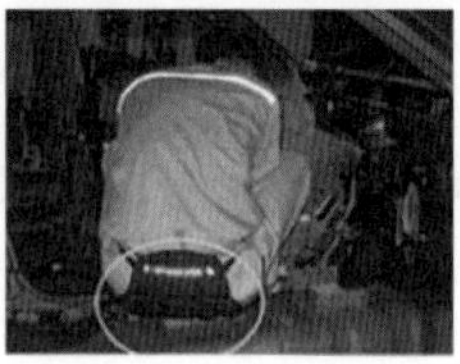  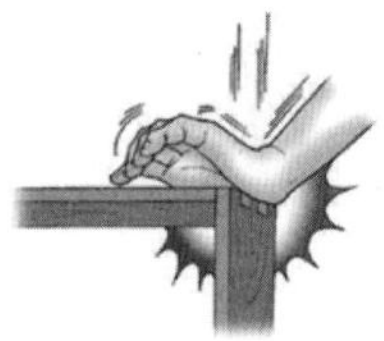
인간공학적 개선가이드		▸두드림용 장갑 활용 (손가락, 손바닥으로 눌러 작업 시) ▸두드림용 고무망치 활용 (넓은 범위 손바닥으로 두드리는 작업) ▸작업대 모서리 등이 날카로운 경우 고무를 이용한 라운딩 처리 ▸작업공구의 손잡이는 손바닥과 손가락의 움직임을 고려한 형태로 인간공학적 설계 필요 ▸부품박스의 손잡이는 넓고 라운딩 처리를 함으로써 손가락과 손바닥에 국부적인 접촉 스트레스를 최소화

5 근골격계질환 예방 및 사후관리 프로그램

5.1 목적

근골격계질환을 예방하고 관리하는 것은 기업경영의 일환으로 필요한 사업장에 대해서 교육, 유해요인 조사와 인간공학적 개선 그리고 의학적 관리를 통해 사업장의 특성에 맞게 체계적인 프로세스의 운영을 통해 기업에게는 양질의 노동력을 지속 확보시켜 주고, 근로자에게는 건강을 유지, 증진시키기 위함이다.

5.2 적용대상

대상 사업장은 산업안전보건기준에 관한 규칙 제662조에 의거 사업장 내 근로복지공단으로부터 요양결정을 받은 자가 연간 10인 이상 발생한 사업장 또는 5인 이상 발생하였으나, 그것이 해당 사업장의 근로자 수의 10% 이상이 되는 경우가 해당되며, 그 밖에 근골격계질환 관련 문제로 인해 고용노동부장관이 필요하다고 인정하여 명령을 하는 경우 적용대상 사업장이 된다.

5.3 프로그램 적용을 위한 기본원칙과 필요조건

보건관리자들은 프로그램을 기획하는 데 있어, 아래의 사항들이 경영층은 물론 노조 및 조직의 리더들이 인지할 수 있도록 교육과 실무의 접점에서 지속적으로 모니터링하고 의사결정의 중요한 기준으로 활용될 수 있도록 하여야 한다. 이 과정은 프로그램 성공을 좌우하는 핵심열쇠이다.

① 인식의 원칙 : 근골격계질환은 회사가 존재하는 한 있을 수밖에 없고 최소화를 위해 노력하는 것이 최선이다.

② 노사 공동참여의 원칙 : 설비도 중요하지만, 결국 사람의 관리와 직무순환, 작업편성 등 많은 부분이 노사협의가 필요하므로 공동참여가 중요하다.

③ 전사적 지원원칙 : 사업장의 제도 및 생산시스템의 전반이 유기적으로 결합되어 근골격계질환의 문제가 발생되므로 보건관리자나 안전 담당팀만의 노력으로 해결되는 문제가 아니라 인사, 설계, 생산, 연구소 등 조직의 참여가 성공의 열쇠다.

④ 사업장 내 자율적 해결원칙 : 사업장의 특성에 맞는 사내 조직이 있어야 하며, 설비는 위험요인을 지속 개선하고 질환을 조기 발견하여 조치나 치료 후 조기 복귀시키는 것이 기업과 개인에게 이득이다.

⑤ 시스템 접근의 원칙 : 발생의 원인이 설비로만 국한되는 것이 아니라, 개인적 특성, 기타 사회 및 심리적 요인 등도 복합적으로 일어나기에 여러 부분이 유기적으로 문제해결에 접근하여야 한다.

⑥ 지속성 및 사후평가의 원칙 : 예방사업의 효과는 단시간에 나타나지 않으므로 지속적인 관리 및 정량적 평가에 따른 보완과정이 중요하다.

⑦ 문서화의 원칙 : 유해요인조사와 개선의 기록들이 문서화되어 추가적인 개선에 활용되어야 하며, 유관 부서 간 공유를 하는 것이 중요하고, 더 나아가 전산화를 통해 효율적 협업시스템을 갖추는 것이 필요하다.

5.4 프로그램 흐름도

프로그램 대상 사업장은 5.3의 원칙에 부합하는 노조(근로자 대표)가 포함된 추진조직을 구성하고, 다양한 프로그램을 기획하여 승인받아야 하며, 일상적인 기업 활동의 일환으로 정착하기 위해 운영규정을 정립하여 프로그램의 기본 구성요소들이 일상적인 경영활동의 일환으로 추진될 수 있도록 하여야 한다.

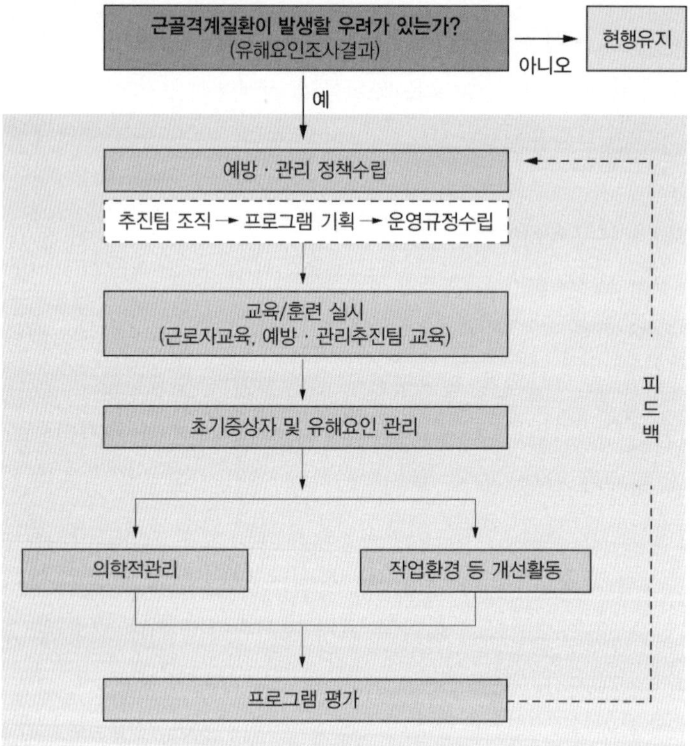

그림 4.7 프로그램 운영 흐름도

"K"사의 경우 노사가 추진조직을 구성하여, 세부적인 사항들에 대한 운영규정을 합의하여 시행 중에 있으며, 년 1회 정기회의 및 필요 시 수시로 회의체를 가동하여 근골격계질환과 관련된 현안을 해결하고 있다. 보건관리자는 프로그램 내 세부적인 구성요소(교육, 유해요인조사 및 개선, 의학적 관리 등)들에 대한 기획과 실행의 실무를 충실히 수행하며, 유관부서의 시스템적 협업을 이끌어내기 위해 업무표준으로 프로그램이 연착륙된 상황에서 전산시스템까지 구축하여 기업경영활동의 일환으로 근골격계질환 예방 및 사후관리 관련 업무가 유기적으로 이뤄지고 있다.

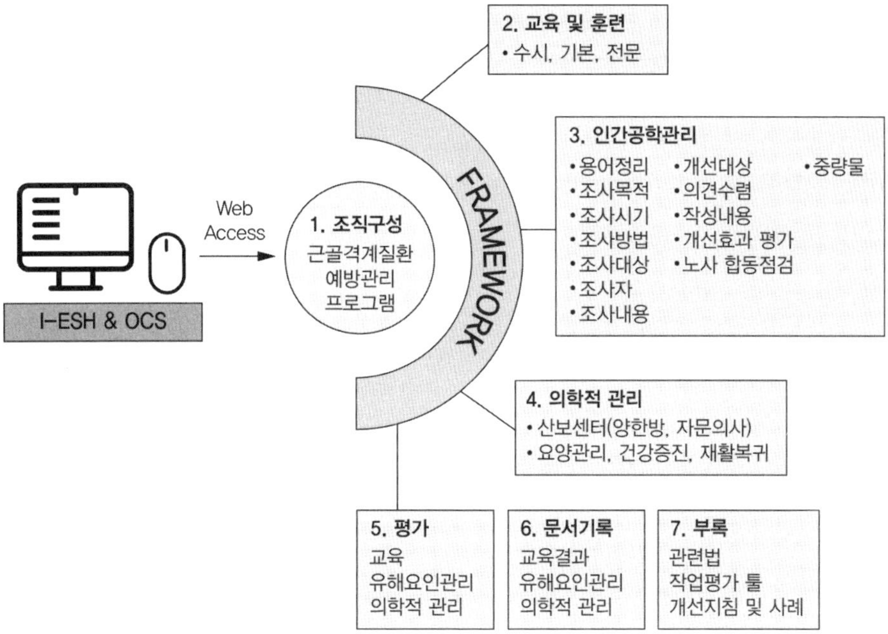

그림 4.8 "K"사 근골격계질환 예방 및 사후관리 프로그램 구성요소

5.5 예방 및 사후관리 프로그램 평가

보건관리자는 가능한 한 실무업무를 정량적 평가가 가능하도록 설계하여야 하며, 평가의 결과는 추진조직과 경영층의 인식변화 및 예산확보와 현안문제를 해결하는데 중요한 근거자료로 활용할 수 있도록 체계를 갖추는 것이 중요하다.

① 다양한 형태의 근골격계질환 발생빈도 및 발생으로 인간 직·간접 손실
② 다양한 형태의 발생률의 비교(연도별, 특정 기간별/부서/설비/위험별)
③ 근골격계질환으로 인한 손실분석(근로손실일 수 및 시간 등 & ROI)
④ 작업개선 전후의 유해요인 노출 특성의 변화 및 발생률 변화
⑤ 작업자의 만족도 변화 / 제품 불량률의 변화 / 직무스트레스의 변화 등

[별표1] 근골격계 부담작업(고시)

1. 하루에 4시간 이상 집중적으로 자료입력 등을 위해 키보드 또는 마우스를 조작하는 작업
2. 하루에 총 2시간 이상 목, 어깨, 팔꿈치, 손목 또는 손을 사용하여 같은 동작을 반복하는 작업
3. 하루에 총 2시간 이상 머리 위에 손이 있거나, 팔꿈치가 어깨 위에 있거나, 팔꿈치를 몸통으로부터 들거나, 팔꿈치를 몸통 뒤쪽에 위치하도록 하는 상태에서 이루어지는 작업
4. 지지되지 않은 상태이거나 임의로 자세를 바꿀 수 없는 조건에서, 하루에 총 2시간 이상 목이나 허리를 구부리거나 트는 상태에서 이루어지는 작업
5. 하루에 총 2시간 이상 쪼그리고 앉거나 무릎을 굽힌 자세에서 이루어지는 작업
6. 하루에 총 2시간 이상 지지되지 않은 상태에서 1 kg 이상의 물건을 한 손의 손가락으로 집어 옮기거나, 2 kg 이상에 상응하는 힘을 가하여 한 손의 손가락으로 물건을 쥐는 작업
7. 하루에 총 2시간 이상 지지되지 않은 상태에서 4.5 kg 이상의 물건을 한 손으로 들거나 동일한 힘으로 쥐는 작업
8. 하루에 10회 이상 25 kg 이상의 물체를 드는 작업
9. 하루에 25회 이상 10 kg 이상의 물체를 무릎 아래에서 들거나, 어깨 위에서 들거나, 팔을 뻗은 상태에서 드는 작업
10. 하루에 총 2시간 이상, 분당 2회 이상 4.5 kg 이상의 물체를 드는 작업
11. 하루에 총 2시간 이상 시간당 10회 이상 손 또는 무릎을 사용하여 반복적으로 충격을 가하는 작업

[별표2] 근골격계질환 유해요인

유해요인	설명
반복동작	 같은 근육, 힘줄, 인대 또는 관절을 사용하여 반복 수행되는 동일한 유형의 동작으로서 그 유해 정도는 반복횟수, 빠르기, 관련되는 근육군의 수, 사용되는 힘에 따라 다름
부적절한 자세	 각 신체 부위가 취할 수 있는 중립자세를 벗어나는 자세를 말하며, 예를들어 손가락 집기, 손목 좌우 돌리기, 손목 굽히거나 뒤로 젖히기, 팔꿈치 들기, 팔 비틀기, 목 젖히거나 숙이기, 허리 돌리기, 구부리기, 비틀기, 무릎꿇기・쪼그려 앉기, 한발로 서기, 장시간 서서 일하는 동작, 정적인 자세 등 자세를 일컬음
과도한 힘	 들거나 내리기, 밀거나 당기기, 운반하기, 지탱하기 등으로 물체, 환자 등을 취급할 때 이루어지는 무리한 힘이나 동작을 말함
접촉 스트레스	 작업대 모서리, 키보드, 작업공구, 가위 사용 등으로 인해 손목, 손바닥, 팔등이 지속적으로 눌리거나 손바닥 또는 무릎 등을 사용하여 반복적으로 물체에 압력을 가함으로써 해당 신체부위가 받는 충격 또는 접촉부담을 말함
진동	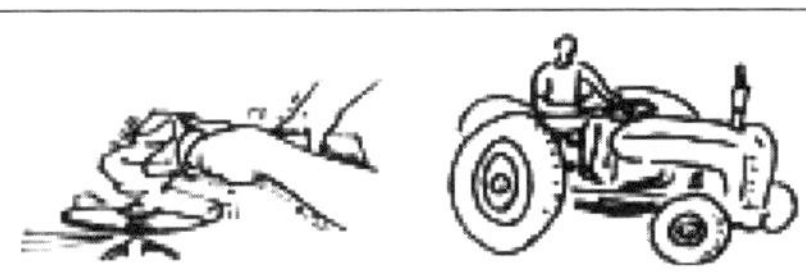 신체부위가 동력기구, 장비와 같이 진동하는 물체와 접촉하여 영향을 받게 되는 진동으로서 버스, 트럭 등 운전으로 인한 전신진동과 착암기, 임팩트 등 사용으로 인한 손, 팔 부위의 국소진동으로 구분함
기타	극저온, 직무스트레스 등

Reference

1. 근골격계부담작업 유해요인조사 지침. 안전보건공단. 2012
2. 인간공학적 유해요인조사 및 작업개선. 안전보건공단 교육원. 2004
3. 인간공학적 기술지도 기법. 안전보건공단. 2000
4. 업무상질병 판정 매뉴얼. 근로복지공단. 2018
5. 근골격계의 질환. 군자출판사. 윤명하 외. 2003
6. 산업위생관리 기술사. 서영민 외. 성안당. 2018
7. 산업재해보상보험법. 고용노동부. 2018
8. 산업안전공학개론. 정국삼. 동화기술. 1987
9. 인간공학. 안병준. 동화기술. 1993
10. 인간공학실험. 조암. 수문사. 1988
11. American National Standards Institute. American National Standard for human factors engineering of visual display terminal workstations. American National Standards Institute. 1988
12. American National Standards Institute(ANSI). Control of work- related cumulative trauma disorders, Part1, Upper extremities (working draft), National Safety Council, 1996
13. Grandjean, E. Fitting the task to the man, 4th edition. London : Taylor and Francis ; 1988
14. Fundamentals of Industrial Hygiene. 3rd. ed. Batinal Counsil. 1988
15. Occupational Health. Barry. S.Levy. Little Brown and Company. 1988
16. 勞動衛生の知識. (祉)日本作業環境測定協會 平成. 1991
17. 健康障害. 安全工學協會 東京. 1982

제5장

온열, 조명, 유해광선

1 온열

작업환경에서 근로자와 환경 사이에 일어나는 열교환에 영향을 미치는 요소는 기온, 습도, 기류, 복사열 등이 있다. 그리고 인체에 있어서의 열교환은 증발, 대류, 복사의 원리에 의해 이루어진다.

인체는 기본적으로 열 생산과 외부로 열을 발산하는 기능이 있어서 체온을 유지한다.

1.1 온열요소

온도는 복사온도, 건구온도, 습구온도 등이 있으며 온도 중 건구온도와 습구온도로 습도가 계산되고 위의 3가지 인자의 조합을 통하여 WBGT(습구흑구온도지수, Wet Bulb Globe Temperature)지수가 만들어진다.

습도는 상대습도, 절대습도, 포화습도가 있다. 상대습도는 수증기의 분압을 포화수증기압으로 나눈 것을 말하며 %로 표시한다. 절대습도는 단위부피당 포함된 수증기의 양을 말하며 절대습도는 절대적인 수증기 양으로 나타내며 단위부피의 공기 속에 함유된 수증기 양의 값을 나타낸다. 제일 낮은 값은 수증기가 전혀 없는 0 g/m^3이고 제일 높은 값은 정해져 있지 않다.

포화습도는 공기 1 m^3가 포화상태에서 함유할 수 있는 수증기 양을 의미한다. 이 중 주로 사용하는 것은 상대습도로서 상대습도가 50%라면 공기 중에 있는 수증기 양이 절반 정도인 50% 정도가 있다라는 것을 의미한다.

근로자는 옥외에서 직접적으로 태양에서 방출되는 복사열에 노출되는데 산업현장에서는 전기로, 가열로, 용해로, 건조로 등에서 주로 발생한다. 그리고 작업장에서는 주로 온열을 WBGT(습구흑구온도지수, Wet Bulb Globe Temperature) 지수를 사용하여 나타내며 다음의 방법으로 구한다. 하지만 이 방법에는 풍속이 고려되지 않은 단점이 있다.

실내 WBGT in = 0.7NWB + 0.3GT

실외 WBGTout = 0.7NWB + 0.2GT + 0.1DB

여기서, NWB : 자연습구온도(Natural Wet Bulb)

GT : 흑구온도(Globe Temperature)

DB : 건구온도(Dry Bulb)

산업안전보건법에 규정된 고온에 관한 노출기준은 다음과 같다.

표 5.1 고온 노출기준

작업휴식 시간비	WBGT(℃)		
	경작업	중등작업	중작업
계속작업	30.0	26.7	25.0
75% 작업 - 25% 휴식	30.6	28.0	25.9
50% 작업 - 50% 휴식	31.4	29.4	27.9
25% 작업 - 75% 휴식	32.2	31.1	30.0

1.2 작업의 구분

작업은 칼로리 소모량에 따라 경작업, 중등작업, 중작업으로 구분하는데 경작업은 200 Kcal까지의 열량이 소모되는 작업을 말하며, 앉아서 또는 서서 기계의 조정을 하기 위하여 손 또는 팔을 가볍게 쓰는 일 등이 경작업에 속한다. 중등작업은 시간당 200~350 Kcal의 열량이 소요되는 작업을 말하며, 물체를 들거나 밀면서 걸어 다니는 일 등을 말한다. 그리고 중작업은 시간당 350~500 Kcal의 열량이 소요되는 작업을 말하며, 곡괭이질 또는 삽질하는 일 등을 말한다.

1.3 열평형 방정식

인체와 작업환경 사이의 열교환은 주로 열생산량, 전도, 대류, 복사, 증발 등에 의해 이루어지고 다음과 같은 관계식이 이루어진다.

$$\triangle S = M \pm C \pm R - E$$

여기서 $\triangle S$: 생체 열용량의 변화(인체의 열축적 또는 열손실)
M : 작업대사량(체내 열생산량)
C : 대류에 의한 열교환
R : 복사에 의한 열교환
E : 증발(발한)에 의한 열손실(피부를 통한 증발)

작업대사량에 가장 큰 영향을 주는 것은 작업강도이다. 신체 열용량의 변화가 0보다 크면 생산된 열이 축적되고 체온조절중추인 시상 하부에서 혈액온도를 감지하거나 신경망을 통하여 정보를 받아들여 체온 발산 작용이 활발히 일어나는데 이것을 물리적 조절작용(Physical Thermo Regulation)이라 한다.

1.4 인체에 미치는 영향

날씨가 매우 더운 하절기의 건설현장, 조선, 항만 등 옥외작업장에서는 고온의 환경에 노출되고 심한 육체적 노동으로 온열에 의한 건강장애가 발생할 수 있다.

인체는 외부의 환경변화에 적응하기 위하여 일정하게 체온을 유지하려고 땀을 흘리고 피부를 통해 열을 발산시키지만 더운 날씨로 인해 교감신경에 의한 피부 혈관의 확장, 발한, 근육이완, 호흡증가, 피부의 체표면적 증가 현상인 1차 생리적 영향이 일어나며 2차로 심혈관 장해, 요량 감소로 인한 신장장해, 위장장해, 신경계통 장해가 일어난다.

온열에 관한 작업환경은 고온 환경과 저온 환경이 있는데 이러한 환경에서 체온조절 기능이 깨져서 인체에 영향을 주고 온열 질환이 발생한다.

고온 환경에서 일어나는 건강장해는 체온조절 기능에 생리적 변화 또는 장애를 초래하여 증상을 나타내는 것을 일반적으로 고열장애라고 하며 열사병, 열피로, 열경련, 열실신 등이 있다.

열사병은 고온다습한 환경 육체적 노동 또는 태양광선을 머리에 직접 노출되어서 체온이 41~43℃까지 상승되어 체온조절 중추기능이 장해를 일으키는 병을 말하고 일사병이라고도 한다. 혈액 중의 염분량과는 관계가 없으며 치료를 하지 않으면 100% 사망한다. 치료방법으로는 체온조절을 하여 주기 위해 체온을 급속히 냉각시켜야 한다.

열피로는 고온 환경에서 장시간 힘든 노동을 하는 미숙련공에서 주로 나타나는데 탈수와 염분부족에 의해 일어나며 권태감, 두통, 현기증, 이명 등의 증상이 일어나고 치료는 5% 포도당을 정맥주사한다.

열경련은 전형적인 열중증의 형태로서 주로 고온 환경에서 지속적으로 심한 육체적인 노동을 할 때 나타나며 주로 작업 중에 많이 사용하는 근육의 발작성 경련이 일어나는 증상으로서 기전은 발한에 의한 탈수와 혈중 염분손실로 나타나고 현기증, 이명, 두통, 구역, 구토 등의 증상이 나타나며 치료는 수분 및 NaCl(0.1% 생리식염수)을 보충하여 주어야 한다. 바람이 잘 통하는 곳에 눕혀 안정을 취해야 하고 작업복을 벗겨 전도와 복사에 의한 체열을 방출하여 체온을 내려 주어야 한다.

열실신은 고열환경에 노출되어 신체적 피로감을 느끼는 것을 말하며 현기증, 신체피로, 구갈, 구역 등의 증상이 나타나며 치료는 시원한 그늘에서 휴식을 시킨다. 치료는 예방적으로 근로자를 작업 투입 전 고온에 순화시켜야 하고 시원한 그늘에서 휴식시키고 염분과 수분을 경구로 보충하여 준다.

저온환경에서의 건강장해는 35℃ 이하로 내려가는 저체온증과 동상, 참호족과 침수족 등의 장해가 있다.

1.5 폭염

기상청에서는 6월부터 9월 사이 낮 최고기온이 섭씨 33℃ 이상인 매우 더운 날씨를 폭염이라고 한다. 일 최고 기온이 33℃ 이상인 상태가 2일 이상 지속될 경우 또는 지속될 것으로 예상되는 경우를 폭염주의보 그리고 일 최고 기온이 35℃ 이상인 상태가 2일 이상 지속될 경우 또는 지속될 것으로 예상되는 경우를 폭염경보라고 한다, 고용노동부에서는 이러한 기상조건에서 옥외근로자에 대하여 건강장해예방 대책과 작업관리 대책을 수립하여 운영하게 하고 있다.

건강장해예방 대책으로는 여름철 일정 온도 이상이 되면 옥외작업을 중단하고 작업 중간 중간에 휴식시간을 부여하여야 하며 휴게장소를 제공하여야 한다. 그리고 근로자의 수면시간, 영양지도 등의 건강관리를 실시하여야 한다. 그리고 온열질환 3대 예방수칙으로 물, 그

늘, 휴식의 방법이 있는데 규칙적으로 물(수분)을 공급하여 주고 작업장 근처에 햇볕을 피할 수 있는 그늘을 제공하여야 하고 폭염특보 발령 시 1시간 주기로 15분 이상의 휴식사간을 제공하여야 한다.

1.6 작업환경관리

고온작업장의 작업관리 방안으로는 열을 발생원에서 제거하든지 고열 작업으로부터 근로자를 격리시키는 방법을 검토하여야 하며 또다른 열원을 차폐하는 방법은 차열판(비석면포, 알루미늄 등)을 이용하여 열원을 덮어 줌으로써 열의 발산을 억제하여 줄 수 있다.

환기를 통해 고온 작업장 관리가 가능한데 전체환기를 통하여 작업장의 더운 열기를 환기시킬 수 있으며 국소환기를 통하여 발생원에서 직접적으로 관리할 수도 있다. 그리고 근로자에게 염분 손실을 줄이기 위해 염분을 공급하여 주어야 하며 냉방 덕트를 이용한 근로자의 작업환경 관리와 휴식을 위한 휴게실 설치 그리고 냉방조끼 같은 보호의 착용 등의 개인관리 방안이 있다.

방열복은 가능하면 백색 계통의 것으로 착용하고 몸에 조금은 넉넉한 것이 좋다. 그리고 피복의 외피는 비교적 통기성이 큰 것이 좋다. 그리고 보건상의 대책으로 근로자를 작업에 배치할 때 근로자 개인의 질병이나 연령 그리고 고온 작업 경력 등을 판단하여 배치하여야 한다. 고온작업에 부적합한 근로자로는 비만자, 위장장해가 있는 자, 심혈관계에 이상이 있는 자, 발열성 질환이 있는 자, 고령자인데 가급적이면 고열 작업은 피하는 것이 좋다.

한랭작업장의 작업관리 방안으로는 통기성이 적고 함기성이 큰 보호의 착용이 좋고 신이나 구두는 발을 압박하지 않는 것으로 착용하여 혈액순환 장해를 일으키지 않는 것이 좋으며 피부는 가급적이면 습하지 않는 것이 좋다.

2 조명

조명이란 통상적으로 자연광선과 인공조명을 합하여 말한다.

조명이 불량하게 되면 사람은 쉽게 피로를 느끼고 작업장에서 일하는 근로자는 작업능률의 저하와 사고의 위험이 커진다. 그러므로 작업장의 조명은 중요한 것이다. 사람의 밝기에 대한 감각기능은 방사되는 광속과 빛의 파장에 의하여 결정된다.

2.1 밝기의 단위

밝기의 단위로 주로 사용되는 것은 룩스(Lux), 촉광(Candle), 풋캔들(Foot Candle), 루멘(Lumen), 칸델라(Candela, cd), 램버트(Lambert) 등이 있다. 산업보건 분야에서는 밝기의 단위로 룩스(Lux)단위를 사용하며 각 단위의 정의는 다음과 같다.

2.1.1 룩스(Lux) : 조도

룩스(Lux)는 1루멘(Lumen)의 빛이 1 m^2의 평면 위에 수직으로 비칠 때의 밝기를 말한다. 1칸델라(cd)의 점광원으로부터 1 m 떨어진 곳에 있는 광선의 수직인 면의 조명도를 말하며 조도는 어떤 면에 입사하는 광속의 양에 비례하고 입사면의 단면적에 반비례한다. 조도는 입사면의 단면적에 대한 광속의 비를 말한다.

2.1.2 촉광(Candle)

빛의 세기인 광도를 나타내는 단위이다. 밝기는 광원으로부터 거리의 제곱에 반비례한다.

2.1.3 풋캔들(Foot Candle)

1루멘(Lumen)의 빛이 1 ft^2의 평면상에 수직으로 비칠 때 그 평면의 밝기를 나타내는 단위이다. 빛의 밝기는 광원으로부터 거리의 제곱에 반비례하고 촉광에 비례한다. 광선의 조사평면과 광원에 대한 수직평면이 이루는 각에 반비례한다.

2.1.4 루멘(Lumen)

광속의 국제단위이다. 단위는 1 m으로 사용한다. 1촉광의 광원으로부터 한 단위 입체각으로 나가는 광속의 단위이다.

2.1.5 칸델라(Candela, cd)

광원으로부터 나오는 빛의 세기를 광도라고 하며 단위는 칸델라(cd)를 사용한다.

2.1.6 램버트(Lambert)

빛을 완전히 확산 시키는 평면의 1 ft^2(1 cm^2)에서 1루멘(Lumen)의 빛을 내거나 반사시킬 때의 밝기를 나타내는 단위이다.

2.2 광원

현대의 조명기구는 예전에 비해서 상당히 다양해졌고 그 용도도 다양해졌다. 현대에 주로 사용하는 광원으로는 형광등, 백열등, LED, 할로겐등, 나트륨등, 수은등, 메탈등이 있다.

형광등의 경우는 자외선을 방사하는 방전관의 관 벽에 형광물질을 도포하여 백색에 가까운 빛을 내며 백열전구보다 효율이 높다. 전압이 낮으면 들어오지 않고 빛의 흔들림이 있는 단점이 있다.

최근에 활용도가 높은 LED의 경우는 수은을 사용하지 않고 제조되며 다른 광원에 비해 빠른 발광 속도와 낮은 소비전력, 긴 수명이 장점인 반면에 제품이 다른 광원에 비해 비싸고 열에 취약하다는 단점이 있다.

그림 5.1 광원의 종류

작업장에서 사용하는 광원은 해당 공정을 잘 살펴 적합한 광원을 선택하여 사용하여야 한다. 인공조명을 사용하고 작업장에 적용할 때에는 다음의 사항을 고려하여야 한다.

① 작업에 충분한 밝기를 내어야 한다.

② 조명의 밝기가 균등하게 유지되어야 한다.

③ 폭발성, 발화성이 없어야 한다.

④ 경제적이며 취급이 쉬워야 한다.

⑤ 주광색에 가까운 광색으로 조도를 높여 주어야 한다.
⑥ 광원 또는 전등의 휘도를 줄여야 한다.
⑦ 광원을 시선에서 멀리 위치시켜야 한다.
⑧ 광원 주위를 밝게 하여 조도비를 적정하게 한다.

인공조명을 설치할 때에는 광원을 좌상방에 위치시켜야 하며 장시간 작업 시에는 간접조명 방식을, 작은 물건의 식별 또는 검사작업의 경우에는 국소조명을 설치하여 사용하면 좋다.

2.3 조명 방법

작업장에서 조명을 설치하는 방법에는 직접조명, 간접조명, 전반조명, 국소조명의 방식이 있는데 해당 공정의 작업내용을 고려하여 적용하여야 하고 조명 방법을 병행하여 사용하는 경우도 많이 있다.

① 직접조명

광 발산의 90∼100%를 대상면의 일반적인 방향에 분배하는 조명기구에 의한 조명 방식을 말한다.

② 간접조명

직접조명과는 반대로 광 발산의 90∼100%를 상향으로 방사하는 조명 방식을 말한다.

표 5.2 직접조명과 간접조명의 장 · 단점

	장 점	단 점
직접조명	• 효율이 좋다. • 설치비용이 저렴하다. • 천장의 색조에 영향을 받지 않는다.	• 눈이 부시다. • 균일한 조도를 얻기 힘들다. • 강한 음영을 만든다.
간접조명	• 눈부심이 없다 • 균일한 조도를 얻을 수 있다. • 그림자가 없다	• 설치가 복잡하다. • 입체감이 떨어진다. • 효율이 나쁘다.

③ 전반조명

여건을 고려하지 않고 어느 면 전체에 거의 균일한 조도를 주도록 설계된 조명방식을 말한다.

④ 국소조명

작업면상의 필요한 지점만 높은 조도를 취하는 방식이다. 명암의 차이가 많아 눈부심을 일으키고 눈을 쉽게 피로하게 한다.

그림 5.2 직접조명과 간접조명

2.4 자연채광

자연광은 태양에서 나오는 복사 에너지에 의한 광을 말하고 창을 통하여 실내로 들어와서 필요한 밝기를 얻는 것을 채광이라고 한다.

채광의 좋고 나쁨은 눈의 피로도에 영향을 주고 작업의 능률에도 상당히 많은 영향을 준다.

2.5 채광계획

① 많은 양의 채광이 필요한 경우에는 남향이 좋고 균일한 양의 채광이 필요한 경우는 북향이 좋다.

② 창문의 면적은 바닥면적의 15～20%가 좋다.

③ 실내 각 점의 개각은 4～5°, 입사각은 28° 이상이 좋다.

④ 개각과 입사각이 클수록 실내는 밝다.

3 유해광선

유해광선은 인체에 해를 주는 광선을 말한다. 산업보건 분야에서는 현재 방사선으로 국한하여 말하고 있지만 그 범위가 점차 넓어지고 있다.

방사선은 전리 방사선과 비전리 방사선으로 나누어지는데 이것을 구분하는 것은 광선에 노출이 되었을 때 전리가 되느냐 안 되느냐로 구분한다.

전리란 원자 또는 분자가 전기를 띤 이온, 즉 양이온과 음이온으로 분해되는 현상을 말한다. 이것은 다시 말하면 중성의 원자가 전자를 잃고 양이온이 되거나 반대로 전자를 얻어 음이온이 되는 현상을 말하며 이것을 전리 또는 이온화라 말한다.

이온화 방사선은 많은 용도가 있으나 사람의 건강에 해로울 수도 있다.

이온화 방사선은 입자 방사선 또는 전자기 방사선에서 어느 한 입자가 원자나 분자를 궤도에서부터 전자를 완전히 제거하여 이온화할 수 있는 힘을 가졌을 때를 말한다. 만약 입자 하나하나가 이온화를 위한 적합한 힘을 가지고 있지 않다면 많은 양의 입자가 모였을 때도 이온화는 사실상 불가능하다고 볼 수 있다. 많은 이온화가 발생할 시에는 생물체 조직을 파괴시킬 수 있으며 DNA에 손상 또는 돌연변이를 일으킬 수 있다.

3.1 전리 방사선

전리 방사선은 짧은 파장을 가지고 있어 어떤 원자에서 전자를 떼어내 이온화시킬 수 있는 광선을 말하며 원자구조에 외부에서 강한 에너지를 가해 주면 불안정해지고 주위에 있는 전자가 바깥으로 튀어 나가게 되는 현상으로 이를 이온화를 일으킬 강한 에너지를 가진 방사선을 말한다. 비전리 방사선에 비해 에너지가 큰 방사선이며 인체에 주는 영향으로는 암, 생식독성 등을 일으키며 전리 방사선이 영향을 미치는 인체의 부분은 염색체와 세포조직이다.

전리 방사선은 크게 전자기 방사선과 입자 방사선으로 나누어지며 전자기 방사선은 X-Ray, γ선이 있고 입자 방사선으로는 α입자, β입자, 중성자가 있다.

주변에서 전리 방사선을 주로 사용하는 것은 주로 병원에서 의료용 기구에 많이 사용되며 전자산업분야에서도 검사장비로 방사선을 이용하기도 한다. 그리고 자연에 자연적으로 존재하기도 한다.

3.1.1 전리 방사선 단위

전리 방사선의 단위로는 뢴트겐, 래드, 큐리, 렘 등이 쓰인다.

뢴트겐(Roentgen : R)은 조사선 양의 단위이며 공기 중에서 생성되는 이온의 양으로 정의된다.

래드(Rad)는 흡수선 양의 단위이며 방사선의 물질과 상호작용한 결과 그 물질의 단위질량에 흡수된 에너지를 말하며 모든 종류의 이온화 방사선에 의한 외부 노출, 내부 노출 등 모든 경우에 적용된다.

큐리(Curie : Ci)는 방사성 물질의 양의 단위로 단위시간에 일어나는 방사선 붕괴율을 의미 한다.

렘(Rem)은 Roentgen Equivalent Man의 약자로서 전리 방사선의 흡수선 양이 생체에 영향을 주는 정도로 표시한 생체 실효선량의 단위이다. 그 밖에도 Gy(Gray), Sv(Sievert)가 있다.

전리 방사선이 인체에 미치는 투과력은 X선 또는 α선, β선, γ선의 순서이며 전리작용은 α선, β선, X선 또는 γ선의 순서로 영향을 준다.

전리 방사선은 같은 양에 노출되더라도 유아나 어린이에게 상대적으로 더 위험하다.

3.1.2 전리 방사선 작업관리 대책

방사선의 피폭선 양을 적게 하기 위하여 시간, 거리, 차폐를 이용하는 작업장 관리방법이 있다.

시간은 방사선에 피폭되는 노출시간을 최대로 줄여서 작업해야 한다. 충분한 시간 간격을 두고 방사능 취급 작업을 하는 것은 반감기가 짧은 방사능 물질에 유용하다. 적절한 방호용 기구나 복장을 착용하고 작업시간을 제한해야 효과적이다.

거리를 이용한 관리 방법은 방사능은 거리의 제곱에 비례해서 감소하므로 멀리 떨어질수록 인체의 피폭을 방어할 수 있다. 즉, 광원의 발생원과 방사선 작업 근로자 간의 거리를 의미하며 작업에 지장이 없는 한 거리를 멀리해서 작업해야 한다.

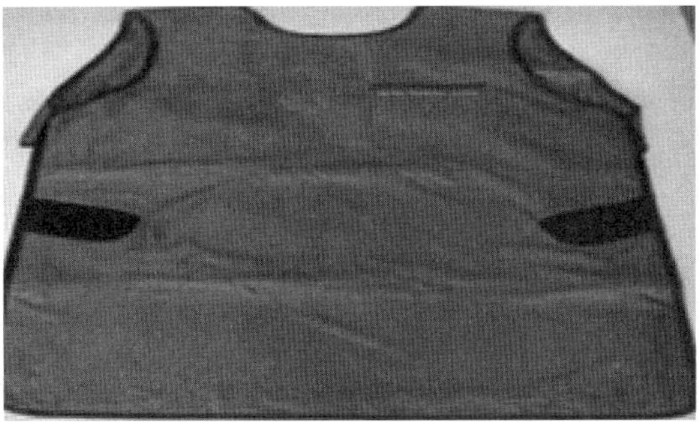

그림 5.3 방사선 차폐 납 앞치마

차폐의 방법은 큰 투과력을 갖는 방사선의 차폐물은 원자번호가 크고 밀도가 큰 물질이 효과적이다. 예를 들면 X-Ray 기사가 착용하는 납판의 앞치마가 그 예이다. 방사선은 관리 구역을 설정하여 출입제한 등의 조치를 하여야 한다. 일반적으로 X선은 종이류, β선은 금속판, γ선은 콘크리트로 차폐가 가능하다. 그리고 방사선에 대한 정기적인 건강검진을 통하여 개인의 건강을 관리해야 하며 방사선 설비의 방사선 피폭량 측정과 그에 따른 설비를 적절하게 관리하여야 한다.

3.2 비전리 방사선

비전리 방사선은 비교적 긴 파장을 가지고 있어서 원자를 이온화시키지 못하는 광선을 말한다. 다시 말하면 전리현상을 일으키지 못하는 방사선이다.

비전리 방사선의 종류로는 태양광에서 주로 나오는 자외선, 적외선, 가시광선과 마이크로파, 라디오파 등이 있다.

3.2.1 자외선

자외선의 발생원으로는 자연에서는 주로 태양광에서 나오며 작업장에서는 아크용접, 수은등 형광램프, 금속절단 작업, 살균작업 등에서 주로 발생한다.

자외선은 파장에 따라서 A, B, C 파장으로 분리하고 UV-A는 315～400 nm, UV-B는 280～315 nm, UV-C는 100～280 nm의 파장대역을 가진다. 자외선은 대기오염의 지표로도 사용되고 대략 100～400 nm의 범위이고 자연의 구름이나 눈에 반사된다. 자외선은 전리작용은 없다.

인체에 미치는 영향으로는 UV-B 파장은 생물조직에 손상을 줄 만큼의 충분한 에어지를 가지고 있어서 피부암을 일으킨다. 자외선은 광화학 반응에 의하여 오존(O_3) 또는 트리클로로에틸렌과 반응하여 독성이 강한 포스겐 물질을 만든다. 자외선 파장 중에서 280～320 nm 파장은 건강선 또는 도르노(Dorno) 선이라고 부르는데 자외선 중 가장 치료력이 크고 소독작용과 비타민D 생성 작용을 하지만 피부에 홍반을 남겨 나중에 색소가 침착되기도 한다.

3.2.2 적외선

적외선의 발생원은 자외선과 마찬가지로 태양광선에서 발생하며 작업장에서는 제철, 주물, 용융유리 취급업, 열처리 작업 등에서 주로 발생하고 치료용으로도 사용되어지기도 한다.

적외선은 자외선보다 파장이 길어서 약 750 nm에서 1 mm 범위에 있으며 가시광선에 가까운 파장을 근적외선이라 하고 먼 파장을 원적외선이라 한다. 적외선은 대부분의 경우 화학작용을 수반하지 않는다. 물질에 흡수되어 열작용을 일으키므로 열선이라고도 부른다.

적외선은 인체에서 주로 눈, 피부와 두부에 주로 영향을 준다. 적외선은 조사부위의 온도가 오르면 혈관이 확장되어 혈액량이 증가되고 심하면 홍반을 유발하며 근적외선은 급성 피부화상, 색소침착 등의 증상이 일어나기도 한다. 안장해로 초자공, 용광로의 근로자들은 만성폭로에 의하여 초자공 백내장이 수정체의 뒷부분에서 발생하며 이를 초자공 백내장이라 부른다. 그리고 머리에 조사된 강력한 적외선은 뇌막 자극으로 의식상실, 경련을 동반한 열사병으로 사망에 이를 수 있다.

적외선 작업을 관리하기 위해서는 노출시간을 제한하여 망막을 보호할 수 있으며 폭로강도를 낮추기 위해 차광보호구를 사용하여야 한다. 또한 차폐의 방법으로 노출강도를 줄일 수 있다.

3.2.3 가시광선

가시광선은 일반적으로 조명 불량 상태의 모든 작업에서 발생하며 특히 정밀작업자에게서 주로 문제가 된다.

가시광선은 400～750 nm의 파장 범위이다. 가시광선에 의한 신체반응은 주로 간접작용으로 나타난다. 즉, 외인성 요인 대사산물이 피부 이상과의 상호 공동작용으로 발생한다. 가시광선의 장해는 주로 조도 부족으로 인한 근시, 안정피로, 안구진탕증이 일어나며 조도가 너무 밝음으로 인해서 시력장애, 시야협착, 암순응의 저하 증상이 일어난다.

가시광선의 작업장 관리대책은 적정한 조도를 유지하여 주는 것이 필요하며 전체조명과 국소조명을 병행하는 것이 좋으며 전체조명의 조도는 국소조명의 1/10～1/5 정도가 적정하다.

3.2.4 마이크로파

마이크로파는 주로 자동차산업, 식료품제조, 고무제품제조, 마이크로파 관련 용융장치들이고 우리 주변에서 사용하는 전자레인지에서 사용된다. 마이크로파는 라디오파의 일부이며 1 mm～1 m(10 m)의 파장 또는 약 1～300 cm와 30 MHz(10 Hz)～300 GHz(300 MHz～300 GHz)의 주파수를 가진다. 에너지 양은 거리의 제곱에 반비례한다.

마이크로파는 열작용에 의하여 영향을 받고 주로 생식기와 눈에 영향을 준다. 광선의 노출에 의해 백내장이 생기고 Ascorbic산의 감소 증상이 나타난다. 백내장은 주파수, 파워밀도, 폭로시간, 폭로간격 등에 좌우되고 혈액 내의 변화 즉, 백혈구 수 증가, 망상 적혈구 출현, 혈소판의 감소가 나타난다. 그리고 마이크로파는 중추신경계통에 작용하여 혈압은 초기에는 상승하나 곧 억제효과를 내어 저혈압을 초래하며 증상으로는 성적흥분 감퇴, 정서 불안정 등이 유발된다.

작업장 관리대책으로는 마이크로파의 강도 및 노출시간을 조절하여야 하고 노출기준에 의한 사전 분석 및 측정을 해야 한다. 개인보호구 재질을 울, 폴리에스터, 나일론 등을 사용하고 밀폐하여 착용하여야 한다.

3.2.5 레이저

레이저는 그 활용도가 점차 증가하고 있으며 산업전반에서 광범위하게 사용되고 있다.

LASER는 Light Amplification by Stimulated Emission of Radiation의 약자이며 자외선, 가시광선, 적외선의 파장 중 특정한 파장 부위를 강하게 증폭하여 얻는 복사선이다. 보통 광선과 달리 단일 파장으로 강력하고 예리한 지향성을 가졌다. 출력이 강하고 좁은 파장을 가지며 산란하지 않는 특성이 있어 산업 현장에서 그 활용이 점차 커지고 있다.

작업관리 대책으로는 발생원을 밀폐 관리하고 보호안경, 보호복을 착용하고 작업해야 하며 레이저 사용자에 대한 교육을 병행하여야 한다.

3.2.6 비전리 방사선 관리대책

비전리 방사선도 방사선처럼 시간, 거리, 차폐 등을 이용하여 관리한다. 광선에 노출시간을 최소화해야 하며 가급적이면 발생원으로부터 원거리를 유지하고 작업에 임해야 한다. 왜냐하면 비전리 방사선도 전리 방사선처럼 거리의 제곱에 비례해서 감소하므로 멀리 떨어질수록 인체의 영향을 줄일 수 있다.

보안경 같은 보호장비로 보호 방안을 갖추어야 하며 정기 검진 등을 통하여 건강을 관리하고 비전리 방사선 설비에 대한 측정을 통하여 장비를 관리하며 사용하여야 한다.

Reference

1. 산업위생관리. 박기학 외. 동화기술. 2004
2. 산업위생. 김광종 외. 신광출판사. 2004
3. 산업위생관리 기술사. 서영민 외. 성안당. 2018
4. 다음 백과사전
5. 안전용어사전. (사)대한안전경영과학회. 2006
6. Google.com 이미지
7. KS조도기준. 한국표준협회. 1993
8. 산업위생 핸드북. 산업안전보건공단. 2000
9. 산업보건학. 가톨릭 의과대학 예방의학교실. 2003
10. ILO. Encycopedia of occupational health and safety. 4th ed. Vol 2. 1998
11. Fundamentals of Industrial Hygiene. 3rd. ed. Batinal Counsil. 1988
12. LaDou J. Occupational medicine. McGraw-Hill. 1997
13. Hatch, T, F. : In Temperature, Its Measurements and Control in Science and Industry. N.Y. Reinhold. 1963

제6장

호흡기 보호 프로그램과 분진

입자상 물질은 공기 중에 포함된 고체상 및 액체상의 미립자를 말하며 주로 물질의 파쇄, 선별 등 기계적 처리 혹은 연소, 합성, 분해 시에 발생하는 고체상 또는 액체상의 미세한 물질을 말한다.

1 입자상 물질의 종류

- 에어로졸(Aerosol)

 유기물질이 불완전 연소로 인하여 발생한 액체나 고체의 미세한 입자가 공기 중에 부유되어 있는 상태를 말한다.

- 먼지(Dust)

 입자크기가 비교적 큰 고체입자를 말하며 대기 중에 부유하고 있는 물질을 의미한다.

- 분진(Particulate)

 공기 중에 부유하고 있는 모든 종류의 고체 미립자로서 공기나 다른 가스에 의하여 단시간 동안 부유할 수 있는 고체입자를 말한다.

• 미스트(Mist)

액체의 입자가 공기 중에 비산하여 확산되어 있는 것을 의미한다.

• 흄(Fume)

금속의 용해 현상에 의해 액상물질로 되고 이것이 가스상 물질로 기화된 후에 다시 응축되어 형성된 고체미립자를 의미한다.

• 안개(Fog)

대기 중의 응결핵에 물방울이 응축되어 생성되는 액체입자이며 크기는 미스트보다 작으며 1∼10 μm 정도를 말한다.

• 연기(Smoke)

물질이 불완전 연소하여 만들어진 에어로졸을 말한다. 대부분이 고체상태이고 탄소와 기타 가연성 물질로 구성되어 있다.

• 스모그(Smog)

Smoke와 Fog에서 온 용어로서 광화학 생성물질과 수증기가 결합하여 발생하며 자연오염이나 인공오염에 의해 발생한 대기오염 물질을 말한다.

2 ACGIH의 분진의 분류

미국의 ACGIH에서는 분진을 흡입성 분진(IPM), 흉곽성 분진(TPM), 호흡성 분진(RPM)으로 분류한다.

흡입성 분진(IPM : Inhalable Particulate Mass)

흡입성 분진의 크기는 0∼100 μm이며 호흡기 어느 부위에 침착되더라도 독성을 유발하는 물질이며 비암이나 비중격천공을 일으키는 물질이다

분진의 입경별 채취효율은 다음과 같다.

$$SI(d) = 50\% \times (1 + e^{-0.06d})$$

여기서, d : 분진의 공기역학적 직경, μm ($0 < d \leq 100$ μm)

흉곽성 분진(TPM : Thoracic Particulate Mass)

흉곽성 분진의 크기는 평균입경이 10 μm이며 기도나 하기도 부분에 침착하여 독성을 유

발하는 분진을 말한다.

분진의 입경별 채취효율은 다음과 같다.

$$ST(d) = SI(d)[1 - F(x)]$$

여기서, $X = \dfrac{\ln(d/\Gamma)}{\ln(\Sigma)}$

Γ = 11.64 μm, Σ = 1.5

F(x) = 표준정규 분포에서 x 값에 대한 누적확률 함수

호흡성 분진(RPM : Respirable Particulate Mass)

호흡성 분진의 크기는 평균 입경이 4 μm이며 가스교환 부위인 폐포에 침착할 때 독성을 유발하는 물질을 말한다.

분진의 입경별 채취효율은 다음과 같다.

$$SR(d) = SI(d)[1 - F(x)]$$

여기서, $X = \dfrac{\ln(d/\Gamma)}{\ln(\Sigma)}$

Γ = 11.64 μm, Σ = 1.5

F(x) = 표준정규 분포에서 x 값에 대한 누적확률 함수

3 분진의 인체 작용기전

작업자의 호흡 시에 인체 내로 침입하는 분진의 축적기전은 관성충돌(Impaction), 중력침강(Gravitational deposition), 정전기침강(Electrostatic deposition), 간섭(Interception), 확산(Diffusion)의 원리이다.

관성충돌은 지름이 1 μm 이상의 크기를 가지고 공기흐름이 빠른 상태의 호흡기계에서 주로 나타난다. 중력침강의 경우 침강속도는 입자의 지름이 크고 공기흐름 속도가 느린 상태에서 빨라지므로 먼지의 운동속도가 낮은 미세먼지나 주로 폐포에서 작용하는 기전이다. 간섭은 길이가 긴 섬유입자에서 주로 나타난다. 확산은 미세입자의 불규칙적인 운동인 브라운 운동에 의해 침적되며 주로 0.5 μm 이하의 분진에서 주로 나타난다.

4 분진의 인체 영향

분진에 반복적 노출 또는 고농도 노출에 의해서 기관지염 또는 폐질환, 폐기능 감소 등 호흡기 질환 및 증상이 발생할 수 있으며 발생 가능한 주요 호흡기 질환으로는 진폐증, 폐섬유화증, 폐렴, 폐장염, 만성폐쇄성 폐질환(COPD), 간질성 폐질환, 기관지 확장증, 비염, 부비동염, 직업성 천식, 폐암 등이 있다.

분진에 과다 노출이 이루어지면 진폐증이 일어나는데 진폐증은 호흡성 분진에 의해 일어나는 폐의 조직반응을 말하고 폐포가 섬유화되어 산소교환이 정상적으로 이루어지지 않는 현상을 말한다.

진폐증은 분진의 종류, 흉부 사진 상의 분류, 병리적 소견에 따른 분류의 방법이 있으며 이 중 병리적 소견에 의한 분류는 잘 이용되지 않는 방법이다.

흡입분진의 종류에 따른 분류는 임상적 분류라고도 하는데 주로 무기성분진과 유기성분진으로 구분하며 이 분진에 의한 진폐증은 다음과 같다.

표 6.1 흡입성 분진의 종류에 따른 진폐증의 분류

유기성 분진에 의한 진폐증	무기성 분진에 의한 진폐증
면폐증 농부폐증 연초폐증 목재분진폐증 설탕폐증	규폐증 용접공폐증 석면폐증 철폐증 활석폐증 탄광부진폐증 주석폐증

다양한 진폐증은 병리적 소견에 따라 교원성 진폐증과 비교원성 진폐증으로 구분한다. 교원성 진폐증은 폐포조직의 비가역적 변화나 파괴가 있고 교원성 간질반응이 명백하고 폐조직의 병리적 반응이 영구적이라는 특징을 갖고 있다. 석면폐증과 규폐증이 대표적인 예이다. 비교원성 진폐증은 폐조직이 정상이고 간직반응이 경미하고 망상섬유로 되어 있으며 분진에 의한 조직반응은 가역적인 경우가 많은데 용접공폐증, 주석폐증, 바륨폐증이 대표적인 예이다.

5 호흡기 보호 프로그램(산업안전보건규칙 616조)

호흡기 보호 프로그램은 근로자가 작업하는 장소에서 발생하는 분진에 의한 호흡기 질환 등 건강장해를 예방하고 관리하기 위한 종합적 계획으로 다음의 내용을 포함한다.

① 분진 노출 평가

② 분진 노출기준 초과에 따른 공학적 대책

③ 호흡용 보호구의 선택, 지급 및 착용 관리

④ 분진의 유해성 및 건강 영향과 건강장해 예방에 관한 교육

⑤ 정기적 건강진단 및 사후관리

⑥ 호흡기 보호 프로그램 관련 문서 작성 및 기록 관리 등

5.1 대상

호흡기 보호 프로그램은 산업안전보건법 제42조에 따른 분진의 작업환경 측정결과 노출기준을 초과하는 사업장과 분진작업으로 인하여 근로자에게 건강장해가 발생한 사업장에서 수립하여 시행하여야 한다.

5.2 호흡기 보호 프로그램의 목표

호흡기질환 발생 예방을 위한 계획 수립과 프로그램 추진을 통하여 작업장의 분진 노출 관리, 의료보상 비용 절감 및 근로손실일 수 감소 그리고 사업장의 생산성 향상과 필요한 인적자원의 확보와 근로자의 건강 보호 및 삶의 질 향상에 목표가 있다.

5.3 구축 절차

호흡기 보호 프로그램의 운영체계 구축을 위하여

① 사업장의 업종, 규모 등 특성에 따라 호흡기 보호 프로그램 추진팀 구성

- 추진팀은 보건관리자, 보건관리 담당자, 근로자 대표 및 명예 산업안전감독관, 예산 결정권자, 정비보수 담당자, 구매 담당자 등으로 구성한다.
- 호흡기 보호 프로그램 관리자(운영자)를 지정한다.

② 호흡기 보호 프로그램 시행에 따라서 근로자에게 결과 안내 및 교육 등 활동 체계 및 주기를 설정하고 정기적으로 추진한다.

③ 호흡기 보호 프로그램 시행에 필요한 외부 전문가의 지원 및 자문 등 협조 체계를 구축하고 활용한다.

④ 근로자의 적극적 참여 및 협조 방안 마련하여 추진한다.

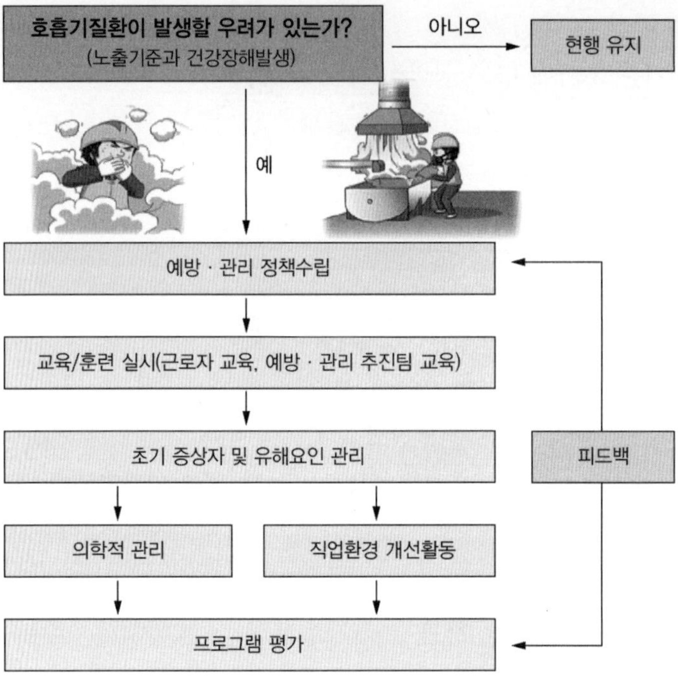

그림 6.1 호흡기 보호 프로그램 추진 절차

5.4 주요 내용

호흡기 보호 프로그램의 주요 내용은 분진에 대한 노출 평가, 건강관리(건강진단 포함), 공학적 개선 및 관리, 교육, 호흡보호구에 대한 내용으로 구성되어 있다.

분진에 대한 측정은 신규 공정 및 정규 공정에 대하여 수시측정과 정기적인 측정을 통하여 측정값을 통해 작업장을 관리한다. 작업자의 건강관리는 건강검진을 실시하고 결과를 바탕으로 작업자에 대한 작업 전환 또는 근무 중 치료 등 건강진단 의사의 조치 의견에 따른 사후관리 실시를 하여야 한다. 유해한 환경에 대하여 환기를 실시하고 물질의 대체, 제거 등의 방법을 활용하여 분진 작업장을 관리하여야 하며 호흡보호구를 지급하고 작업자가 잘 사용할 수 있도록 관리하여야 하며 분진에 대한 유해성 등에 대하여 작업자에게 교육하여야 한다.

5.5 문서의 기록 관리

시행 중인 프로그램에 대하여는 노출기준 초과 여부 및 개선대책 등을 평가하고 필요 시 적절한 조치를 취한다.

다음의 결과에 대하여는 관련 내용을 기록하고 보존한다.

① 분진과 관련된 작업환경평가 결과

② 현재 실시 중인 개선대책과 향후의 계획

③ 분진의 유해성 등과 호흡용보호구 등에 대한 근로자 교육 결과

④ 근로자에 대한 건강진단 결과

⑤ 문서화된 프로그램

⑥ 설문조사 및 의학적 평가의 결과

⑦ 밀착시험의 결과

⑧ 교육·훈련 결과

⑨ 프로그램에 대한 평가 및 개선 결과

6 미세먼지

눈에 보이지 않을 정도로 아주 작은 먼지 입자를 미세먼지라고 한다. 주로 인위적인 원인으로 발생하며, 호흡 시에 폐에 들어가 폐질환 등의 원인이 된다. 입자의 크기에 따라 미세먼지와 초미세먼지로 나누는데 미세먼지는 PM10(먼지 크기가 10 μm) 초미세먼지는 PM2.5(먼지 크기가 2.5 μm)를 말한다. 기상청에서 구분한 미세먼지 예보등급은 다음과 같다.

표 6.2 미세먼지 예보등급(기상청)

예보구간	좋음	보통	나쁨	매우 나쁨
미세먼지	0~30	31~80	81~150	151 이상
초미세먼지	0~15	16~35	36~75	76 이상

국민안전처에서 발표한 미세먼지 행동요령은 다음과 같다.

① 미세먼지 행동요령 - 민감군

- 보통 : 실외 활동 시 특별히 행동에 제약을 받을 필요는 없지만 몸 상태에 따라 유의하여 활동
- 나쁨 : 장시간 또는 무리한 실외 활동 제한, 특히 천식을 앓고 있는 사람이 실외에 있는 경우 흡입기를 더 자주 사용할 필요가 있음
- 매우 나쁨 : 가급적 실내 활동, 실외 활동 시 의사와 상의

② 미세먼지 행동요령 - 일반인

- 나쁨 : 장시간 또는 무리한 실외 활동 제한, 특히 눈이 아픈 증상이 있거나, 기침이나 목의 통증으로 불편한 사람은 실외 활동을 피해야 함
- 매우 나쁨 : 장시간 또는 무리한 실외 활동 제한, 목의 통증과 기침 등의 증상이 있는 사람은 실외 활동을 피해야 함

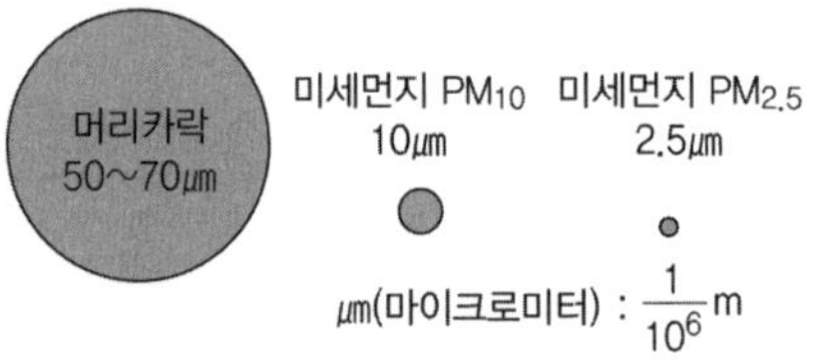

〈미세먼지의 상대적 크기 비교〉

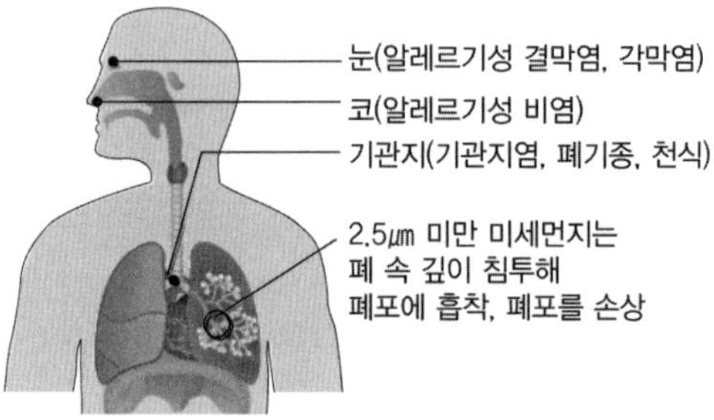

〈미세먼지가 인체에 미치는 영향〉

7 석면

석면은 산업안전보건법에서 발암성 물질로 규정되어 있는 물질이다. 석면은 그리스어로 Asbestos라고 하는데 '불멸의 물건'이라는 의미가 있다. 석면은 천연의 자연계에 존재하는 사문석 및 각섬석의 광물에서 채취된 섬유 모양의 규산화합물을 말하며 크기가 직경 0.02 ~0.03 μm 정도의 극세 섬유상의 광물이다.

7.1 석면의 종류 및 용도

산업안전보건법에서 다루는 석면은 총 6종인데 청석면(Crocidolite), 백석면(Chrysotile), 갈석면(Amosite), 안소필라이트, 악티노라이트, 트레모라이트이다. 이 중 우리나라에서는 백

석면이 제일 광범위하게 사용되었다. 석면은 가늘고 긴 섬유 및 섬유다발의 형태를 갖고 있으며 가는 섬유로 쉽게 나눌 수 있으며 실로 짤 수 있을 만큼의 유연성을 가지고 있다. 절연성, 내구성, 내마모성이 뛰어나 산업용 재료로 과거에 널리 사용되어졌다.

7.2 인체에 미치는 영향

석면에 의한 건강장해는 석면폐증과 폐암 그리고 악성중피종이 있는데 악성중피종은 폐를 둘러싸고 있는 흉막, 위, 간 등을 보호하는 복막 등의 표면을 덮고 있는 중피에 발생하는 암이다. 발병하면 급속히 퍼지고 사망률 또한 상당히 높다. 일반적으로 석면에 노출된 뒤 30∼40년 후에 발생하는 병이다.

석면폐증은 일반적으로 일정기간 동안 많은 양의 석면섬유에 노출되었던 사람들에게 주로 발생하고 잠복기는 10∼30년 정도이며 호흡곤란, 제한성 폐기능 변화, 마른기침 등의 증상이 나타난다.

7.3 석면 함유 주요 제품

생활 주변의 석면은 건축자재와 공업용자재로 주로 사용되는데 다음과 같으며 건축자재로는 마감재, 단열 및 보온재 그리고 건축 수장재로 주로 사용되었다. 공업용자재로는 보일러, 난방배관, 시멘트 파이프, 브레이크, 클러치, 트랜스미션 부품 부식성 화학물질, 콘테이너, 전기모터 부품 내열성 패드, 실험실 기구, 파이프 커버, 지붕포장재, 섬유제품(방화커튼 등)으로 광범위하게 사용되었다.

- 건축자재
  - 마감재 : 장식, 음향조절, 방화용(벽/천장/미장 등) 뿜칠재, 철골부재에 내화 피복
  - 단열 및 보온재 : 급수관, 증기관, 덕트, 보일러 및 온수탱크 보온재
  - 기타 수장재 : 비닐석면 바닥타일, 천장타일, 트랜사이트(transite)
    → 방화용 매트 또는 시멘트판, 벽판, 지붕용 골슬레이트 등

7.4 석면 작업장 관리방안

석면은 공기 중에 비산되거나 호흡기로 주로 침투하지만 공기 중에 비산되지 않으면 아무런 문제가 없다. 그러므로 해당 작업 시 물을 살수하여 작업을 하여 관리해야 한다. 특급

이상의 호흡용 방진마스크를 착용하여야 하며 석면이 도포되어 있는 자재가 있다면 그 위에 일반제품으로 덧 씌어 관리하는 방법도 있다. 하지만 근본적으로는 석면을 제거해야 하며 석면 제거 작업 시에는 해당 작업공간을 음압을 유지시켜서 작업공간의 공기가 외부로 나가는 일이 없도록 관리하여야 한다.

8 분진관리

분진에 대한 작업장 관리 방법으로는 발생원을 관리하는 방법과 발생원과 작업자 간의 노출 경로를 관리하는 방법 그리고 작업자를 관리하는 방법이 있다.

① 분진 작업 시에 사용하는 재료를 대체하여 작업자의 노출 정도를 관리한다.
예를 들면, 쇼트 작업 시 모래 대신에 철구슬을 사용하는 방법이 있다.

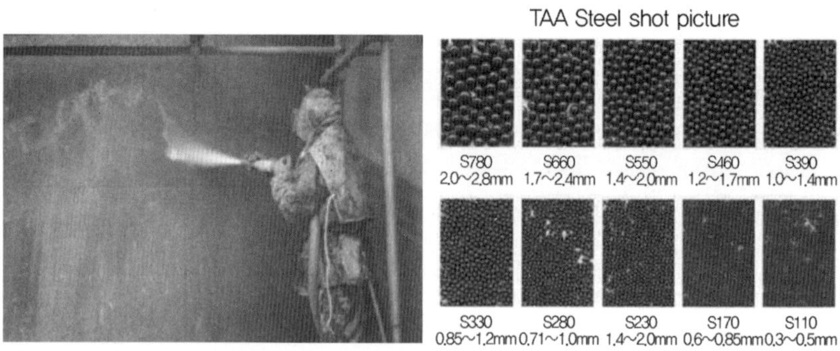

그림 6.2 쇼트작업 시 사용하는 철구슬

② 환기 설비를 사용하는 방법

그림 6.3 분진작업 시 적용 가능한 국소환기 설비

분진이 발생하는 설비 또는 공정에 환기 설비를 설치하여 관리하는 방법이 있다. 환기 설비를 설치하는 경우 가급적이며 발생원을 최대한 커버할 수 있는 것으로 설치한다. 사업장에서는 상부로 환기 설비를 설치하는 경우가 많은데 입자상 물질을 상부로 환기하는 것은 맞지 않다.

③ 습식화 관리

분진이 발생하는 장소 또는 공정에 물을 뿌려 분진을 관리하는 방법이다. 암석 굴착작업이나 연마작업, 분쇄작업 및 주물작업 등에서는 연속적인 살수가 필요하며 이러한 작업 방법으로 최대한 75%까지 공기 중 분진을 감소시킬 수 있다고 한다. 그리고 작업장에서 발생한 분진은 작업장에 퇴적되어 2차 비산하여 작업장을 오염시키는 경우가 많은데 이러한 경우에도 습식 관리하면 2차 비산을 억제하여 효과적으로 분진을 관리할 수 있다.

그림 6.4 분진 작업의 습식화 관리 작업

④ 분진의 비산 방지 관리

분진이 발생하는 공정에 덮개를 설치하여 분진의 비산을 관리한다. 이 방법은 주로 건설현장에서 토사석을 콘베이어로 운반하거나 야적된 토사석의 비산을 관리하는 데 효과적인 방법이다.

그림 6.5 분진 비산 관리

⑤ 근로자에 대한 대책으로 분진의 유해성에 대한 교육, 호흡보호구, 건강검진 등이 있다. 분진은 입자상 물질이므로 호흡보호구 중 방진마스크를 착용하여야 한다.

호흡용 보호구는 적절한 보관과 관리가 중요하며 특히 작업장의 환경 상태에 따라 방진패드의 적절한 교체 주기 설정과 교체가 필요하다. 그리고 작업환경과 물질에 따라서 적절한 등급의 마스크를 사용하여야 한다.

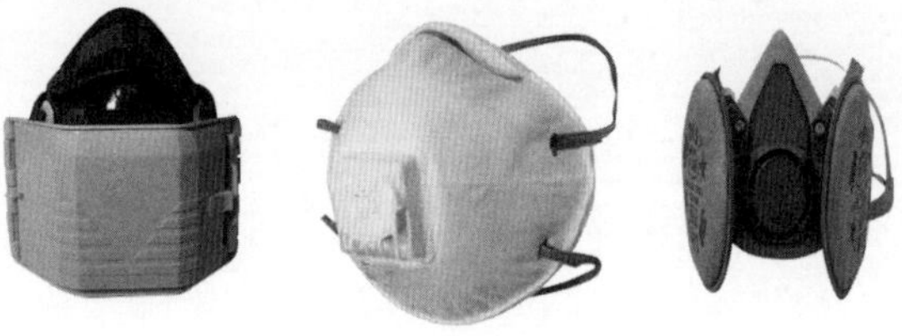

그림 6.6 방진마스크

⑥ 작업장에 지시표지로 보호구 착용에 대한 표지판이 게시되어야 한다.

그림 6.7 방진마스크 착용 지시표지

⑦ 작업장을 수시로 청소하여 관리하고 작업장에 분진이 퇴적되지 않도록 관리하여야 한다.

그림 6.8 작업장 크리닝 장비

Reference

1. 산업위생학개론. 백남원. 신광출판사. 1995
2. 작업환경관리. 박종안 외. 동화기술, 1999
3. 직업관련성 질환의 식별과 관리. 백영한 -WHO 전문위원회 보고서, 산업보건
4. 산업안전과 보건. 현대자동차 노동조합. 1990
5. 경영과 안전보건. 한국경영자연합회. 1992
6. 작업공정별 보건관리 매뉴얼. 대한산업보건협회. 1992
7. 산업위생관리 기술사. 서영민 외. 성안당. 2018
8. 산업위생관리. 박기학 외. 동화기술. 2004
9. 직무교육교재(보건관리전문기관). 안전보건공단. 2019
10. 안전용어사전. (사)대한안전경영과학회. 2006
11. 산업환기 이론 및 실제. 한돈희. 신광출판사. 2013
12. 국소배기장치 검사원. 안전보건공단. 2015
13. 산업환기. 김태형 외. 신광출판사. 2011
14. 국소배기장치 구입 및 사용시 안전보건 기술 지침. 안전보건공단. 2014
15. 산업환기 설비에 관한 기술지침. 안전보건공단. 2012
16. 안전검사 고시. 고용노동부. 2019
17. 산업안전보건교육 규정. 고용노동부. 2018-73호
18. Occupational Health Practice. 3rd. ed. H.A. Waldron. Butterworths Co(Pub). 1988
19. Encyclopedia of Occupational Health and Safety(1)(11). 3rd. ed. ILO. 1983
20. Fundamentals of Industrial Hygiene. 3rd. ed. Batinal Counsil. 1988
21. Occupational Health. Barry. S.Levy. Little Brown and Company. 1988
22. 健康障害. 安全工學協會 東京. 1982
23. 作業環境測定 ガイドプシク. (社)日本作業環境測定協會. 1984
24. 勞動衛生の知識. (社)日本作業環境測定協會 平成. 1991

제7장

건강진단과 업무상 질환

사람은 살아가면서 많은 질병에 노출되게 된다. 그리고 이러한 질병은 평소에 관리를 통하여 예방이 가능한 부분이 많이 있다. 산업안전보건법에는 근로자의 건강관리를 위하여 건강검진을 실시하게 되어 있는데 일반 병에 대한 일반건강검진은 물론 근로자 본인이 취급하는 화학물질과 유해요소에 대한 특수건강검진을 실시하게 되어 있다. 건강검진을 통하여 근로자는 건강한 작업환경에서 근무하게 되므로 직업성 질환을 예방할 수 있다.

1 건강검진

1.1 건강검진의 종류

산업안전보건법에 규정되어 있는 건강진단은 일반건강진단 · 특수건강진단 · 배치전건강진단 · 수시건강진단 및 임시건강진단이 있다.

일반건강진단은 사업주가 상시 사용하는 근로자의 건강관리를 목적으로 하여 주기적으로 실시하는 건강진단을 말한다.

특수건강진단은 근로자가 작업을 하면서 노출되어 건강장해를 일으킬 수 있는 유해인자에 대하여 사업주가 실시하는 건강진단을 말한다.

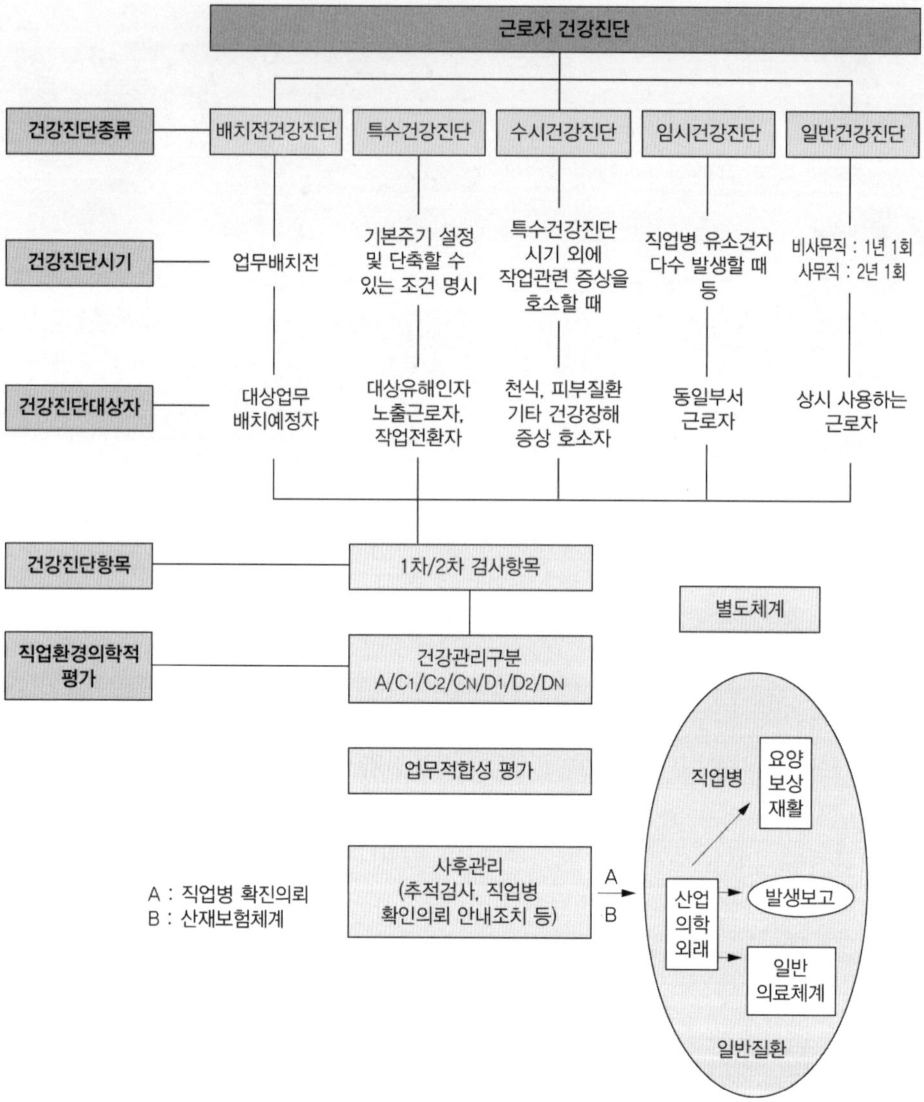

그림 7.1 근로자 건강진단 종류와 실시 개요

배치 전 건강진단은 특수건강진단대상 업무에 종사할 근로자에 대하여 배치 예정업무에 대한 적합성 평가의 판단을 위하여 사업주가 실시하는 건강진단을 말한다.

수시건강진단은 특수건강진단대상 업무로 인하여 해당 유해인자에 의한 직업성 천식, 직업성 피부염, 그 밖에 건강장해를 의심하게 하는 증상을 보이거나 의학적 소견이 있는 근로자에 대하여 사업주가 실시하는 건강진단을 말한다.

임시건강진단은 특수건강진단 대상 유해인자 또는 그 밖의 유해인자에 의한 중독 여부, 질병에 걸렸는지 여부 또는 질병의 발생원인 등을 확인하기 위하여 지방고용노동관서의 장의 명령에 따라 사업주가 실시하는 건강진단을 말하며 다음의 경우에 실시한다.

① 같은 부서에 근무하는 근로자 또는 같은 유해인자에 노출되는 근로자에게 유사한 질병의 자각·타각증상이 발생한 경우

② 직업병 유소견자가 발생하거나 여러 명이 발생할 우려가 있는 경우

③ 그 밖에 지방고용노동관서의 장이 필요하다고 판단하는 경우

1.2 특수건강진단의 대상 유해인자

특수건강진단의 대상 유해인자는 179종으로서 화학적 인자로 유기화합물 108종, 금속류 19종, 산 및 알칼리류 8종, 가스상 물질류 14종, 허가대상 물질 13종, 금속가공유 1종과 분진 6종(곡물 분진, 광물성 분진, 면 분진, 나무 분진, 용접 흄, 유리섬유 분진), 물리적 인자 8종(소음, 진동, 방사선, 고기압, 저기압, 유해광선)과 야간작업 2종에 대하여 대상인자로 규정되어 있다.

1.3 특수건강진단 주기

유해인자에 노출되는 업무배치 전에 배치 전 건강진단을 실시하고 실시한 날로부터 아래 표와 같이 유해 인자별로 정해져 있는 시기에 배치 후 첫 번째 특수 건강진단을 실시한다. 그리고 그 이후에는 정해져 있는 주기에 따라 정기적으로 검진을 실시한다.

표 7.1 특수건강진단의 주기 및 시기

구분	대상 유해인자	시기	주기
		배치 후 첫 번째 특수 건강진단	
1	N,N-디메틸아세트아미드, N,N-디메틸포름아미드	1개월 이내	6개월
2	벤젠	2개월 이내	6개월
3	1,1,2,2-테르라클로로에탄, 사염화탄소, 아크릴로니트릴, 염화비닐	3개월 이내	6개월
4	석면, 면 분진	12개월 이내	12개월
5	광물성 분진, 나무 분진, 소음 및 충격소음	12개월 이내	24개월
6	제1호부터 제5호까지의 규정의 대상 유해인자를 제외한 별표 12의2의 모든 대상 유해인자	6개월 이내	12개월

1.4 생물학적 모니터링 시 유의할 점

가. 실시시기

특수건강진단기관이 해당 사업장의 생물학적 모니터링을 실시할 때는 정상 작업이 이루어지고 있을 때 실시하여야 한다. 그리고 가급적 작업환경측정 시점과 동일한 시점에 생물학적 모니터링을 실시한다면, 개인별 노출량 평가 자료로서 작업환경측정 자료와 함께 근로자 건강진단에 활용할 수 있을 것이다.

나. 시료채취시기

생물학적 모니터링을 할 때는 정해진 시료채취 절차를 따라야 한다. 납이나 카드뮴처럼 아무 때나 시료를 채취해도 일정한 농도 수준을 유지하는 물질이 있는 반면, 대부분의 유기용제처럼 작업 종료 직후에 가장 높은 농도를 유지하다가 수 시간 이내에 농도가 급격히 낮아지는 물질이 있다. 이는 물질의 생체 내 배설반감기의 차이로 인해 발생하는데 같은 작업을 하는 근로자도 채취시간에 따라 생물학적 노출지표의 농도가 크게 차이가 날 수 있다. 그러므로 시료채취는 정해진 시기를 지켜야 하고, 건강진단을 할 때 아무 시기에나 시료를 채취하지 않아야 한다.

시료채취 시기는 해당 물질의 생물학적 반감기를 고려하여 수시, 당일, 주말, 작업 전으로 구분한다. 시료채취 시기는 다음과 같다.

① 수시(Discretionary) : 하루 중 아무 때(At Anytime)나 시료를 채취

② 주말(End of The Work Week) : 목요일이나 금요일 채취
4∼5일간의 연속작업의 작업 종료 2시간 전∼직후(After Four or Five Consecutive Working Days with Exposure) 채취

③ 당일(End of Shift) : 당일 작업 종료 2시간 전∼직후(As Soon as Possible After Exposure Ceases) 채취

④ 작업 전(Prior to Shift) : 작업을 시작하기 전(16 Hours After Exposure Ceases) 채취

그리고 일산화탄소 및 불화수소의 경우 별도의 시료채취시간 기준을 두고 있어 주의를 요한다.

1.5 건강진단 판정

건강진단의 판정은 다음과 같이 하는데 숫자 1은 업무상 질환에 대한 판정이고 숫자 2는 일반 질환에 대한 판정이다.

표 7.2 판정결과에 따른 건강관리 구분 내용

<table>
<tr><th colspan="2">건강관리 구분</th><th>건강관리 구분 내용</th></tr>
<tr><td colspan="2">A</td><td>건강관리상 사후관리가 필요 없는 근로자(건강한 근로자)</td></tr>
<tr><td rowspan="2">C</td><td>C_1</td><td>직업성 질병으로 진전될 우려가 있어 추적검사 등 관찰이 필요한 근로자(직업병 요관찰자)</td></tr>
<tr><td>C_2</td><td>일반질병으로 진전될 우려가 있어 추적관찰이 필요한 근로자(일반질병 요관찰자)</td></tr>
<tr><td colspan="2">D_1</td><td>직업성 질병의 소견을 보여 사후관리가 필요한 근로자(직업병 유소견자)</td></tr>
<tr><td colspan="2">D_2</td><td>일반 질병의 소견을 보여 사후관리가 필요한 근로자(일반질병 유소견자)</td></tr>
<tr><td colspan="2">R</td><td>건강진단 1차 검사결과 건강수준의 평가가 곤란하거나 질병이 의심되는 근로자(제2차건강진단 대상자)</td></tr>
</table>

※ "U"는 2차 건강진단대상임을 통보하고 30일을 경과하여 해당 검사가 이루어지지 않아 건강관리구분을 판정할 수 없는 근로자 "U"로 분류한 경우에는 해당 근로자의 퇴직, 기한 내 미실시 등 2차 건강진단의 해당 검사가 이루어지지 않은 사유를 시행규칙 제105조제3항에 따른 건강진단결과표의 사후관리소견서 검진소견란에 기재하여야 함

1.6 건강진단 실시 후 조치사항

① 건강진단기관은 건강진단을 실시한 날부터 30일 이내에 건강진단 개인표를 근로자에게 송부하고 또한 건강진단결과표를 사업주에게 송부한다.

② 건강진단기관은 건강진단을 실시한 결과 질병 유소견자가 발견된 경우에는 건강진단을 실시한 날로부터 30일 이내에 해당 근로자에게 의학적 소견 및 사후관리에 필요한 업무 적합성 여부를 설명하여야 한다.

③ 사업주는 질병 요관찰자(C_1, C_2) 또는 유소견자(D_1, D_2) 판정을 받은 근로자에 대하여는 특수건강진단을 실시한 의사가 판정한 사후관리조치 또는 그에 준하는 건강보호조치를 근로자에게 시행하여야 한다.

④ 사업주는 건강진단 결과를 5년간 보존하여야 하고 고용노동부장관이 정하여 고시하는 물질인 금지유해물질, 허가대상 유해물질 및 특별관리물질은 그 결과를 30년간 보존하여야 한다. 그리고 사업주는 실시 결과 질병 요 관찰자 또는 유소견자 판정을 받은 근로자에 대해 검진의사의 사후관리 조치 내용에 따라 건강보호 조치를 이행해야 한다.

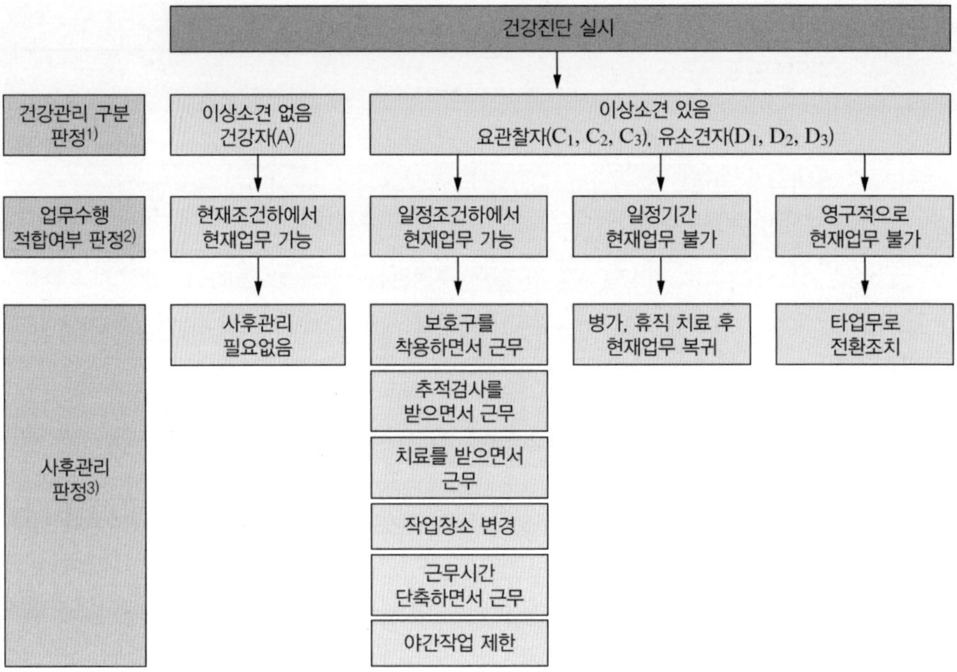

그림 7.2 건강진단의 작업환경 의학적 평가

2 업무상 질환 사례

2.1 수은 중독사고(1988.7)

충남 서산에서 태어난 문송면 군은 중학교 졸업을 앞둔 1987년 12월 5일 부터 온도계 공장인 협성계공에 입사하였다. 협성계공에서의 업무는 온도계에 수은을 주입하는 업무였고 시너 등을 취급하기도 하였는데 이로 인해 두통, 불면증, 식욕감퇴 등으로 1988년 2월 휴직 후 귀향하였고 그 후 서울대병원에서 수은과 시너중독 판정을 받고 신문에 보도, 1988년 6월 29일 직업병 판정을 받은 후 1988년 7월 2일 입원 치료 중 사망한 사건이다.

2.2 이황화탄소 중독사건-원진레이온(1981~1993)

원진레이온은 남양주 도농동에 소재한 업체로 합성섬유 제조 회사이다. 1976년에 일본 도레이사에서 비스코스 인견 제조 설비를 도입하여 가동하기 시작했는데 방사과 등에서 사용하는 이황화탄소(CS_2) 중독으로 146명이 사망하고 940 여명이 장애 판정을 받은 사건이다. 1993년 6월 폐쇄 후 설비는 중국에 매각되었고 그 후 원진 녹색재단이 설립되어 이황화탄소 중독자의 치료와 재활을 위해 활동하고 있다.

그림 7.3 원진레이온

2.3 전자부품 회사의 솔벤트 중독사고

1995년 8월 구미에 소재한 전자부품 회사인 L사의 택트 스위치 공정의 세정작업 시 사용한 세정제인 솔벤트 5200의 함유물질인 2-브로모프로판으로 여자 오퍼레이터와 남자 엔지니어가 생식기 계통에 장애를 입은 사건으로 배란장애와 정자생성의 현저한 저하를 일으킨 사건이다. 이 사건으로 물질안전보건자료(MSDS) 제도 도입의 계기가 되었다.

2.4 n-Hexane 중독사고

2005년 1월 화성시 소재한 전자부품 업체에서 태국인 근로자 8명이 4개월에서 12개월 동안 n-Hexane을 사용하여 세척작업을 수행하다가 다발성 말초신경염에 걸린 사건이다.

2.5 불산 누출사고

2012년 9월 27일에 구미시 산동면 소재 H사에서 탱크로리 내 불산 원액을 혼합기로 이송하기 위해 호스를 연결하던 중 호스가 연결되지 않은 상태에서 작업자가 넘어지면서 발로 밸브개폐 스위치를 밟아 밸브가 열려 불화수소 가스가 분출한 사고로 5명의 사망자가 발생한 사건이다.

2.6 메탄올 실명사고

2016년 10월경 부천시 소재한 핸드폰부품업체에서 절삭설비를 이용하여 핸드폰 부품용 알루미늄 판을 절삭 가공하는 과정에서 절삭 용제로 사용한 메탄올로 인하여 취급 근로자 3명에게 시력저하(실명)가 발생한 사건이다.

3 업무상 질환 판정 동향

2017년 9월 개정된 산재보험법 시행령(별표3)에서 규정한 내용을 보면 일정 기준을 충족하면 산재로 인정되도록 하는 추정의 원칙을 적용하게 되었다.

예를 들면, 뇌심혈관계 질병의 판정 시 1주 평균 업무시간 60시간 초과 기준이나 석면에 의한 폐암이나 후두암 판정 시 관련 물질에 10년 이상 노출된 경력, 그리고 소음성 난청의 판정 시 85데시벨 이상의 소음에 3년 이상 노출된 경력이 있으면 업무상 질병으로 판정하는 내용이다.

또한 2018년 1월부터 산재인정에 필요한 일정한 요건을 충족한 경우에는 노동자의 입증 책임이 근로복지공단으로 전환되고, 과로에 대한 산재인정 기준도 완화되어 업무상 질병 승인율은 더 높아질 것으로 예상된다.

표 7.3 연도별 업무상 질병 판정위원회 승인 현황

구분	2013			2014			2015			2016			2017		
	계	승인	불승인	계	승인	불승인	계	승인	불승인	계	승인	불승인	계	승인	불승인
합계	9,012	3,971 (44.1)	5,041 (55.9)	9,056	4,088 (45.1)	4,968 (54.9)	9,781	4,387 (44.9)	5,387 (55.1)	9,479	4,182 (44.1)	5,297 (55.9)	8,715	4,607 (52.9)	4,108 (47.1)
뇌심혈관 질병	2,178	458 (21.0)	1,720 (79.0)	2,088	471 (22.6)	1,617 (77.4)	1,970	462 (23.5)	1,508 (76.5)	1,911	421 (22.0)	1,490 (78.0)	1,809	589 (32.6)	1,220 (67.4)
근골격계 질병	5,922	3,188 (53.8)	2,734 (46.2)	5,659	3,041 (53.7)	2,618 (46.3)	5,833	3,155 (54.1)	2,678 (45.9)	5,345	2,885 (54.0)	2,460 (46.0)	5,201	3,199 (61.5)	2,002 (38.5)
직업성암	190	74 (38.9)	116 (61.1)	215	86 (40.0)	129 (60.0)	188	92 (48.9)	96 (51.1)	228	134 (58.8)	94 (41.2)	303	190 (61.4)	113 (37.3)
정신질병	122	41 (33.6)	81 (66.4)	135	45 (33.3)	90 (66.7)	150	46 (30.7)	104 (69.3)	169	70 (41.4)	99 (58.6)	186	104 (55.9)	82 (44.1)
기타	600	210 (35.0)	390 (65.0)	959	445 (46.4)	514 (53.6)	1,640	632 (38.5)	1,008 (61.5)	1,826	672 (36.8)	1,154 (632)	1,216	525 (43.2)	691 (56.8)

* 기타: 세균성 질환, 간질환, 레이노증후군, 만성폐쇄성폐질환(COPD) 등

2017년 12월 개정된 산재보험법 시행령에 규정된 기준 또는 그 외의 질병이라도 업무관련성이 있는 경우에는 개인질병이라도 산재로 인정하는 내용이다.

과로에 대한 개정된 산재인정기준(고용노동부 고시 제2017-17호)을 보면 기존의 인정기준에는 재해 발생일 전 12주 평균 1주 근로시간이 60시간 이상이고 4주 평균 1주 근로시간이 64시간 이상이 되어야 업무관련성을 인정하였으나 개정된 산재인정 기준에서는 다음과 같이 인정한다.

① 60시간 기준은 당연 인정기준(개인질병이 원인이라는 반증이 없는 한 인정)

② 1주 평균 52시간을 초과하는 경우 업무 관련성 증가하며, 업무부담 가중요인에 해당하는 경우에는 관련성이 강함(여기서 가중요인은 근무일정 예측곤란, 교대제, 휴일부족, 유해 작업환경(한랭, 온도변화, 소음) 노출, 육체적 강도가 높음, 시차가 큰 출장, 정신적 긴장)을 의미한다.

③ 52시간 초과하지 않더라도 가중요인에 복합적으로 노출된 경우에는 관련성 증가

④ 야간근무는 신체적 · 정신적 부담이 가중되므로 주간근무의 30% 가산되며 기존의 업무상 질병으로 판정받지 못한 것들이 판정을 받는 사례가 생겨나게 되었다.

그리고 향후 근골격계 질병과 정신질병(자살 포함)에 대한 산재인정기준을 개정하려는 계획도 있어서 향후 업무상 질병의 승인율은 높아질 것으로 보인다.

Reference

1. 근로자 건강진단 실무지침. 산업안전보건공단. 2016
2. 산업위생학개론. 백남원. 신광출판사. 1995
3. 산업안전과 보건. 현대자동차 노동조합. 1990
4. 경영과 안전보건. 한국경영자연합회. 1992
5. 작업공정별 보건관리 매뉴얼. 대한산업보건협회
6. 산업위생관리 기술사. 서영민 외. 성안당. 2018
7. 직무교육교재(보건관리전문기관). 안전보건공단. 2019
8. 안전용어사전. (사)대한안전경영과학회. 2006
9. 산업보건학. 가톨릭대학교 의과대학 예방의학교실. 2003
10. Encyclopedia of Occupational Health and Safety(1)(11). 3rd. ed. ILO. 1983
11. Fundamentals of Industrial Hygiene. 3rd. ed. Batinal Counsil. 1988
12. 健康障害. 安全工學協會 東京. 1982
13. 作業環境測定 ガイドプシク. (社)日本作業環境測定協會. 1984
14. 勞動衛生の知識. (社)日本作業環境測定協會 平成. 1991

제8장

화학물질

화학물질관리법 제2조에서는 화학물질을 다음과 같이 정의하고 있다. “원소 · 화합물 및 그에 인위적인 반응을 일으켜 얻은 물질과 자연 상태에서 존재하는 물질을 화학적으로 변형 · 추출 · 정제한 것을 말한다.”라고 정의하고 있다. 일반적으로 화학물질은 고체, 액체, 기체, 플라스마 형태로 존재하며 온도나 압력의 변화에 따라 물질의 상태 사이에서 변화할 수 있다. 화학 반응은 하나의 화학 물질을 다른 물질로 바꾸어 놓기도 한다.

산업보건 분야에서의 화학물질은 주로 유기화합물, 중금속, 산 및 알칼리류 등을 통칭한다고 볼 수 있다. 그리고 산업안전보건법에서 화학물질 중 주의하여 관리하는 물질은 CMR 물질인데 여기서 C는 Carcinogenicity로 발암성 물질을, M은 Mutagenicity으로 변이원성 물질을, R은 Reproductive Toxicity로 생식독성 물질을 뜻한다. 그러므로 산업보건 분야에서는 발암성 물질과 변이원성 물질 그리고 생식독성 물질의 관리가 필요하다고 할 수 있다.

1 유기화합물

유기화합물은 화합물 중 탄소를 주성분으로 한다. 탄소는 3차원적 결합으로 구조의 크기와 다양성 면에서 특이성을 나타낸다. 자연계에서는 광합성을 통해 이산화탄소와 물이 결합하여 산소와 탄수화물이라는 유기화합물로 전환된다. 산업안전보건법에는 작업환경측정 대상 물질로 유기화합물, 금속류, 산 및 알칼리류, 가스상 물질류, 허가대상유해물질, 금속가공유, 소음과 고열 그리고 분진 등 190종이 규정되어 있으며 이 중 유기화합물은 113종이 작업환경측정 대상물질로 규정되어 있다. 그리고 산업보건 분야에서는 유기화합물을 유기용제, 유기가스, 유기물 등의 명칭으로 부른다.

1.1 유기화합물의 인체 전달과정

유기화합물의 특성은 실온에서 확산을 하는 성질과 지방을 녹이는 성질이 있는데 실온에서 확산하는 특성 때문에 새 건물에 들어가게 되면 시너 냄새를 맡을 수 있게 된다. 그렇기 때문에 작업장에서 근로자가 유기화합물에 노출이 이루어 질 수 있다. 그리고 지방을 녹이는 특성이 있어서 작업장에서는 생산과정에서 발생한 오일류, 예를 들면 절삭유 같은 물질을 유기화합물의 세정제 등으로 세정하는 용도로 많이 사용하고 있으며 이러한 특성으로 인해 피부를 통한 흡수가 가능하다.

1.2 유기화합물의 종류

유기화합물은 화학적 구조에 따라 그 종류가 많은데 대표적인 물질로 지방족 및 방향족 탄화수소, 할로겐화 탄화수소, 알콜류, 케톤류, 글리콜류, 에스텔류, 알데히드류와 에텔류 등의 물질로 구분한다.

방향족 화합물은 벤젠고리를 가지고 있는 유기화합물로 탄소와 수소만으로 구성되어 있는 벤젠의 유도체이다. 방향족 화합물은 벤젠고리 또는 벤젠고리가 축합한 환을 가진 유기화합물을 총칭하며 방향성을 가진 것이 많다. 대표적인 방향족 화합물로는 BTX로 불리는 Benzene, Toluene, Xylene이 있고 그 외에 나프탈렌, 안트라센 등이 있다.

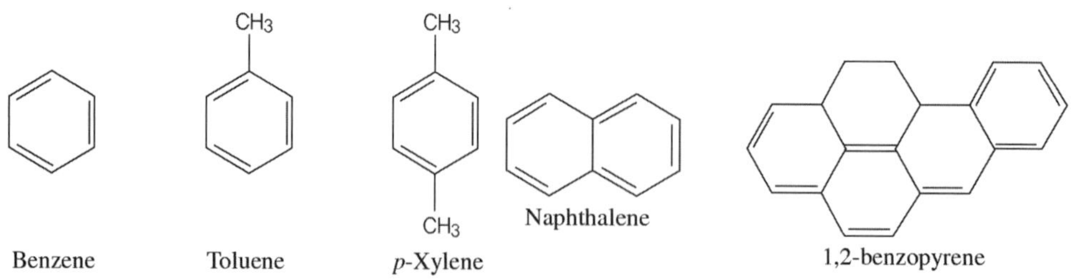

그림 8.1 방향족 물질의 화학구조

일반적으로 열에 매우 안정적이고 치환반응이 일어나기 쉬운 특성을 가지고 있다.

지방족 탄화수소류로는 천연가스와 가솔린 등에 혼합물의 형태로 주로 존재하고 다발성 신경염증을 일으키는 n-헥산이 대표적 물질이다.

할로겐화 탄화수소로는 염화메틸, 클로로포름, 사염화탄소, 염화비닐 등이 있으며 흔히 사용되는 물질이 50여 종에 이른다. 냉각제제, 금속세척제, 플라스틱과 고무의 용제, 그리고 소화제, 살충제, 훈증제, 염색 등에도 사용된다. 사염화탄소와 클로로포름은 지방간과 괴사 그리고 간장 장해를 일으키는 탄화수소이다.

알콜류는 산업현장에서 비교적 많이 사용하고 있는 물질이며 대표적으로 이소프로필알콜(IPA), 에탄올(et-OH), 메탄올(me-OH) 등이 있다. 이 중 메탄올은 시신경염, 시각장애, 시신경위축 등과 같은 안(眼)장애를 일으키는 물질이다.

알데히드류의 대표적인 물질인 포름알데히드(포르말린)는 강한 냄새를 가지고 있고 대표적인 발암성 물질로 알려져 있다.

케톤류는 산업안전보건법의 대표적인 물질로 MEK(Methyl Ethyl Ketone), MIBK(Methyl Iso Buthyl Ketone), 아세톤(Acetone) 등이 있고 지방족 케톤류는 독성이 비교적 낮고 고농도에서는 마취작용이 있고 눈 및 상기도를 약하게 자극한다.

1.3 유기화합물의 인체 영향

유기화합물은 호흡기를 통한 흡입이 쉽고 피부로 흡수되기 쉬우며, 흡수된 후 중추신경 등 중요기관에 영향을 준다. 유기화합물은 인체의 여러 부분에 영향을 주며 발암성을 가지고 있는 물질, 신경장애물질 그리고 간장애물질 등 다양하다.

벤젠은 조혈기능에 장애를 주는 물질로 재생 불량성 빈혈을 일으키는 것으로 알려져 있다. n-헥산은 다발성 신경염증을 일으키는 물질로 알려져 있고, TCE는 스티븐슨 존슨 증후군을 유발하는데 스티븐슨 존슨 증후군 증상은 처음에는 입안의 점막에 작은 수포가 생기고 심해지면 음식을 먹을 수 없게 된다. 초기 증상의 가장 전형적인 모습은 입의 악취이다. 초기에는 피부에 홍반이 나타나고 이것이 수포로 진행되며 심한 경우 전신에 딱지가 생기거나 피부가 벗겨지는 증상이 나타나며 제대로 치료하지 않으면 실명이나 사망률이 높은 질병이다. 이황화탄소(CS_2)는 중추 및 말초신경계통에 영향을 주는 물질로 알려져 있으며 메탄올은 시신경장애물질로 알려져 있다.

유기화합물이 인체에 미치는 영향을 정리하면, 비특이적 증상 중에 대표적 증상은 중추신경계에 의한 마취작용이 일어나며 증상으로 현기증, 오심, 두통, 가벼운 협동장애, 발한증대, 심계항진 등이 반복적으로 일어난다. 그리고 반복노출에 의하여 두통, 피로감, 권태감, 현기증, 불안감, 식욕감퇴, 술에 대한 내성 감퇴와 비특이적 위장장애, 수면장애, 성욕감퇴 등의 지속적 증상과 마취작용 외 신경행동학적 장애 등이 일어나기도 한다.

유기화합물의 종류에 따라 인체에 미치는 특이적 증상으로는 다음과 같다.

① 벤젠 : 조혈장애

② DMF : 간독성

③ 노말헥산 : 말초신경장애

④ 메틸알콜 : 시신경장애

⑤ 염화탄화수소 : 간장애

⑥ 이황화탄소 : 중추 및 말초신경장애

1.4 화재 및 폭발의 위험성

유기화합물의 증기는 아주 낮은 온도에서도 불이 잘 붙고 공기보다 무거워 증발하면 날아가는 것이 아니라 바닥에 가라 앉아 체류한다. 그러므로 불에 의하여 유증기가 폭발하게 된다.

1.5 유기화합물 검진 방법

근무에 임하고 6시간 정도 작업을 한 후 소변을 충분히 받아서 바로 검사를 의뢰한다. 하루 종일 24시간 소변을 받는 것이 가장 이상적이다. 보통 하루가 지나면 몸 안의 유기화합물이 땀이나 소변으로 몸 밖으로 배설되어 버리므로 시간이 많이 경과하면 무의미하다. 유기화합물은 대부분의 물질이 반감기가 짧기 때문이다.

1.6 특별관리물질

산업안전보건법에는 유기화합물 중에 발암성, 생식세포 변이원성, 생식독성 물질 등 근로자에게 중대한 건강장해를 일으킬 우려가 있는 물질을 37종을 선정해 관리하고 있다. 37종은 표 8.1과 같다.

특별관리물질의 취급 시에는 취급일지를 작성하여야 하는데 취급일지에는 특별관리물질명과 물질의 사용량 그리고 특별관리물질의 사용에 대한 작업내용 등이 포함된 내용으로 작성하여야 한다. 그리고 특별관리 물질을 취급하는 근로자에게는 교육을 실시하여야 하는

데 교육의 내용은 특별관리물질에 대한 정보, 특히 물질의 발암성, 생식세포 변이원성, 생식독성에 관한 내용과 특별관리물질에 대한 취급 및 사용에 대한 내용을 근로자에게 교육시켜야 한다.

표 8.1 특별관리물질

물질안전보건자료(MSDS) 비치 및 교육 실시

- 취급 근로자에 대해 화학물질의 올바른 작업방법(MSDS) 등을 교육하고 **'조기증상이 나타나면 즉시 보고'** 토록 조치
- 근로자에게 필요한 보호구를 지급하고 작업에 임하도록 지도

1. 디니트로톨루엔	19. 에피클로로히드린
2. N,N-디메틸아세트아미드(=NMF)	20. 이염화에틸렌
3. 디메틸포름아미드 (=DMF)	21. 1,2,3-트리클로로프로판
4. 2-메톡시에탄올	22. 트리클로로에틸렌 (=TCE)
5. 2-메톡시에틸아세테이트	23. 퍼클로로에틸렌(=PCE)
6. 벤젠	24. 페놀
7. 1,3-부타디엔	25. 포름알데히드
8. 1-브로모프로판(=1-BP)	26. 프로필렌이민
9. 2-브로모프로판(=2-BP)	27, 하이드라진
10. 사염화탄소	28. 황산디메틸
11. 스토다드솔벤트	29. 납 및 그 무기화합물
12. 아크릴로니트릴	30. 니켈 및 그 화학물(불용성)
13. 아크릴아미드	31. 수은(아릴 및 알킬 제외
14. 2-에톡시에탄올	32. 삼산화안티몬
15. 2-에톡시에틸아세테이트	33. 카드뮴
16. 에틸렌이민	34. 6가크롬
17. 2,3-에폭시-1-프로판올	35. 황산 (pH2.0 이하의 강산)
18. 1,2-에폭시프로판	36. 산화에틸렌
	37. 1.2-디클로로프로판

2 중금속

중금속은 비중이 4~5 이상인 금속을 말하며 산업안전보건법에는 작업환경측정 대상으로 총 23종이 규정되어 있는데 그 물질로는 구리, 납, 니켈, 망간, 바륨, 백금, 산화마그네슘,

셀레늄, 수은, 산화아연, 안티몬, 알루미늄, 요오드, 은, 이산화티타늄, 주석, 지르코늄, 산화철, 카드뮴, 코발트, 크롬, 텅스텐, 오산화바나듐 등 이다. 이 중 수은은 실온에서 다른 중금속과는 달리 액체 상태로 존재하는 금속이다. 중금속에 대한 기록은 기원전 4세기경에 그리스 의사인 히포크라테스가 광산에서의 납중독에 관한 기록, 로마학자인 Pliny the Elder의 아연에 대한 기록(A.D 1세기)과 18세기에 이르러 Sir George Baker가 사이다 공장에서의 납에 의한 복통에 대한 사례 등이 역사에 기록되어 있다.

2.1 납(Pb)

원자량 207.21, 비중 11.34, 원자번호 82인 은회색의 연한 중금속이다.

연은 무기연과 유기연으로 나누어진다. 무기연은 금속연과 연의 산화물(일산화납(PbO), 삼산화이납(Pb_2O_3), 사산화삼납(Pb_3O_4) 등이 있는데 산화납을 다른 말로 리사지라고 부르며 사산화삼납은 광명단이라고 부른다. 유기연은 4메틸납과 4에틸납이 있다. 작업장에서 주로 문제가 된 것은 무기연이다.

납이 발생하는 주변의 업종으로는 납제련소, 납광산, 납축전지 제조, 납이 포함된 페인트 제조와 납 용접작업 및 절단작업 등이 있는데 납의 독성으로 인하여 최근에는 납이 다른 물질로 많이 대체된 상황이다.

연 중독의 주요 증상으로는 위장계통의 장애로 복부팽만감, 급성복부 선통, 권태감, 불면증, 안면 창백, 노리로제 증상이 있고 잇몸에 연선이 생기는 특징이 있다. 신경, 근육 계통의 장애로 손처짐, 팔과 손의 마비, 근육통, 관절통, 신장근의 쇠약, 근육의 피로로 인한 납 경련의 증상이 있고 중추신경 장애로 뇌 중독 증상과 두통, 안면 창백, 기억상실, 정신 착란, 혼수상태, 발작 등의 증상이 나타난다.

연 중독 시 나타나는 증상으로 초기에는 연빈혈이 일어나고 적혈구 내 프로토포피린이 증가하며 잇몸에 연선이 나타나고 소변에 코프로포피린이 검출되며 이 수치가 증가한다.

2.2 수은(Hg)

수은은 원자량 200.61, 비중 13.546, 원자번호 80이며 상온에서 유일하게 액체 상태로 존재하는 금속이며 무기수은과 유기수은으로 구분한다. 1988년 문송면씨가 무기수은에 의한 급성중독으로 사망한 사건이 있었으며 그 후로도 형광등 제조업에서 많은 근로자에게서 수은 중독 사례가 보고된 바 있다. 그리고 환경사건으로 일본의 미나마타현의 질소비료 공장의 폐수 방류로 인한 미나마타병을 발생시킨 원인물질이기도 하다.

무기수은은 수은온도계, 형광등, 혈압계 등의 제조 사업장에서 주로 사용하며 유기수은은 의약, 농약제조, 펄프제조, 농약살포작업, 가성소다 제조 시 주로 사용한다.

작업장에서 일어나는 수은에 의한 건강장애는 구내염, 근육진전, 정신 증상의 3가지를 들 수 있는데 구내염의 증상으로 잇몸이 붓고 압통이 있으며 금속성 맛의 구내염이 발생한다. 또한 침을 많이 흘리는 증상이 일어난다. 근육진전으로는 혀나 손가락의 근육이 떨리는 증상이 일어나며 정신증상으로는 불면증, 근심 걱정과 함께 겁이 많아지고 수줍음을 많이 탄다. 그리고 우울, 무욕상태, 졸음 등의 정신장해가 생긴다.

2.3 카드뮴(Cd)

카드뮴은 원자량 112.4, 비중 8.6, 원자번호 48이며 1945년 일본에서 이따이이따이병을 발생시킨 원인 물질이다. 아연을 제련 또는 정련하는 공정에서 용광로, 용해로, 전로, 농축실, 전해질 등 카드뮴 물질을 취급하는 작업과 금, 은, 비스무스, 알루미늄 등과의 합금을 제조하는 작업 등의 작업장에서 주로 사용된다.

인체 영향은 주로 호흡기를 통하여 노출이 이루어지는데 호흡기를 통한 독성이 경구독성보다 8배 정도 강한 것으로 알려져 있다. 체내로 흡수된 카드뮴은 주로 간, 신장, 장관벽에 축적하여 효소의 기능 유지에 필요한 –SH기와 반응하여 조직세포에 독성으로 작용한다.

2.4 크롬(Cr)

크롬은 원자량 52.01, 비중 7.188, 원자번호 24이다. 자연계에서는 주로 3가의 크롬으로 존재하며 6가의 크롬은 비교적 적은편이다. 3가 크롬은 피부흡수가 어렵고 6가 크롬은 쉽게 피부를 통과하여 흡수된다. 인체에 유해한 것은 6가 크롬이고 부식작용과 산화작용을 일으킨다. 6가에서 3가로 환원이 일어나면 독성이 적으나 DNA의 근위부에서 일어나면 강한 변이원성을 나타낸다. 6가 크롬은 비용해성으로 산화제, 색소로서 산업장에서 널리 사용되며 비중격천공을 일으키는 물질로 알려져 있으며 크롬산은 장기간 흡입에 의하여 기관지암, 폐암, 비강암을 발생시키기도 한다.

3 작업장 관리 방안

3.1 환기 설비

화학물질에 대한 환기 설비의 적용은 먼저 발생하는 물질의 성상을 파악해야 한다. 최대한 발생원을 밀폐하여 필요 환기량을 최소화해야 함은 물론 근로자의 노출도 최소화 시켜야 한다. 작업장에서 보면 제일 범하기 쉬운 오류로서 화학물질에 대한 국소환기 설비의 설치 시 방향을 상부로 설정해 설치하는 사례가 상당히 많은데 이는 작업자의 호흡영역이 보호되지 못하는 문제와 발생하는 물질의 성상에 비추어 볼 때 맞지 않는 후드의 형태이다. 그러므로 화학물질에 대한 국소환기 설비는 발생물질의 성상을 고려해야 하고 최대한 밀폐되어야 한다.

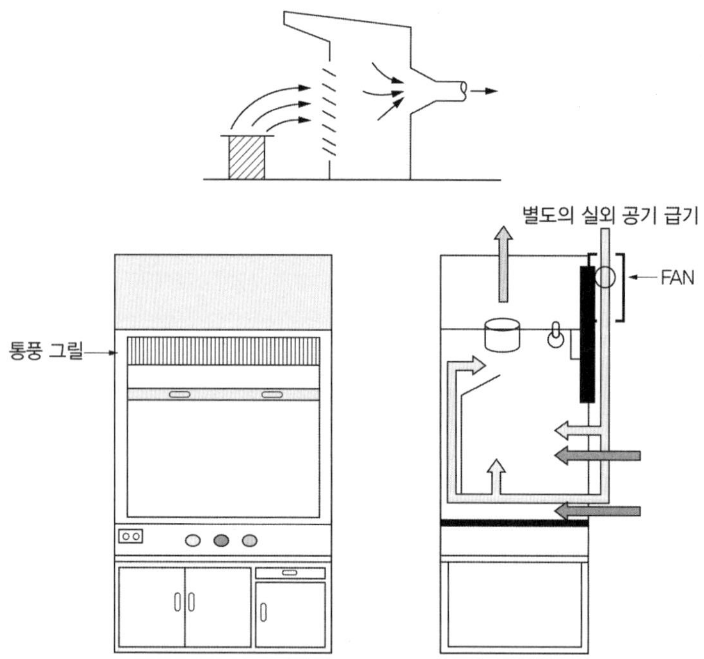

그림 8.2 외부식 후드와 실험실 후드

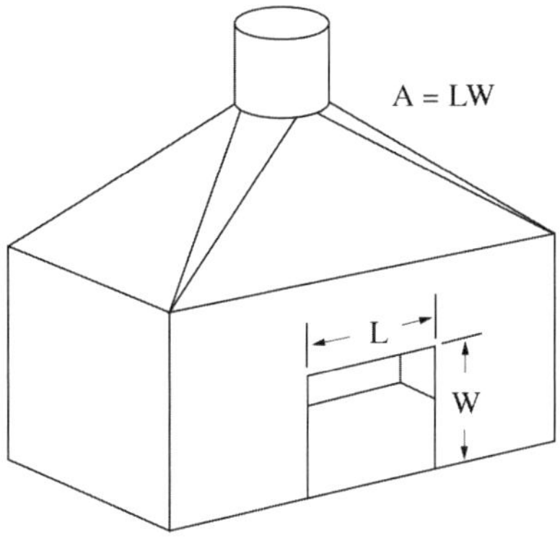

그림 8.3 포위형 후드

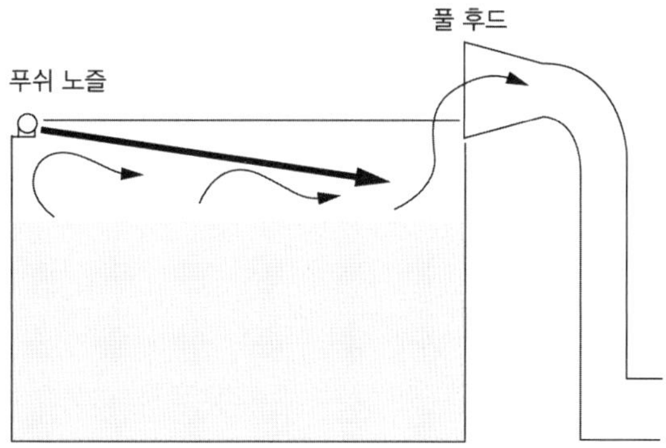

그림 8.4 푸쉬–풀 후드

3.2 물질 대체

화학물질에 대한 작업환경 관리 방안 중 제일 효과가 있는 방법은 물질을 대체하여 주거나 물질을 제거하여 주는 방안이다. 현실적으로 물질을 제거하여 주는 것이 어렵기 때문에 물질을 대체하여 주는 방안을 적극 강구해야 하는데 이 경우 독성이 덜한 물질 또는 독성이 없는 물질로 대체하여 주어야 한다. 물질을 대체한 사례를 보면 그림 8.5와 같다. 하지만 물질을 대체하는 경우는 내용에 따라 제품의 성능과도 연관이 될 수 있는 만큼 그 적용에 신중해야 한다.

Benzene	→ Toluent, Xylene
Methanol, IPA	→ Ethanol
유연휘발유	→ 무연휘발유
드라이크리닝 시 PCE	→ Emulsion cleaning
Leaded paints/pigment	→ Lead-free paints/pigment
Lead wire	→ Lead free wire

그림 8.5 화학물질의 대체 사례

3.3 교육

화학물질에 대하여 근로자와 관리자를 대상으로 교육을 실시해야 하는데 그 내용을 보면 특별안전보건교육에는 관리대상물질에 대하여 취급 근로자에게 교육을 실시하게 되어 있는데 그 내용은 취급물질의 성질 및 상태에 관한 사항, 유해물질이 인체에 미치는 영향, 국소배기 장치 및 안전에 관한 사항, 안전작업 방법 및 보호구 사용에 관한 사항, 그 밖의 안전보건에 관한 사항에 대하여 교육하게 되어 있고, 물질안전보건자료(MSDS)에 대하여도 교육하게 되어 있는데 교육 내용은 대상 화학물질의 명칭 또는 제품명, 물리적 위험성 및 건강 유해성, 취급상의 주의사항, 적절한 보호구, 응급조치 요령 및 사고 시 대처방법, 물질안전보건자료 및 경고표지를 이해하는 방법에 대하여 교육해야 한다.

화학물질에 대한 교육은 근로자 및 관리자가 화학물질의 유해성에 대하여 숙지하고 능동적으로 관리하기 위함이다.

3.4 보호구

화학물질에 대한 보호구는 호흡보호구로 유기화합물에 대하여는 방독마스크를, 중금속에 대하여는 방진마스크를 지급하고 착용해야 한다. 화학물질을 취급하기 위해서 안전장갑을 사용해야 하고 내용에 따라서는 보안경을 착용해야 하는 경우도 있다. 보호구의 지급 및 착용은 근로자와 사업주의 의무사항이다.

3.5 경고표지, 지시표지 부착

화학물질에 대한 경고표지를 부착해야 하며 보호구 착용에 대한 지시표지도 부착해야 한다.

Wear Gas Mask

MACE IN KOREA KSE-20
KSE-20

메틸알코올(메탄올)

위험

| 유해 · 위험문구 |
- 고인화성 액체 및 증기
- 눈에 심한 자극을 일으킴
- 호흡기계 자극을 일으킬 수 있음
- 졸음 또는 현기증을 일으킬 수 있음
- 태아 또는 생식 능력에 손상을 일으킬 수 있음
- 신체 중 시신경 및 중추신경계에 손상을 일으킴
- 장기간 또는 반복노출 되면 신체 중 시신경 및 중추신경계에 손상을 일으킴

| 예방조치 문구 |
- 사용 전 취급 설명서를를 확보하시오
- 모든 안전 예방조치 문구를 읽고 이해하기 전에는 취급하지 마시오
- 흡입하면 신선한 공기가 있는 곳으로 옮기고 호흡하기 쉬운 자세로 안정을 취하시오
- 불편함을 느끼면 의학적인 조치 · 조언을 구하시오
- 용기는 환기가 잘되는 곳에 단단히 밀폐하여 저장하시오
- 환기가 잘되는 곳에 보관하고 저온으로 유지하시오
- 폐기물관리법에 따라 내용물 용기를 폐기하시오

공급자 정보 : 제조자 또는 공급자명 및 전화번호 등 연락처 기재

3.6 건강검진

작업장에서 사용하는 화학물질에 대하여 사용량 및 사용빈도에 관계없이 근로자에 대하여 특수건강검진을 실시하여 관리해야 한다, 산업안전보건법규상의 건강진단 실시 주기 및 실시 방법을 따라서 진행하야 하며 특히, 유기화합물의 경우는 인체에 머무는 반감기가 짧은 물질이 대부분이므로 건강검진의 실시 시간을 잘 지켜서 실시해야 한다.

Reference

1. 산업독성학. 김오식. 동화기술. 1990
2. 환경독성학. 박형숙. 동화기술. 2009
3. 산업보건학. 가톨릭대학교 의과대학 예방의학교실. 2003
4. 산업안전과 보건. 현대자동차 노동조합. 1990
5. 경영과 안전보건. 한국경영자연합회. 1992
6. 산업위생관리 기술사. 서영민 외. 성안당. 2018
7. 산업위생학개론. 백남원. 신광출판사. 1995
8. 유기용제취급사업장 작업환경 관리 지침. 안전보건공단. 1996
9. 수은백서. 고려대학교 환경의학연구소. 2003
10. 작업공정별 보건관리 매뉴얼. 대한산업보건협회. 1992
11. 직무교육교재(보건관리전문기관). 안전보건공단. 2019
12. 산업위생. 김광종 외. 신광출판사. 2004
13. Occupational Health Practice. 3rd. ed. H.A. Waldron. Butterworths Co(Pub). 1988
14. Encyclopedia of Occupational Health and Safety(1)(11). 3rd. ed. ILO. 1983
15. Fundamentals of Industrial Hygiene. 3rd. ed. Batinal Counsil. 1988
16. Public Health. Handon Pickets. 2nd. ed. The C.V. Mosby Company. 1979
17. Occupational Health. Barry. S.Levy. Little Brown and Company. 1988
18. ACGIH. Industrial Ventilation-A Manual of Recommended Practice, 24th. ed. 2001
19. 健康障害. 安全工學協會 東京. 1982
20. 作業環境測定 ガイドプシク. (社)日本作業環境測定協會. 1984
21. 勞動衛生の知識. (社)日本作業環境測定協會 平成. 1991

제9장

물질안전보건자료(MSDS)와 경고표지

1 물질안전보건자료(MSDS)

MSDS는 Material Safety Data Sheet의 약자로 주로 물질안전보건자료로 통용된다. MSDS에는 아래의 내용과 같이 화학물질에 대한 물리 화학적 특성은 물론 응급조치 사항과 환경, 보건, 안전 및 운송 등에 관한 정보와 법적규제 내용까지 서술되어 있다.

표 9.1 MSDS의 작성 항목

① 화학제품과 회사에 관한 정보	⑨ 물리 화학적 특성
② 유해성 · 위험성	⑩ 안정성 및 반응성
③ 구성성분과 명칭 및 함유량	⑪ 독성에 관한 정보
④ 응급조치요령	⑫ 환경에 미치는 영향
⑤ 폭발, 화재시 대처 방법	⑬ 폐기시 주의 사항
⑥ 누출사고시 대처 방법	⑭ 운송에 필용한 정보
⑦ 취급 및 저장방법	⑮ 법적 규제 현황
⑧ 노출방지 및 개인 보호구	⑯ 그 밖의 참고사항

1.1 화학물질 분류 · 표시에 관한 세계 조화 시스템(GHS)

GHS(The Globally Harmonized System of Classification and Labeling of Chemicals)는 화학물질 분류 · 표시에 관대한 세계조화시스템으로써 전 세계적으로 통일된 분류 기준에 의거하여 화학물질의 분류 기준에 따라 유해 · 위험성을 분류하고 통일된 형태의 경고표지 및 MSDS 정보를 전달하는 방법을 말한다.

세계는 빠른 변화와 발전 속에서 화학물질의 사용량이 늘어가고 있으므로 화학물질 관리에 통일된 시스템의 요구와 안전하고 신뢰성 있는 통일된 화학물질의 관리에 대한 필요성이 증가되어서 GHS 시스템이 도입되었다고 볼 수 있다.

1.2 GHS 이전의 표식

GHS 이전에 전 세계에서 사용하는 표식은 다음과 같다.

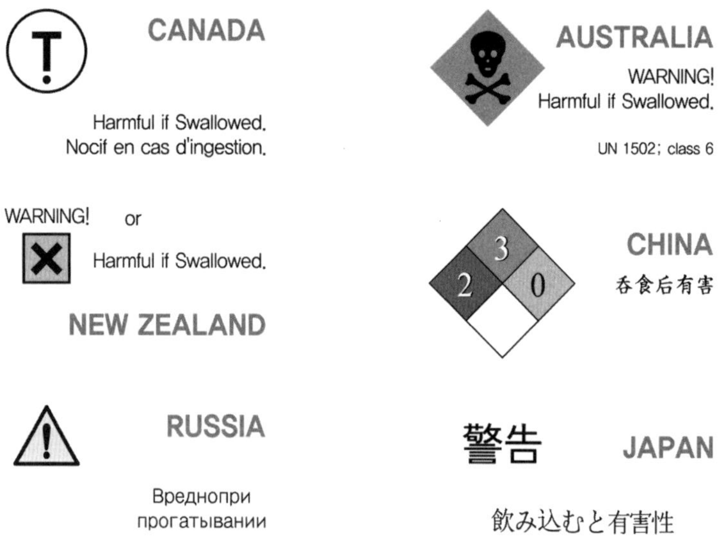

그림 9.1 GHS 이전의 유해화학물질 표식

1.3 사업주 조치사항

사업주는 MSDS에 대하여 다음의 조치를 작업자에게 하여야 한다.

① 작업자가 보기 쉬운 장소에 게시 또는 비치

② 경고표지 부착

③ 작업자에게 MSDS에 대한 교육
④ 화학물질을 제공 또는 양도하는 경우에 MSDS를 함께 양도 또는 제공
⑤ 화학물질을 취급하는 공정에서 공정별로 관리 요령 게시

1.4 MSDS 작성 제외 물질

다음의 물질들은 MSDS 작성을 제외하여도 된다.

① 원자력법에 의한 방사성 물질
② 약사법에 의환 의약품, 의약부 외품 및 화장품
③ 마약법에 의한 마약
④ 농약관리법에 의한 농약
⑤ 사료관리법에 의한 사료
⑥ 비료관리법에 의한 비료
⑦ 식품위생법에 의한 식품 및 식품첨가물
⑧ 향정신성의약품관리법에 의한 향정신성의약품
⑨ 총포 · 도검 · 화약류 등 단속법에 의한 화약류
⑩ 폐기물관리법에 따른 폐기물
⑪ 사업장에서 사용하지 않는 일반 소비자용 제제
⑫ 고용노동부장관이 독성 · 폭발성 등으로 인한 위해의 정도가 적다고 고시하는 물질

1.5 MSDS 작성항목

MSDS는 총 16가지 항목으로 되어 있으며 세부사항은 다음과 같다.

표 9.2 MSDS 작성 기재 내용

1. 화학제품과 회사에 관한 정보
가. 제품명(경고표지 상에 사용되는 것과 동일한 명칭 또는 분류코드를 기재한다) : 나. 제품의 권고 용도와 사용상의 제한 : 다. 공급자 정보(제조자, 수입자, 유통업자 관계없이 해당 제품의 공급 및 물질안전보건자료 작성을 책임지는 회사의 정보를 기재하되, 수입품의 경우 문의사항 발생 또는 긴급시 연락 가능한 국내 공급자 정보를 기재) : • 회사명

- 주소
- 긴급전화번호

2. 유해성 · 위험성

가. 유해성 · 위험성 분류
나. 예방조치 문구를 포함한 경고 표지 항목
- 그림문자
- 신호어
- 유해 · 위험 문구
- 예방조치 문구

다. 유해성 · 위험성 분류기준에 포함되지 않는 기타 유해성 · 위험성 (예 : 분진폭발 위험성) :

3. 구성성분의 명칭 및 함유량

화학물질명 관용명 및 이명(異名) CAS번호 또는 식별번호
함유량(%)

4. 응급조치 요령

가. 눈에 들어갔을 때 :
나. 피부에 접촉했을 때 :
다. 흡입했을 때 :
라. 먹었을 때 :
마. 기타 의사의 주의사항 :

5. 폭발 · 화재시 대처방법

가. 적절한 (및 부적절한) 소화제 :
나. 화학물질로부터 생기는 특정 유해성(예, 연소 시 발생 유해물질) :
다. 화재 진압 시 착용할 보호구 및 예방조치 :

6. 누출 사고 시 대처방법

가. 인체를 보호하기 위해 필요한 조치 사항 및 보호구 :
나. 환경을 보호하기 위해 필요한 조치사항 :
다. 정화 또는 제거 방법 :

7. 취급 및 저장방법

가. 안전취급요령 :
나. 안전한 저장 방법(피해야 할 조건을 포함함) :

8. 노출방지 및 개인보호구

가. 화학물질의 노출기준, 생물학적 노출기준 등 :
나. 적절한 공학적 관리 :

다. 개인 보호구
- 호흡기 보호 :
- 눈 보호 :
- 손 보호 :
- 신체 보호 :

9. 물리화학적 특성

가. 외관(물리적 상태, 색 등) :
나. 냄새 :
다. 냄새 역치 :
라. pH :
마. 녹는점/어는점 :
바. 초기 끓는점과 끓는점 범위 :
사. 인화점 :
아. 증발 속도
자. 인화성(고체, 기체)
차. 인화 또는 폭발 범위의 상한/하한
카. 증기압 :
타. 용해도 :
파. 증기밀도 :
하. 비중 :
거. n 옥탄올/물 분배계수 :
너. 자연발화 온도 :
더. 분해 온도 :
러. 점도 :
머. 분자량

10. 안정성 및 반응성

가. 화학적 안정성 및 유해 반응의 가능성 :
나. 피해야 할 조건(정전기 방전, 충격, 진동 등) :
다. 피해야 할 물질 :
라. 분해시 생성되는 유해물질 :

11. 독성에 관한 정보

가. 가능성이 높은 노출 경로에 관한 정보
나. 건강 유해성 정보
- 급성 독성(노출 가능한 모든 경로에 대해 기재) :
- 피부 부식성 또는 자극성 :
- 심한 눈 손상 또는 자극성 :
- 호흡기 과민성 :

- 피부 과민성 :
- 발암성 :
- 생식세포 변이원성 :
- 생식독성 :
- 특정 표적장기 독성 (1회 노출) :
- 특정 표적장기 독성 (반복 노출) :
- 흡인 유해성 :

※ 가.항 및 나.항을 합쳐서 노출 경로와 건강 유해성 정보를 함께 기재할 수 있음

12. 환경에 미치는 영향

가. 생태독성 :
나. 잔류성 및 분해성 :
다. 생물 농축성 :
라. 토양 이동성 :
마. 기타 유해 영향 :

13. 폐기시 주의사항

가. 폐기방법 :
나. 폐기시 주의사항(오염된 용기 및 포장의 폐기 방법을 포함함) :

14. 운송에 필요한 정보

가. 유엔 번호 :
나. 유엔 적정 선적명 :
다. 운송에서의 위험성 등급 :
라. 용기등급(해당하는 경우) :
마. 해양오염물질(해당 또는 비해당으로 표기) :
바. 사용자가 운송 또는 운송 수단에 관련해 알 필요가 있거나 필요한 특별한 안전 대책 :

15. 법적 규제현황

가. 산업안전보건법에 의한 규제 :
나. 화학물질관리법에 의한 규제 :
다. 위험물안전관리법에 의한 규제 :
라. 폐기물관리법에 의한 규제 :
마. 기타 국내 및 외국법에 의한 규제 :

16. 그 밖의 참고사항

가. 자료의 출처 :
나. 최초 작성일자 :
다. 개정 횟수 및 최종 개정일자 :
라. 기타 :

1.6 MSDS 작성원칙

① MSDS는 한글로 작성한다.
화학물질명, 외국기관명 등의 고유명사에 대해서는 영어표기가 가능하다. 실험실에서 시험 또는 연구목적으로 사용하는 시약으로서 MSDS가 외국어로 작성되어 있는 경우에는 한국어로 번역하지 않아도 된다.

② 시험결과를 반영하고자 하는 경우에는 우수실험실기준(GLP) 및 국제공인시험기관 인정(KOLAS)에 따라 수행한 시험결과를 우선적으로 고려한다.

③ 외국어로 되어 있는 MSDS를 번역하는 경우에는 자료의 신뢰성이 확보될 수 있도록 최초 작성기관명 및 시기를 함께 기재하며 다른 형태의 관련 자료를 활용하여 물질안전보건자료를 작성하는 경우에는 참고문헌의 출처를 기재한다.

④ MSDS 작성에 필요한 용어와 기술지침은 안전보건공단이 정할 수 있다

⑤ MSDS의 작성단위는 「계량에 관한 법률」이 정하는 바에 의한다.

⑥ 각 작성항목은 빠짐없이 작성하여야 한다.
부득이한 어느 항목에 대해 관련 정보를 얻을 수 없는 경우 "자료 없음"이라고 기재하고 적용이 불가능하거나 대상이 되지 않는 경우에는 "해당 없음"이라고 기재한다.

⑦ 구성 성분의 함유량을 기재하는 경우에는 함유량의 ± 5퍼센트(%)의 범위에서 함유량의 범위(하한 값~상한 값)로 함유량을 대신하여 표시할 수 있다. 이 경우 함유량이 5퍼센트(%) 미만인 경우에는 하한 값을 1퍼센트(%) [발암성 물질, 생식세포 변이원성 물질은 0.1퍼센트(%), 호흡기과민성 물질(가스인 경우에 한정한다) 0.2퍼센트(%), 생식독성 물질은 0.3퍼센트(%)] 이상으로 표시한다.

⑧ MSDS를 작성할 때에는 취급 근로자의 건강보호 목적에 맞도록 성실하게 작성한다.

1.7 혼합물의 유해성 · 위험성 결정

MSDS를 작성할 때에는 2가지 이상의 물질이 혼합되어 있는 혼합물의 유해성 · 위험성은 다음과 같이 결정한다.

1. 혼합물에 대한 유해 · 위험성의 결정을 위한 세부 판단기준에 따른다.
(판단기준 : 화학물질의 분류 · 표시 및 물질안전보건자료에 관한 기준 별표1)
2. 혼합물에 대한 물리적 위험성 여부가 혼합물 전체로서 시험되지 않는 경우에는 혼합물을 구성하고 있는 단일 화학물질에 관한 자료를 통해 혼합물의 물리적 잠재유해성을 평가할 수 있다.

혼합물로 된 제품들이 다음 각 호의 요건을 충족하는 경우에는 각각의 제품을 대표하여 하나의 MSDS를 작성할 수 있다.

1. 혼합물로 된 제품의 구성 성분이 같을 것
2. 각 구성 성분의 함량 변화가 10퍼센트(%) 이하일 것
3. 비슷한 유해성을 가질 것

1.8 MSDS 변경 내용 및 제공 방법

MSDS의 기재내용을 변경할 필요가 있는 경우 상대방에게 제공하여야 할 내용은 화학제품과 회사에 관한 정보, 유해성·위험성, 구성성분의 명칭 및 함유량, 응급조치 요령, 폭발·화재 시 대처방법, 누출사고 시 대처방법, 취급 및 저장방법, 노출방지 및 개인보호구, 법적 규제 현황에 관한 내용을 제공한다.

1.9 MSDS 게시 또는 비치

① 사업주는 사업장에 쓰이는 모든 대상 화학물질에 대한 MSDS를 취급 근로자가 쉽게 볼 수 있는 장소에 게시 또는 비치하고 정기 또는 수시로 점검, 관리하여야 한다. 예를 들면, 대상 화학물질 취급 작업 공정 내, 안전사고 또는 직업병 발생 우려가 있는 장소, 그리고 사업장 내 근로자가 가장 보기 쉬운 장소 중 어느 하나 이상의 장소

② MSDS를 확인할 수 있는 전산장비를 갖춘 경우에는

- 화학물질 취급 작업자가 작업 중 쉽게 접근할 수 있는 장소에 설치하고 가동하여야 한다.
- 화학물질 취급 작업자 또는 화학물질에 노출되는 작업자에게 MSDS의 프로그램 작동 방법, 제품명 입력 및 MSDS 확인 방법 등을 교육한다.
- 화학물질에 대한 관리요령을 게시할 경우 대상 화학물질의 건강유해성, MSDS 검색 방법을 포함하고 게시해야 한다.

2 경고표지

2.1 화학물질의 분류

대상 화학물질은 물리적 위험성 물질, 건강 유해성 물질, 환경 유해성 물질이다.

물리적 위험성 물질로는 폭발성 물질, 인화성 가스, 인화성 액체, 인화성 고체, 인화성 에어로졸, 물반응성 물질, 산화성 가스, 산화성 액체, 산화성 고체, 고압가스, 자기반응성 물질, 자연발화성 액체, 자연발화성 고체, 자기발열성 물질, 유기과산화물, 금속부식성 물질 등이 있다.

건강 유해성 물질로는 급성독성 물질, 피부부식성 또는 자극성 물질, 심한 눈 손상 또는 자극성 물질, 호흡기 과민성 물질, 피부 과민성 물질, 발암성 물질, 생식세포 변이원성 물질, 생식독성 물질, 특정표적 장기독성 물질(1회 노출), 특정표적 장기독성 물질(반복 노출), 흡인 유해성 물질이 있다. 그리고 환경 유해성 물질로는 수생환경 유해성 물질이 있다.

각 물질의 정의는 다음과 같다.

- **폭발성 물질**은 자체의 화학반응에 따라 주위 환경에 손상을 줄 수 있는 온도·압력 및 속도를 가진 가스를 발생시키는 고체·액체 또는 혼합물을 말한다. 다만 화공약품은 가스를 발생시키지 않더라도 폭발성 물질에 포함된다.
- **인화성 가스**는 20℃, 표준압력(101.3 kPa)에서 공기와 혼합하여 인화되는 범위에 있는 가스를 말한다.
- **인화성 액체**는 표준압력(101.3 kPa)에서 인화점이 60℃ 이하인 액체를 말한다.
- **인화성 고체**는 쉽게 연소되거나 마찰에 의하여 화재를 일으키거나 연소에 기여할 수 있는 고체를 말한다.
- **인화성 에어로졸**은 인화성 가스, 인화성 액체 및 인화성 고체 등 인화성 성분을 포함하는 에어로졸(자연발화성 물질, 자기발열성 물질 또는 물반응성 물질은 제외한다)을 말한다. 이때 “에어로졸(또는 에어로졸 분무기)”이란 재충전이 불가능한 금속·유리 또는 플라스틱 용기에 압축가스·액화가스 또는 용해가스를 충전하고, 내용물을 가스에 현탁시킨 고체나 액상 입자로, 액상 또는 가스상에서 포·페이스트·분말상으로 배출하는 분사장치를 갖춘 것을 말한다.
- **물반응성 물질**은 물과 상호작용에 의해 자발적으로 가연성이 되거나 또는 위험한 정도의 양으로 인화성 가스를 방출하는 고체물질, 액체물질 또는 이들 물질의 혼합물이다.

• **산화성 가스**는 일반적으로 산소를 공급함으로써, 다른 물질을 공기보다 더 잘 연소시키는 가스를 의미한다. "공기보다 다른 물질을 더 잘 연소시키거나 이에 기여하는 가스"란 ISO 10156 : 1996 또는 10156-2 : 2005에서 정의된 방법에 의해 산화력이 23.5%를 넘는 순수 가스 또는 혼합가스를 의미한다.

• **산화성 액체**는 그 자체로 가연성이 아닌 경우로, 일반적으로 산소를 발생하여 다른 물질을 연소시키는 액체를 의미한다.

• **산화성 고체**는 그 자체로 가연성이 아닌 경우로, 일반적으로 산소를 발생하여 다른 물질을 연소시키는 고체를 의미한다.

• **고압가스**는 20℃, 200 kPa 이상의 압력 하에서 용기에 충전되어 있는 가스 또는 액화되거나 냉동 액화된 가스를 말한다.

• **자기반응성 물질**은 비록 산소의 관여가 없더라도 강한 발열 분해과정을 겪기 쉬운, 열역학적으로 불안정한 액체, 고체 또는 혼합물(폭발성 물질, 유기과산화물 또는 산화성 물질은 제외)을 의미한다.

• **자연발화성 액체**는 적은 양으로도 공기와 접촉하여 5분 안에 발화할 수 있는 액체를 말한다.

• **자연발화성 고체**는 적은 양으로도 공기와 접촉하여 5분 안에 발화할 수 있는 고체를 말한다.

• **자기발열성 물질**은 에너지 공급 없이 공기와 반응하여, 스스로 열을 내는 고체물질 또는 액체물질(자연발화성물질은 제외)을 의미한다. 이러한 물질은 단지 많은 양(kg)으로 장시간(시간 또는 일) 노출 시에 발화되기 때문에, 자연발화성 액체 또는 고체와 다르다.

• **유기과산화물**은 2가의 －O－O－ 구조를 포함하는 액체물질, 고체물질 또는 이들의 혼합물로서, 과산화수소의 수소원자 1개 또는 2개가 유기라디칼로 대체된 과산화수소 유도체로 간주될 수 있다.

• **금속부식성 물질**은 화학적인 작용으로 금속에 손상 또는 부식을 일으키는 물질 또는 그 혼합물을 말한다.

• **급성독성 물질**은 입 또는 피부를 통하여 1회 또는 24시간 이내에 수회로 나누어 투여되거나 호흡기를 통하여 4시간 동안 노출 시 유해한 영향을 나타내는 물질을 말한다.

• **피부 부식성/피부 자극성 물질** 피부 부식성 물질은 피부에 비자극적인 손상, 즉 피부의 표피부터 진피까지 육안으로 식별 가능한 괴사를 일으키는 물질을 말하며(전형적으로 궤양, 출혈, 혈가피가 나타난다), 피부 자극성은 회복 가능한 피부 손상을 일으키는 물질을 말한다.

표 9.3 화학물질별 그림문자

	• 인화성 가스, 액체, 고체, 에어로졸, 물반응성 • 자기반응성 B～F, 자연발화성 액체, 고체 • 자기 발열성, 유기과산화물 B～F		• 산화성 가스 • 산화성 액체 • 산화성 고체
	• 폭발성 • 자기반응성 A～B • 유기과산화물 A～B		• 금속 부식성, 눈 손상 · 자극성 • 피부 부식성 · 자극성, 피부 과민성
	• 고압가스		• 수생환경독성(급성, 만성)
	• 발암성, 생식독성, 생식세포변이원성 • 표적장기전신독성, 호흡기 과민성 • 흡인 유해성		• 급성독성(경구) • 급성독성(경피) • 급성독성(흡입)
	• 경고 • 급성 독성 우려물질, 피부 부식성 또는 자극성 우려물질 • 심한 눈손상 또는 자극성 우려물질, 피부 과민성 우려물질 • 특정표적장기 독성 우려 물질		

• **심한 눈 손상성/눈 자극성 물질** 심한 눈 손상성 물질은 눈 전방 표면에 접촉하면 눈 조직 손상 또는 시력 저하 등이 나타나 21일 이내에 완전히 회복되지 않는 물질을 말하며, 눈 자극성 물질은 눈 전방 표면에 접촉하여 눈에 생긴 변화가 21일 이내에 완전히 회복되는 물질을 말한다.

• **호흡기 과민성 물질**은 호흡기를 통해 흡입되어 기도에 과민반응을 일으키는 물질을 말한다.

• **피부 과민성 물질**은 피부 접촉 후 알레르기 반응을 일으키는 물질을 의미한다.

• **발암성 물질**은 암을 일으키거나 그 발생을 증가시키는 성질을 가진 물질을 말한다.

• **생식세포 변이원성 물질**은 자손에게 유전될 수 있는 사람의 생식세포에서 유전물질의 양 또는 구조에 영구적인 변화를 일으키는 성질을 가진 물질을 말한다. 눈으로 확인 가능한 유전학적인 변화와 DNA 수준에서의 변화 모두를 포함한다.

• **생식독성 물질**은 생식기능 및 생식능력에 대한 유해영향을 일으키거나 태아의 발생·발육에 유해한 영향을 주는 성질을 말한다. 생식기능 및 생식능력에 대한 유해영향이란 생식기능 및 생식능력에 대한 모든 영향 즉, 생식기관의 변화, 생식가능 시기의 변화, 생식체의 생성 및 이동, 생식주기, 성적 행동, 수태나 분만, 수태결과, 생식기능의 조기노화, 생식계에 영향을 받는 기타 기능들의 변화 등을 포함한다. 태아의 발생·발육에 유해한 영향은 출생 전 또는 출생 후에 태아의 정상적인 발생을 방해하는 모든 영향 즉, 수태 전 부모의 노출로부터 발생 중인 태아의 노출, 출생 후 성숙기까지의 노출에 의한 영향을 포함한다.

• **특정표적 장기독성** - 1회 노출은 1회 노출에 의하여 급성독성, 피부 부식성/피부 자극성, 심한 눈 손상성/눈 자극성, 호흡기 과민성, 피부 과민성, 생식세포 변이원성, 발암성, 생식독성, 흡인 유해성 이외의 특이적이며, 비치사적으로 나타나는 특정표적장기의 독성을 말한다.

• **특정표적 장기독성** - 반복 노출은 반복 노출에 의하여 급성 독성, 피부 부식성/피부 자극성, 심한 눈 손상성/눈 자극성, 호흡기 과민성, 피부 과민성, 생식세포 변이원성, 발암성, 생식독성, 흡인 유해성 이외의 특이적이며 비치사적으로 나타나는 특정표적장기의 독성을 말한다.

• **흡인 유해성**은 액체나 고체 화학물질이 직접적으로 구강이나 비강을 통하거나 간접적으로 구토에 의하여 기관 및 하부호흡기계로 들어가 나타나는 화학적 폐렴, 다양한 단계의 폐 손상 또는 사망과 같은 심각한 급성 영향을 말한다.

• **수생환경 유해성**은 급성 수생환경 유해성이란 단기간의 노출에 의해 수생환경에 유해한 영향을 일으키는 유해성을 말하며, 만성 수생환경 유해성이란 수생생물의 생활주기에 상응하는 기간 동안 물질 또는 혼합물을 노출시켰을 때 수생생물에 나타나는 유해성을 말한다.

2.2 경고표지의 부착 방법

① 경고표지는 유해·위험정보가 명시된 한글경고표지를 부착한다.
단, 실험실에서 시험·연구 목적으로 사용하는 시약으로서 외국어로 작성된 경우와 수출하기 위하여 저장 또는 운반 중에 있는 완제품은 경고표지를 부착하지 않을 수 있다.

② 국제연합(UN)의 「위험물 운송에 관한 권고」에서 정한 유해·위험성 물질을 포장에 표시하는 경우에는 「위험물 운송에 관한 권고」에 따라 표시할 수 있다.

③ 포장하지 않는 드럼 등의 용기는 국제연합(UN)의 「위험물 운송에 관한 권고」에 따라 표시를 한 경우에는 경고표지에 해당 그림문자를 표시하지 아니할 수 있다.

④ 용기 및 포장에 경고표지를 부착하거나 경고표지의 내용을 인쇄하는 방법으로 표시하

는 것이 곤란한 경우에는 경고표지를 인쇄한 꼬리표를 달 수 있다.

⑤ 대상 화학물질을 사용・운반 또는 저장하고자 하는 사업주는 경고표지의 유무를 확인하여야 하며, 경고표지가 없는 경우에는 경고표지를 부착하여야 한다.

⑥ ⑤에 따른 사업주는 대상 화학물질의 양도・제공자에게 경고표지의 부착을 요청할 수 있다.

2.3 경고표지의 작성 방법

① 명칭은 해당 대상 화학물질의 명칭을 사용하고 반드시 MSDS상의 제품명과 같은 명칭을 사용한다.

② 그림문자는 화학물질의 분류에 따라 유해・위험의 내용을 나타내는 그림을 사용하고 해당 그림문자가 5개 이상인 경우 4개만 선택하여 표시가 가능하다.

③ 신호어는 유해・위험의 심각성 정도에 따라 표시하는 "위험" 또는 "경고" 문구를 말하며 해당물질이 "위험"과 "경고"에 모두 해당하는 경우 "위험"만 표시할 수 있다.

④ 유해・위험 문구(H-code)는 화학물질의 분류에 따라 유해・위험을 알리는 문구로서 해당문구를 모두 기재하되 중복 문구는 생략할 수 있고 유사 문구는 조합하여 사용이 가능하다.

⑤ 예방조치 문구(P-code)는 화학물질에 노출되거나 부적절한 저장・취급 등으로 발생하는 유해・위험을 방지하기 위하여 알리는 주요 유의사항으로서 해당 문구가 7개 이상인 경우 예방・대응・저장・폐기의 내용 중 각 1개 이상을 포함하여 6개만 표시가 가능하다.

⑥ 공급자 정보는 대상 화학물질의 제조자 또는 공급자의 이름 및 전화번호 등을 기재한다.

⑦ 용기나 포장의 용량이 100 mL 이하인 경우에는 경고표지에 명칭, 그림문자, 신호어를 표시하고, 그 외의 내용은 MSDS를 참고하도록 표시가 가능하다.
단, 용기나 포장에 공급자 정보가 없는 경우에는 공급자 정보를 표시하여야 한다.

⑧ 사업장에서 자체적으로 사용하기 위하여 만든 반제품 용기에는 유해・위험의 정도에 따른 "위험" 또는 "경고"의 문구만 표시가 가능하다. 단, 이 경우 보관・저장장소의 작업자가 쉽게 볼 수 있는 위치에 경고표지를 부착하거나 MSDS를 게시하여야 한다.

⑨ "해골과 X자형 뼈"와 "감탄부호(!)"의 그림문자에 모두 해당되는 경우에는 "해골과 X자형 뼈"의 그림문자만을 표시한다.

⑩ 피부 부식성 또는 심한 눈 손상성 그림문자와 피부 자극성 또는 눈 자극성 그림문자에 모두 해당되는 경우에는 피부 부식성 또는 심한 눈 손상성 그림문자만을 표시한다.

⑪ 호흡기 과민성 그림문자와 피부 과민성, 피부 자극성 또는 눈 자극성 그림문자에 모두 해당되는 경우에는 호흡기 과민성 그림문자만을 표시한다. 5개 이상의 그림문자에 해당되는 경우에는 4개의 그림문자만을 표시할 수 있다.

2.4 경고표지의 양식 및 규격

경고표지의 양식은 표 9.4와 같다.

표 9.4 경고표지 양식

(명 칭)

(신 호 어)

(그림문자 예시)

유해 · 위험 문구 :

예방조치 문구 :

공급자 정보 :

경고표지의 규격은 표 9.5와 같다.

개별 그림문자는 인쇄 또는 표찰 규격의 40분의 1이어야 하고 그림문자의 크기는 최소한 0.5 cm^2 이상이어야 한다.

표 9.5 용기 또는 포장의 용량별 인쇄 또는 표찰의 크기

용기 또는 포장의 용량	인쇄 또는 표찰의 규격
용량 ≥ 500 L	450 cm^2 이상
200 L ≤ 용량 < 500 L	300 cm^2 이상
5 L ≤ 용량 < 200 L	180 cm^2 이상
5 L ≤ 용량 < 50 L	90 cm^2 이상
용량 < 5 L	용기 또는 포장의 상하면적을 제외한 전체 표면적의 5% 이상

2.5 경고표지의 색상

경고표지의 색상은 다음과 같이 한다.

① 경고표지 전체 바탕 : 흰색(포장・용기의 표면을 바탕색으로 사용 가능)
② 글씨와 테두리 : 검정색(바탕색이 검정색에 가까운 경우 대비색상으로 표시)
③ 그림문자에서 유해성・위험성을 나타내는 그림(심벌) : 검은색
④ 그림문자의 테두리 : 빨간색(바탕색과 구분이 어려운 경우 바탕색의 대비색상)
⑤ 그림문자의 바탕 : 흰색 경고표지의 색상 및 위치

2.6 경고표시의 인정

다음의 경우는 경고표시를 한 것으로 인정한다.

①「화학물질관리법」 제16조에 따른 유해화학물질에 관한 표시
②「위험물안전관리법」 제20조 제1항에 따른 위험물의 운반용기에 관한 표시
③「고압가스안전관리법」 제11조의 2에 따른 용기 등의 표시
④「위험물 선박운송 및 저장 규칙」 제6조 제1항 및 같은 규칙 제26조 제1항에 따른 표시(같은 규칙 제26조 제1항에 따라 해양수산부장관이 고시하는 수입물품에 대한 표시는 최초의 사용 사업장으로 반입되기 전까지만 해당한다)
⑤「항공법 시행규칙」 제188조에 따른 국제민간항공기구에서 정한 위험물 항공운송에 관한 기술상의 기준에 따른 표시(수입물품에 대한 표시는 최초의 사용 사업장으로 반입되기 전까지만 해당한다)

2.7 경고표지의 작성 제외

다음의 경우는 경고표지 작성을 제외한다.

① 유해・위험성 물질이 1% 미만 함유한 제제(발암성 물질은 0.1% 미만)

② 고형화된 완제품으로서 취급 근로자가 작업 시 그 제품과 그 제품에 포함된 대상 화학물질에 노출될 우려가 없는 제제(발암성 물질인 경우는 GHS 대상). 예를 들면 노트북 밧데리 내의 형성물질은 경고표지를 작성하지 않아도 된다.

③ 의약품, 화장품, 식품, 사료, 농약, 비료, 방사성 물질, 화약, 폐기물

④ 일반소비자 제품

2.8 관리 사례

① MSDS의 경우 제공의 주체가 아닌 안전보건공단의 자료를 다운 받아 보관하는 경우가 많은데 MSDS는 화학물질을 제공받은 자로부터 관련 자료를 받아 보관 및 비치하는 것이 맞다.

② 경고표지의 경우 흑백 인쇄를 하여 게시하는 경우가 있다. 경고표지는 그림문자 등에 대한 작성 기준이 있으므로 작성기준을 준용하여 작성된 표지를 게시하여야 한다.

③ 경고표지의 크기도 규정되어 있는 대로 작성하여 게시하는 것이 맞다.

Reference

1. 화학물질의 분류・표시 및 물질안전보건자료에 관한 기준. 고용노동부. 2016-19호
2. 혼합물의 물질안전보건자료 작성실무. 안전보건공단. 1996
3. 물질안전보건자료 작성실무. 안전보건공단. 1997
4. 작업환경측정 및 물질안전보건자료 제도안내. 고용노동부. 1998
5. 작업환경관리. 박종안 외. 동화기술, 1999
6. 산업독성학. 김오식. 동화기술. 1990
7. 환경독성학. 박형숙. 동화기술. 2009
8. 고독성(CMR) 화학물질 관리강화 방안. 안전보건공단. 2014
9. 산업위생관리 기술사. 서영민 외. 성안당. 2018
10. 알기 쉬운 MSDS 작성 지침서. 안전보건공단. 2009
11. 유기용제취급사업장 작업환경 관리 지침. 안전보건공단. 1996
12. 수은백서. 고려대학교 환경의학연구소. 2003
13. 산업중독편람. 정규철. 신광출판사. 1995
14. Toxicology, 2nd. ed. Casaret and Dollull. 1980
15. Hazard communication Handbook. James T. Dufour. et al. 1985
16. Toxic Air Pollution. P.J. Lioy, J.M. Daisey. 1987

제10장

위험성평가

위험성평가는 작업장의 위험한 요소를 먼저 찾아내고 사전에 그것이 어느 정도의 위험성을 가지고 있는가를 평가하여 결과에 따라서 대책을 세워 조치하는 산업보건 개선활동을 말한다. 위험성평가의 목적은 사고를 미연에 방지하는 데 있다.

산업안전보건법에는 사업주가 스스로 사업장의 유해·위험요인에 대한 실태를 파악하여 이를 평가하고 관리·개선하는 등 필요한 조치를 할 수 있도록 지원하기 위하여 위험성평가 방법, 절차, 시기 등에 대한 기준을 제시하고, 위험성평가 활성화를 위한 시책의 운영 및 지원 사업 등에 필요한 내용을 규정하고 고시로서 2012년 9월에 사업장 위험성평가에 관한 지침이 고시되어 있으며 위험성평가의 효과는 다음과 같다.

① 사후조치로서의 동종 재해의 재발 방지로 대처할 수 없었던 산업재해와 건강장애를 미연에 방지하는 대책을 마련하는 것이 가능해진다.
② 작업장의 유해·위험성을 찾아낼 수 있다.
③ 작업장의 유해·위험성에 대한 인식을 구성원 전체가 공유할 수 있다.
④ 대책에 대해 합리적인 방법으로 우선 순위를 결정할 수 있다.
⑤ 작업장 전원이 참가하는 것에 의해 위험에 대한 감수성이 높아진다.
⑥ 위험의 관리 노하우가 학습되어지고 승계된다.
⑦ 법령의 준수도가 제고된다.

1 선진 외국의 위험성평가 제도 도입 현황

위험성평가는 미국의 손해보험 회사에서 손해보험 금액을 산출하기 위하여 도입이 된 것이 최초이다. 그 후 많은 발전을 거쳐 현재에 이르고 있는데 그 역사를 요약하면 다음과 같다.

- 위험성평가 개념은 유럽에서 35년 전부터 도입이 됨
- 1982년의 세베소 지침에서 위험성평가의 발상이 시작됨
- 1989년 「안전보건 기본지침」(89/391/EEC)을 채택(기본 지침에는 사업주에게 위험성평가 실시에 대한 의무가 부과되는 내용이 포함되었고 EU 각국에 위험성평가가 본격적으로 보급됨)
- 1990년대 후반 이후부터 ISO, IEC, OSHAS 등 국제기구에서 국제안전 규격의 기준으로 정함
- 2006년 일본은 노동안전위생법을 개정하여 위험성평가의 실시가 노력의무로 규정됨
- 2009년에 우리나라는 산업안전보건법을 개정하여 사업주의 위험성평가 실시에 대한 법적 근거를 마련함
- 2012년 9월 26일에 고용노동부 고시로 사업장 위험성평가에 관한 지침(제2012-104호)이 제정되고 그 후 5차례에 걸쳐 개정되어 현재에 이름

2 위험성평가의 법적 근거

위험성평가 실시의 법적 근거는 산업안전보건법 제41조의 2(위험성평가)에 근거한다. 법에는 “사업주는 건설물, 기계・기구, 설비, 원재료, 가스, 증기, 분진 등에 의하거나 작업행동, 그 밖에 업무에 기인하는 유해・위험요인을 찾아내어 위험성을 결정하고, 그 결과에 따라 이 법과 이 법에 따른 명령에 의한 조치를 하여야 하며, 근로자의 위험 또는 건강장해를 방지하기 위하여 필요한 경우에는 추가적인 조치를 하여야 한다”라고 되어 있는데 여기에서 건설물, 기계, 기구, 설비가 안전부분에 대한 위험성평가를 말하고 원재료, 가스, 증기, 분진 등에 대한 부분이 산업보건 분야에 대한 위험성평가를 말한다.

3 위험성평가와 유사제도와의 관계

사업주가 산업안전보건법에서 정한 다음의 제도를 실시한 경우는 위험성평가를 실시한 것으로 인정한다. 관련 제도의 일부만 적용하여 실시한 경우에는 적용부분을 제외한 나머지 부분에 대한 위험성평가를 실시하여야 한다.

표 10.1 위험성평가와 유사제도와의 관계

구 분	관련 규정	제도 개요	관련범위(참고)
안전·보건진단	법 제47조	장관의 명령 또는 자체적으로 지정기관의 진단을 받아 개선 (명령에 의한 경우는 이행실태를 확인)	위험성평가 방법과 절차를 적용하여 실시한 안전·보건진단에 포함된 범위는 위험성평가 실시로 인정
공정안전보고서(PSM)	법 제44조	사업주가 누출·화재·폭발 등 중대산업사고 예방계획을 작성하고 이행 (정부는 주기적으로 확인하고 차등관리)	공정안전보고서 심사·확인을 필한 공정 및 설비, 공장 등에 대하여 위험성평가 실시 인정 - 최대 4년 범위 이내에서 정기적으로 공정위험성평가서 작성 필요
근골격계 부담작업 유해요인 조사	안전보건규칙 제12장 (제657조~제662조)	근골격계부담작업에 대해 사업주가 작업장 상황, 작업조건, 근골격계질환 징후와 증상 유무 등을 주기적으로 조사하고, 그 결과에 따라 작업환경 개선 (정부는 감독 등을 통해 이행실태 확인)	유해요인 조사를 실시한 근골격계 부담작업 범위(공정)에 대하여 위험성평가 실시 인정
안전보건 경영체제 구축	법 제8조 제1항	사업주가 스스로 위험성평가, 시스템구축 등의 산재예방노력을 통해 안전보건 경영체제 구축 [인정(인증)기관은 신청 사업장의 수준을 확인하고 인정(인증)]	인정(인증)유효기간 동안 위험성평가 실시 인정

4 위험성평가의 절차

위험성평가는 <1단계> 사전준비, <2단계> 유해·위험요인 파악, <3단계> 위험성 추정, <4단계>위험성 결정, <5단계> 위험성 감소대책 수립 및 실행하는 일련의 과정을 말한다. 위험성평가는 일회성이 아니기 때문에 완료의 개념이 아니며 위험성이 허용 가능한 수준이 될 때까지 위 순서를 반복하여야 한다. 개선의 진행 방법인 P(Plan), D(Do), C(Check), A(Action)의 진행 절차이다.

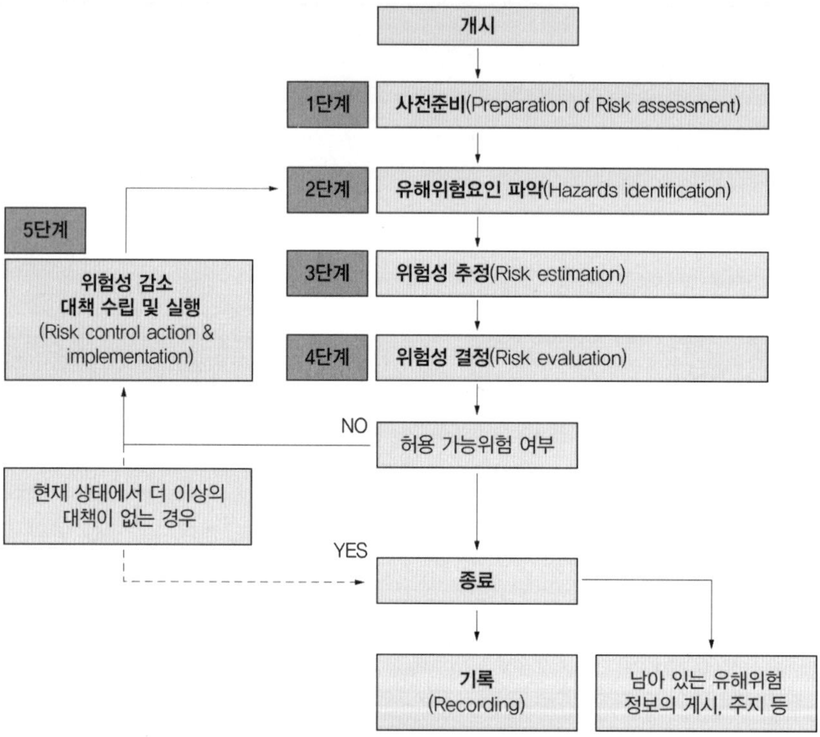

그림 10.1 위험성평가 진행 절차

• 1단계 : 사전준비

사업주는 위험성평가를 효과적으로 실시하기 위하여 평가의 목적 및 방법 평가담당자 및 책임자의 역할, 평가시기 및 절차, 주지방법 및 유의사항, 결과의 기록·보존의 내용이 포함된 위험성평가 실시규정을 작성하고, 지속적으로 관리하여야 한다.

위험성평가는 과거에 산업재해가 발생한 작업, 위험한 일이 발생한 작업 등 근로자의 근로에 관계되는 유해·위험요인에 의한 부상 또는 질병의 발생에 대하여 예상이 가능한 사항은 모두 위험성평가의 대상으로 한다. 하지만 매우 경미한 부상 또는 질병을 초래하는 경우는 대상에서 제외할 수 있다.

사업주는 작업표준, 작업절차 등에 관한 정보, 기계·기구, 설비 등 사양서, 물질안전보건자료(MSDS) 등 유해·위험요인에 관한 정보, 기계·기구, 설비 등의 공정 흐름과 작업 주변의 환경에 관한 정보, 사업의 일부 또는 전부를 도급을 주어 행하는 작업이 있는 경우 혼재 작업의 위험성 및 작업 상황 등에 관한 정보, 재해사례, 재해통계 등에 관한 정보, 작업환경측정결과, 근로자 건강진단결과에 관한 정보와 그 밖에 위험성평가에 참고가 되는 자료 등 사업장 안전보건정보를 사전에 조사하여 위험성평가에 활용하여야 한다.

• 2단계 : 유해·위험요인 파악

사업주는 유해·위험요인을 파악함에 있어서 업종, 규모 등 사업장 실정에 따라 사업장 순회점검에 의한 방법, 청취조사에 의한 방법, 안전보건 자료에 의한 방법, 안전보건 체크리스트에 의한 방법 또는 그 밖의 사업장의 특성에 적합한 방법 중에 선택하여 유해·위험요인을 파악하여야 한다.

• 3단계 : 위험성 추정

사업주는 유해·위험요인을 파악하여 사업장 특성에 따라 부상 또는 질병으로 이어질 수 있는 가능성 및 중대성의 크기를 추정하고 다음의 방법 중에서 선택하여 위험성을 추정하여야 한다.

① 가능성과 중대성을 행렬을 이용하여 조합하는 방법
② 가능성과 중대성을 곱하는 방법
③ 가능성과 중대성을 더하는 방법
④ 그 밖에 사업장의 특성에 적합한 방법

앞의 방법에 따라 위험성을 추정할 경우에는 다음의 사항을 유의하여야 한다.

① 예상되는 부상 또는 질병의 대상자 및 내용을 명확하게 예측할 것
② 최악의 상황에서 가장 큰 부상 또는 질병의 중대성을 추정할 것
③ 부상 또는 질병의 중대성은 부상이나 질병 등의 종류에 관계없이 공통의 척도를 사용하며, 기본적으로 부상 또는 질병에 의한 요양기간 또는 근로손실 일수 등을 척도로 사용할 것
④ 유해성이 입증되어 있지 않은 경우에도 일정한 근거가 있는 경우에는 그 근거를 기초로 하여 유해성이 존재하는 것으로 추정할 것
⑤ 기계·기구, 설비, 작업 등의 특성과 부상 또는 질병의 유형을 고려할 것

- 4단계 : 위험성 결정

사업주는 유해·위험요인별 위험성 추정 결과와 사업장 자체적으로 설정한 허용 가능한 위험성 기준을 비교하여 해당 유해·위험요인별 위험성의 크기가 허용 가능한지 여부를 판단하여야 한다.

- 5단계 : 위험성 감소대책 수립 및 실행

① 사업주는 위험성을 결정한 결과 허용 가능한 위험성이 아니라고 판단되는 경우에는 위험성의 크기, 영향을 받는 근로자 수 및 위험한 작업의 폐지·변경, 유해·위험물질 대체 등의 조치 또는 설계나 계획 단계에서 위험성을 제거 또는 저감하는 조치, 연동장치, 환기장치 설치 등의 공학적 대책, 사업장 작업절차서 정비 등의 관리적 대책과 개인용 보호구의 사용의 순서로 위험성 감소를 위한 대책을 수립하여 실행하여야 한다. 이 경우 법령에서 정하는 사항과 그 밖에 근로자의 위험 또는 건강장해를 방지하기 위하여 필요한 조치를 반영하여야 한다.

② 사업주는 위험성 감소대책을 실행한 후 해당 내용의 위험성의 크기가 사전에 자체 설정한 허용 가능한 위험성의 범위인지 확인하여야 한다. 그리고 확인 결과, 위험성이 자체 설정한 허용 가능한 위험성 수준으로 내려오지 않는 경우에는 허용 가능한 위험성 수준이 될 때까지 추가의 감소대책을 수립·실행하여야 한다.

③ 사업주는 중대재해, 중대산업사고 또는 심각한 질병이 발생할 우려가 있는 위험성으로서 수립한 위험성 감소대책의 실행에 많은 시간이 필요한 경우에는 즉시 잠정적인 조치를 강구해야 하며 위험성평가를 종료한 후 남아 있는 유해·위험요인에 대해서는 게시, 주지 등의 방법으로 근로자에게 알려야 한다.

5 기록 및 보존

위험성평가의 실시내용을 확인하기 위하여 필요한 사항으로서 위험성평가를 위해 사전조사한 안전·보건정보와 그 밖에 사업장에서 필요하다고 정한 사항에 대하여 기록을 보존하여야 한다. 실시 시기별 위험성평가를 완료한 날부터 기산한다.

6 위험성평가의 실시 시기

(1) 위험성평가는 최초평가 및 수시평가, 정기평가로 구분하여 실시하여야 한다. 최초평가와 정기평가는 전체 작업을 대상으로 한다.

(2) 수시평가는 다음의 경우에 해당 계획의 실행을 착수하기 전에 실시하여야 한다.

① 사업장 건설물의 설치・이전・변경 또는 해체

② 기계・기구, 설비, 원재료 등의 신규 도입 또는 변경

③ 건설물, 기계・기구, 설비 등의 정비 또는 보수(주기적・반복적 작업으로서 정기평가를 실시한 경우에는 제외)

④ 작업방법 또는 작업절차의 신규 도입 또는 변경

⑤ 중대산업사고 또는 산업재해(휴업 이상의 요양을 요하는 경우에 한정한다) 발생 : 재해발생 작업을 대상으로 작업을 재개하기 전에 실시하여야 한다.

⑥ 그 밖에 사업주가 필요하다고 판단한 경우

(3) 정기평가는 최초평가 후 매년 정기적으로 실시한다.

① 기계・기구, 설비 등의 기간 경과에 의한 성능 저하

② 근로자의 교체 등에 수반하는 안전・보건과 관련되는 지식 또는 경험의 변화

③ 안전・보건과 관련되는 새로운 지식의 습득

④ 현재 수립되어 있는 위험성 감소대책의 유효성 등

7 정부의 책무

정부는 사업장 위험성평가가 효과적으로 추진되도록 하기 위하여 다음의 사항을 강구해야 한다.

① 정책의 수립・집행・조정・홍보

② 위험성평가 기법의 연구・개발 및 보급

③ 사업장 위험성평가 활성화 시책의 운영

④ 위험성평가 실시의 지원

⑤ 조사 및 통계의 유지・관리

⑥ 그 밖에 위험성평가에 관한 정책의 수립 및 추진

정부는 위의 사항 중 필요한 사항을 안전보건공단으로 하여금 수행하게 할 수 있다.

8 안전보건공단의 KRAS 시스템

사업장에서 사용하는 위험성평가의 기법은 4M, 체크리스트 방법, 사고예상 질문(What-If) 방법, 위험과 운전분석(HAZOP) 방법, 작업안전분석(JSA) 방법, 결함수 분석기법(FTA), 사건 수 분석기법(ETA), 원인결과 분석기법(CCA) 등이 있는데 사업장의 여건에 맞게 선택하여 사용하면 된다. 한편 안전보건공단에서는 사업장에서 시행하는 위험성평가를 지원하기 위해 KRAS (Korea Risk Assessment System)를 운영하고 있다.

KRAS는 위험성평가에 대한 컨설팅, 교육, 위험성평가 실시 및 인정심사에 대한 내용으로 구성되어 있다. 지원되는 내용 중 화학물질에 대한 위험성평가인 CHARM(Chemical Hazard Risk Assessment) 기법은 영국 HSE의 Control Banding 등 선진 외국의 위험성평가 기법을 참고하여 만들어졌다. 화학물질의 유해성과 노출실태를 기반으로 정성적 위험성평가 기법과 관리 대책을 인터넷으로 제공하는 온라인 프로그램이다.

9 화학물질 위험성평가(CHARM 기법을 중심으로)

[1단계 : 사전준비]

부서 또는 공정 단위로 화학물질의 위험성을 나타낼 수 있는 단위로 구분하고 조직도, 작업표준서, 작업환경측정 결과표 등의 자료를 준비하여 위험성평가에 활용할 수 있게 하고 MSDS, 특수건강진단 결과표, 화학물질 취급량 현황 등의 자료를 준비한다.

[2단계 : 유해·위험요인 파악]

사전준비 단계에서 수집한 자료를 단위작업 장소별로 취급화학물질을 목록화 작업을 한다.

공정	화학물질명 (상품명)	제조 또는 사용 여부	사용 용도	월취급량	유소견자 발생여부	MSDS 보유 (○,×)
옵셋 인쇄	유성잉크	사용	인쇄	30 kg	-	○
	크리놀	사용	세척	15l	-	○

[3단계 : 위험성 추정]

곱셈법 : 가능성과 중대성을 곱하는 방법

위험성(Risk) = 노출수준(가능성) × 유해성(중대성)

표 10.2 곱셈법에 의한 화학물질의 위험성 추정

노출수준(가능성) \ 유해성(중대성)		최대	대	중	소
	단계 \ 단계	4	3	2	1
최상	4	16	12	8	4
상	3	12	9	6	3
중	2	8	6	4	2
하	1	4	3	2	1

(1) 노출수준(가능성) 결정방법

"방법 1 → 방법 2 → 방법 3"의 우선 순위를 적용하여 노출수준을 결정한다.

표 10.3 화학물질의 노출수준(가능성) 결정방법

구 분	방법 1	방법 2	방법 3
평가기준	직업병 유소견자	작업환경측정결과	하루 취급량 및 비산성/휘발성 등
평가방법	직업병 유소견자가 발생한 경우 노출수준 = 4등급	노출수준*에 따라 4단계로 분류 * (측정결과/노출기준)×100	하루 취급량과 비산성/휘발성을 조합한 후 밀폐·환기상태를 반영하여 4단계로 분류

방법 1 직업병 유소견자 발생 여부 확인

특수건강진단 결과표를 확인하여 직업병 유소견자(D1)가 발생된 경우 노출수준을 4등급으로 결정한다.

◈ 직업병 유소견자(D1) 발생 : 노출수준(가능성) = 4등급(최상)

직업병 유소견자(D1)가 없는 경우에는 "방법2 또는 방법3"을 적용한다.

방법 2 작업환경측정결과 확인

화학물질별 측정결과를 활용하여 표 10.4와 같이 노출수준을 결정하고, 측정결과가 없는 경우 "방법 3"을 적용한다.

표 10.4 작업환경측정결과가 있는 화학물질의 노출수준(가능성)

구분	가능성	내 용
최상	4	화학물질(분진)의 노출수준이 100% 초과
상	3	화학물질(분진)의 노출수준이 50% 초과 ~ 100% 이하
중	2	화학물질(분진)의 노출수준이 10% 초과 ~ 50% 이하
하	1	화학물질(분진)의 노출수준이 10% 이하

※ 여기에서, 화학물질(분진)의 노출수준(%) $= \dfrac{\text{작업환경측정결과}}{\text{노출기준}(TWA)} \times 100$

방법 3 하루 취급량, 비산성/휘발성 및 밀폐·환기상태 확인

작업환경측정결과가 없는 경우에는 화학물질의 하루 취급량과 비산성 또는 휘발성을 조합한 후 밀폐·환기상태를 반영하여 노출수준을 결정한다.

① 하루 취급량 : 하루 동안 취급하는 유해화학물질 양의 단위에 따라 다음과 같이 분류한다.

표 10.5 하루 취급량 분류 기준

구분	3(대)	2(중)	1(소)
단위	ton, m^3 단위	kg, L 단위	g, mL 단위
하루 취급량	1ton 이상, $1m^3$ 이상	1,000 kg 미만~1 kg 이상 1,000 L 미만~1 L 이상	1,000g 미만 1,000 mL 미만

② 비산성 : 화학물질의 발생형태가 분진, 흄인 경우 다음과 같이 비산성을 분류한다.

표 10.6 비산성 분류기준

구분	비산성
3(고)	미세하고 가벼운 분말로 취급 시 먼지 구름이 형성되는 경우
2(중)	결정형 입상으로 취급 시 먼지가 보이나 쉽게 가라앉는 경우
1(저)	부스러지지 않는 고체로 취급 중에 거의 먼지가 보이지 않는 경우

③ 휘발성 : 화학물질 발생형태가 가스, 증기, 미스트 등인 경우 다음과 같이 휘발성을 분류한다.

표 10.7 휘발성 분류기준

구분	3(고)	2(중)	1(저)
사용(공정)온도가 상온(20℃)인 경우	끓는 점 < 50℃	50℃ ≤ 끓는점 ≤ 150℃	150℃ < 끓는점
사용(공정)온도(X)가 상온이외의 온도인 경우	끓는점 < (2X+10)℃	(2X+10)℃ ≤ 끓는점 ≤ (5X+50)℃	(5X+50)℃ < 끓는점

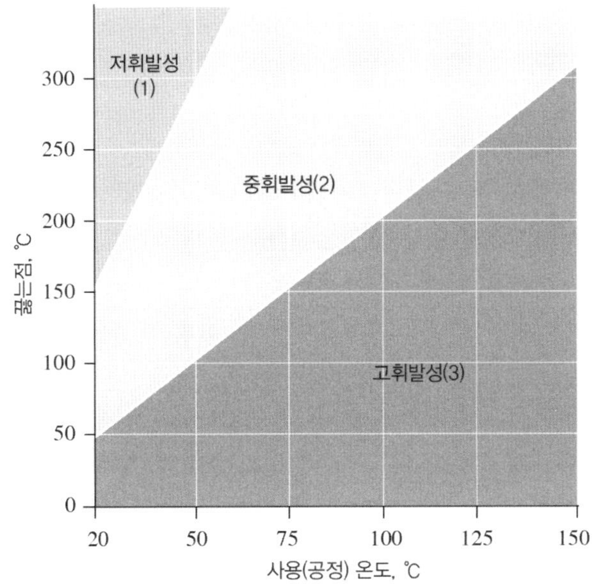

그림 10.2 끓는점과 사용(공정)온도에 따른 휘발성 분류그래프

④ ①에서 분류한 하루 취급량과 ② 또는 ③에서 분류한 비산성 또는 휘발성을 조합하여 다음과 같이 노출수준을 결정한다.

표 10.8 하루 취급량과 비산성/휘발성에 따른 노출수준

하루 취급량	비산성(분진, 흄 상태)			휘발성(액체, 가스 상태)		
	3(고)	2(중)	1(저)	3(고)	2(중)	1(저)
3(대)	4	4	2	4	3	2
2(중)	3	3	2	3	3	2
1(소)	2	1	1	2	2	1

⑤ 화학물질을 사용하는 작업장의 밀폐・환기상태를 다음과 같이 분류한다.

표 10.9 밀폐・환기상태 분류기준

구분	밀폐·환기상태
2(매우 양호)	원격조작·완전밀폐
1(양호)	국소배기장치 설치

⑥ 최종 노출수준은 ④ 에서 결정된 노출수준에 ⑤ 의 밀폐・환기상태를 고려하여 최종 노출수준을 결정하되 최소값은 1등급을 적용한다.

◈ 최종 노출수준(가능성) = 노출수준(④) − 밀폐・환기상태(⑤)

(2) 유해성(중대성) 결정방법

"방법 1 → 방법 2 → 방법 3"의 우선 순위를 적용하여 유해성을 결정한다.

표 10.10 화학물질의 유해성(중대성) 결정방법

구 분	방법 1	방법 2	방법 3
평가기준	CMR(1A, 1B, 2) 물질	노출기준	위험문구(R-phrase) /유해·위험문구(H-code)
평가방법	CMR 물질인 경우 유해성 = 4등급	노출기준값에 따라 4단계 분류	위험문구/유해·위험문구에 따라 4단계 분류

※ CMR : 발암성(Carcinogenicity), 생식세포 변이원성(Mutagenicity), 생식독성(Reproductive toxicity)

방법 1 CMR 물질(1A, 1B, 2) 해당여부 확인

고용노동부고시 제2016-41호(2016.8.22) [별표 1] 및 물질안전보건자료 (MSDS)를 확인하여 해당 화학물질이 발암성, 생식세포 변이원성 및 생식독성(CMR) 물질에 해당하는 경우 유해성을 4등급으로 결정한다.

◈ CMR 물질(1A, 1B, 2)에 해당 : 유해성(중대성) = 4등급(최대)

CMR 물질에 해당하지 않는 경우 "방법 2 또는 방법 3"을 적용한다.

방법 2 화학물질의 노출기준 확인

노출기준이 설정되어 있는 화학물질은 발생형태(분진 또는 증기)에 따라 노출기준을 적용하여 다음과 같이 유해성을 결정한다.

표 10.11 노출기준에 따른 화학물질의 유해성(중대성)

구분	중대성	노출기준	
		발생형태 : 분진	발생형태 : 증기
최대	4	0.01 mg/m^3 이하	0.5 ppm 이하
대	3	0.01~0.1 mg/m^3 이하	0.5~5 ppm 이하
중	2	0.1~1 mg/m^3 이하	5~50 ppm 이하
소	1	1~10 mg/m^3 이하	50~500 ppm 이하

단시간노출기준(STEL) 또는 최고노출기준(C)만 규정되어 있는 화학물질이나 노출기준이 10 mg/m^3(분진) 또는 500 ppm(증기)을 초과하는 경우, 노출기준이 미설정되어 있는 경우에는 "방법 3"을 적용한다.

방법 3 MSDS의 위험문구 또는 유해 · 위험문구 확인

물질안전보건자료(MSDS)의 위험문구(R-phrase) 또는 유해 · 위험문구(H-code)를 활용하여 다음과 같이 유해성을 결정한다.

표 10.12 위험문구/유해 · 위험문구에 따른 화학물질의 유해성(중대성)

등급		EU 위험문구(R-phrase)	GHS 유해 · 위험문구(H-code)	비고
최대	4(E)	Muta cat 3 R40, R42, R42/43, R45, R46, R49	H340, H341, H350, H334	생식세포 변이원성 1A, 1B, 2, 발암성 1A, 1B, 호흡기 과민성 1
	4(D)	R26, R26/27, R26/27/28, R26/28, R27, R27/28, R28, Carc cat 3 R40, R48/23, R48/23/24, R48/23/24/25, R48/23/25, R48/24, R48/24/25, R48/25, R60, R61, R62, R63	H300, H310, H330, H304, H370, H372, H351, H360, H361	급성 독성(경구, 경피, 흡입) 1, 2 흡인 유해성 1 특정표적장기독성(1회 노출, 반복 노출) 1 발암성 2 생식독성 1A, 1B, 2
대	3(C)	R23, R23/24, R23/24/25, R23/25, R24, R24/25, R25, R34, R35, R36/37, R36/37/38, R37, R37/38, R41, R43, R48/20, R48/20/21, R48/20/21/22, R48/20/22, R48/21, R48/21,22/ R48/22	H301, H311, H331 H314, H318, H371, H373, H335, H317	급성 독성(경구, 경피, 흡입) 3 피부 부식성/피부 자극성 1 심한 눈 손상성/눈 자극성 1 특정표적장기 독성(1회 노출, 반복 노출) 2 특정표적장기 독성(1회 노출)3(호흡기계 자극) 피부 과민성 1

등급		EU 위험문구(R-phrase)	GHS 유해·위험문구(H-code)	비고
중	2(B)	R20, R20/21, R20/21/22, R20/22, R21, R21/22, R22	H302, H312, H332, H305	급성 독성(경구, 경피, 흡입) 4 흡인 유해성 2
소	1(A)	R36, R36/38, R38, 2~4등급에 분류되지 않은 기타 위험문구	H315, H319, H362, H336 2~4등급에 분류되지 않은 기타 유해·위험문구	피부 부식성/피부 자극성 2 심한 눈 손상성/눈 자극성 2 생식독성(수유독성) 특정표적장기 독성(1회 노출) 3(마취작용) 2~4등급에 분류되지 않은 기타 유해성·위험성 분류

(3) 행렬(Matrix)법 : 가능성과 중대성을 행렬을 이용하여 조합하는 방법

표 10.13 행렬법에 의한 화학물질의 위험성 추정(예시)

유해성(HL) / 노출수준(EL)		최대 A	대 B	중 C	소 D	최소 E
최상	5	V	V	IV	IV	III
상	4	V	IV	IV	III	II
중	3	IV	IV	III	III	II
하	2	IV	III	III	II	II
최하	1	III	II	II	II	I

※ 숫자의 값이 클수록 위험성 저감대책의 우선도가 높음

가. 노출수준(가능성, EL) 결정방법

작업환경 수준(ML)을 추정하고 거기에 작업시간 · 작업빈도 수준(FL)을 조합하여 노출수준(EL)을 분류한다.

① 작업환경 수준(ML) : 화학물질 등의 취급량, 휘발성 · 비산성, 작업장의 환기 상황 등에 따라 점수를 주어, 그 점수를 가감한 합계에 근로자의 의복, 손과 발, 보호구에 대상 화학물질이 오염되어 있는 것을 볼 수 있는 경우에는 1점을 수정 점수로 더하여 다음과 같이 작업환경 수준을 추정한다.

표 10.14 작업환경 수준(ML) 추정기준

작업환경 수준(ML)	최고(a)	고(b)	중(c)	저(d)	최저(e)
A + B − C + D	6, 5	4	3	2	1~(−2)

※ A(취급량 점수)+B(휘발성 · 비산성 점수)−C(환기 점수)+D(수정 점수)

여기에서, A부터 D까지의 점수를 부여하는 방법은 다음과 같다

㉮ A : 취급량 점수

구 분		기 준
3	대	ton, kL 단위로 재는 정도의 양
2	중	kg, L 단위로 재는 정도의 양
1	소	g, mL 단위로 재는 정도의 양

㉯ B : 휘발성 · 비산성 점수

구 분		기 준
3	고	끓는점 50℃ 미만/미세하고 가벼운 분진이 발생하는 것
2	중	끓는점 50~150℃/결정성 입자로 즉시 침강하는 것
1	저	끓는점 150℃ 초과/작은 구형, 박편 모양, 덩어리 형태

㉰ C : 환기 점수

구 분		기 준
4	매우 양호	원격조작·완전 밀폐
3	양호	국소배기
2	보통	전체 환기·옥외 작업
1	미흡	환기 없음

㉱ D : 수정 점수

구 분		기 준
1	오염	근로자의 의복, 손과 발, 보호구에 대상화학물질이 오염되어 있는 것을 볼 수 있는 경우
0	비오염	근로자의 의복, 손과 발, 보호구에 대상화학물질이 오염되어 있는 것을 볼 수 없는 경우

② 작업시간 · 작업빈도 수준(FL) : 근로자가 해당 작업장에서 해당 화학물질 등에 노출되는 연간 작업 시간을 고려하여 다음과 같이 작업빈도를 추정한다.

표 10.15 작업시간 · 작업빈도 수준(FL) 추정기준

작업시간·작업빈도 수준(FL)	최상(ⅴ)	상(ⅳ)	중(ⅲ)	하(ⅱ)	최하(ⅰ)
연간 작업시간	400시간 초과	100~400 시간	25~100 시간	10~25 시간	10시간 미만

③ 노출수준(EL) : 작업환경 수준(ML)과 작업시간 · 작업빈도 수준(FL)을 조합하여 다음과 같이 노출수준(EL)을 분류한다.

표 10.16 화학물질의 노출수준(가능성, EL) 분류기준

작업환경(ML) / 작업빈도(FL)	최고(a)	고(b)	중(c)	저(d)	최저(e)
최상(ⅴ)	5	5	4	4	3
상(ⅳ)	5	4	4	3	2
중(ⅲ)	4	4	3	3	2
하(ⅱ)	4	3	3	2	2
최하(ⅰ)	3	2	2	2	1

나. 유해성(중대성, HL) 결정방법

화학물질에 대한 MSDS 자료, GHS 기준 등을 참고하여 유해성 등급을 A～E의 5단계로 분류한다.

표 10.17 화학물질의 유해성(중대성, HL) 분류기준

유해성(HL)		GHS에 따른 유해성 분류 및 구분
최대	A	• 생식세포 변이원성 구분 1A, 1B, 2 • 발암성 구분 1A, 1B • 호흡기 과민성 구분 1
대	B	• 급성 독성 구분 1, 2 • 발암성 구분 2 • 특정표적장기 독성(반복 노출) 구분 1 • 생식독성 구분 1A, 1B, 2
중	C	• 급성 독성 구분 3 • 특정표적장기 독성(1회 노출) 구분 1 • 피부 부식성 구분 1 • 피부 과민성 구분 1 • 특정표적장기 독성(1회 노출) 구분 3(호흡기계 자극) • 특정표적장기 독성(반복 노출) 구분 2

유해성(HL)		GHS에 따른 유해성 분류 및 구분
소	D	• 급성 독성 구분 4 • 특정표적장기 독성(1회 노출) 구분 2
최소	E	• 피부 자극성 구분 2 • 눈 자극성 구분 2 • 그 밖에 그룹으로 분류되지 않은 고체 및 액체

(4) 근골격계부담 작업

근골격계부담 작업은 작업빈도(가능성)와 작업부하(중대성)를 곱하여 위험성을 추정한다.

표 10.18 근골격계부담 작업의 위험성 추정(예시)

	작업부하(중대성)	최대	대	중	소	최소
작업빈도(가능성)	단계 / 단계	5	4	3	2	1
최상	5	25	20	15	10	5
상	4	20	16	12	8	4
중	3	15	12	9	6	3
하	2	10	8	6	4	2
최하	1	5	4	3	2	1

가. 작업빈도(가능성) 결정방법

표 10.19 근골격계부담 작업의 작업빈도(가능성)

구분	작업빈도(가능성)	내 용
최상	5	초과 근무(1일 8시간 이상)
상	4	계속(1일 4시간 이상)
중	3	자주(1일 4시간 미만)
하	2	가끔(하루 또는 주 2~3일)
최하	1	3개월 마다(년 2~3회)

※ 산업안전보건법 제24조(보건조치) 제1항 제 5호 및 고용노동부고시 제2018-13호에 따른 11가지 근골격계부담 작업에 대하여 평가함

나. 작업부하(중대성) 결정방법

표 10.20 근골격계부담 작업의 작업부하(중대성)

구분	작업부하 (중대성)	내 용	분류기준	
			Borg's Scale	심박수
최대	5	매우 힘듦	16등급 이상	160 이상
대	4	힘듦	14~15 등급	140~150
중	3	약간 힘듦	12~13 등급	120~130
소	2	쉬움	10~11 등급	100~110
최소	1	매우 쉬움	6~9 등급	90 이하

※ Borg's Scale : 작업부하(workload)를 근로자가 지각하는 정보를 활용하여 작업부하(또는 활동수준)에 따른 심박수 변화와의 연관성 (상관계수 = 0.88)을 근거로 개발한 범주형 비율 척도

(5) 소음

소음은 작업환경측정결과에 따라 표 10.21과 같이 위험성을 추정한다.

표 10.21 소음의 위험성 추정(예시)

위험성 구분	매우 높음(4)	높음(3)	보통(2)	낮음(1)
작업환경측정 결과(노출수준)	95 dB(A) 이상	90 dB(A) 이상~ 95 dB(A) 미만	85 dB(A) 이상~ 90 dB(A) 미만	80 dB(A) 이상~ 85 dB(A) 미만

※ 소음성난청 유소견자(D1)가 발생한 경우 노출수준에 관계없이 위험성=4

[4단계 : 위험성 결정]

(1) 화학물질(분진 포함)

가. 곱셈법

표 10.22 곱셈법에 의한 화학물질의 위험성 결정(예시)

위험성 크기		허용 가능 여부	개선방법
12~16	매우 높음	허용 불가능	즉시 개선
5~11	높음		가능한 한 빨리 개선
3~4	보통	허용 가능 또는 허용 불가능*	연간계획에 따라 개선
1~2	낮음	허용 가능	필요에 따라 개선

* 허용 불가능 : 위험성 추정 결과가 4인 화학물질 중 직업병 유소견자가 발생(노출수준=4) 하였거나 해당 화학물질이 CMR 물질(유해성=4)인 경우

나. 행렬(Matrix)법

표 10.23 행렬법에 의한 화학물질의 위험성 결정(예시)

위험성 크기		허용 가능 여부	개선방법
Ⅴ	매우 높음	허용 불가능	즉시 개선
Ⅳ	높음		가능한 한 빨리 개선
Ⅲ	보통		연간계획에 따라 개선
Ⅱ	낮음	허용 가능	필요에 따라 개선
Ⅰ	매우 낮음		

(2) 근골격계부담 작업

표 10.24 근골격계부담작업의 위험성 결정(예시)

위험성 크기		허용 가능 여부	개선방법
13~25	매우 높음	허용 불가능	즉시 개선
10~12	높음		가능한 한 빨리 개선
7~9	보통		연간계획에 따라 개선
4~6	낮음	허용 가능	필요에 따라 개선
1~3	매우 낮음		

(3) 소음

표 10.25 소음의 위험성 결정(예시)

위험성		허용 가능 여부	개선방법
4	매우 높음	허용 불가능	즉시 개선
3	높음		가능한 한 빨리 개선
2	보통		연간계획에 따라 개선
1	낮음	허용 가능	필요에 따라 개선

[5단계 : 위험성 감소대책 수립 및 실행]

위험성 감소대책 수립・시행 원칙

① 위험성의 크기, 영향을 받는 근로자 수 등을 고려

② 안전・보건상 중대한 문제가 있는 것은 위험성 감소 조치 즉시 실시

③ 감소대책 중 법령에 규정된 사항은 반드시 실시

④ 감소대책 실행 후 해당 공정(작업)의 위험성의 크기가 사전에 자체 설정한 허용 가능한 위험성의 범위인지 확인

화학물질 취급 사업장의 「작업환경 관리상태 체크리스트」 활용

① 작업환경 관리상태 평가내용의 적용 가능/대상 여부 결정

② ①에서 결정된 가능/대상 항목 중 현재 실시/적용 여부 확인

③ ①에서 결정된 가능/대상 항목 중 ②에서 현재 실시/적용 대상이 아닌 항목을 목록화하여 작업환경 개선대책 수립

⇒ 구체적인 작업환경 개선대책 수립 시 활용

KRAS 위험성평가 지원시스템
Korea Risk Assessment System

작업환경 관리상태 체크리스트

1.2단계 : 사전 준비 및 유해·위험요인 파악 | 3.4단계 : 위험성 추정 및 결정 | 5.6단계 : 감소 대책 수립실행 및 기록

1 물질의 유해성

번호	작업환경 관리상태 평가 내용	감소대책
1	현재 취급하고 있는 물질보다 독성이 적은 물질(노출기준 수치가 높은)로 대체 가능한가?	☐
2	현재 발암성 물질을 취급하고 있다면 비발암성 물질로 대체가 가능한가?	☑
3	현재 유해물질 취급 공정의 폐쇄가 가능한가?	☑

2 물질 노출 가능성

번호	작업환경 관리상태 평가 내용	감소대책
4	현재 사용하는 화학물질의 사용량을 줄일 수 있는가?	☐
5	분진 등 고체상 물질의 경우 습식작업이 가능한가?	☐
6	유해물질 취급 공정의 완전 밀폐가 가능한가?	☐
7	유해물질 발생 지점에 국소배기장치의 설치가 가능한가?	☐
8	국소배기장치의 후드를 부스형으로 설치 가능한가?	☐

그림 10.3 작업환경 관리상태 체크리스트 활용

Reference

1. 위험성평가 해설 지침서. 안전보건공단. 2017
2. 알기 쉬운 위험성평가. 정진우. 중앙경제. 2013
3. 사업장 위험성평가에 관한 지침. 고용노동부. 2017-36호. 2017
4. 위험성평가 전문가 양성과정. 안전보건공단. 2013
5. 환경위해성평가. 손부순 외. 21세기사. 2001
6. ANSI B11.TR3-Risk Assessment and Risk Reduction. 2000
7. http://www.hse.gov.uk/risk/theory/alarpcba.htm

제11장 위생 보호구

보호구는 오래전부터 우리 주변에서 사용이 되어 왔다. 원시 시대에는 수렵생활을 하며 사용되어졌고 또한 전쟁에서도 몸을 보호하기 위한 장구들이 사용되어졌다. 산업보건 분야에서 알려진 최초의 보호구에 대한 기록은 로마 학자인 Pliny the Elder가 진사의 정련작업을 하는 근로자에게 동물의 방광을 이용하여 마스크를 착용한 기록이다.

보호구란 근로자가 신체의 일부로서 직접 착용하여 각종 물리적, 기계적 및 화학적 위험요소로부터 신체를 보호하기 위한 보조 장구라고 정의할 수 있다. 보호구란 인체에 미치는 각종 위험으로부터 보호하기 위한 보조 장구로서 소극적인 방법임을 유념하여 적극적인 대책을 강구하고 이 대책이 불가능할 때만 보호구를 사용해야 한다.

1 보호구의 구비조건

보호구는 산업보건 분야에서 작업환경 관리를 위해 취할 수 있는 소극적인 대책의 하나이다. 하지만 그 활용도가 높기 때문에 주위에서 광범위하게 사용이 이루어지고 있는데 그렇기 때문에 신체에 미치는 위험과 건강장애를 예방하기 위하여 다음과 같은 구비조건이 필요하다.

① 착용이 간편해야 한다.

보호구를 착용하고 벗을 때 편해야 하고 착용하였을 때 불편함이 없어야 한다.

② 보호구 품질이 양호해야 한다.

보호구는 신체에 착용되어 피부에 접촉하는 경우 피부염증 등을 일으켜서는 안 된다. 특히 금속 재료는 내식성이 높고 녹을 방지하는 조건을 갖추어야 하며 보호구의 재료는 가볍고 충분한 강도를 갖추어야 한다.

③ 작업에 방해가 되어서는 안 된다.

보호구를 착용하였을 경우 활동이 자유로워야 하고 이로 인하여 생산활동에 방해가 되어서는 안 된다. 생산 능률에 영향을 주는 보호구는 좋은 보호구라 할 수 없다. 그러므로 보호구는 설계 시부터 이런 사항을 반영하여 생산하여야 한다.

④ 유해·위험 요소에 대하여 충분한 방호성능을 가지고 있어야 한다.

보호구는 소극적 대책이라는 특성상 한계가 있지만 해당 작업에서 예측할 수 있는 유해·위험 요소에 대하여 충분히 보호 될 수 있는 방호성능을 가지고 있어야 한다.

⑤ 구조가 양호해야 한다.

보호구는 충분한 강도와 내구성이 있어야 하는데 보호구 제작 시 표면 등의 마무리가 잘 되어야 한다.

⑥ 외관과 외양이 양호해야 한다.

양호한 성능을 가지고 있는 보호구라 하더라도 보호구를 사용하는 근로자가 이를 기피하면 보호구에 대한 혜택을 보기가 어렵다. 그러므로 보호구의 디자인이 우수해야 하며 근로자가 기피해서는 안 된다.

2 보호구의 선택 및 사용방법

올바른 보호구를 선택하고 사용하기 위해서는 먼저 근로자에게 노출되어 있는 위험요소가 무엇인지를 판단해야 한다. 근로자에게 노출된 위험요소를 예상하고 파악하여 위험요소에 대하여 적절한 보호구를 선택하고 또한 충분한 방호성능이 있는 보호구를 선택하여야 한다. 그리고 보호구를 사용하는 장소와 시간에 대한 고려를 하여야 한다.

3 보호구의 종류

산업안전보전법에 근로자에게 지급해야 하는 보호구는 안전보호구로는 안전모, 안전대, 안전화, 안전장갑이 있으며 위생보호구로는 방진마스크, 방독마스크, 송기마스크, 귀마개, 귀덮개, 보호의, 보안경, 보안면이 있다.

본 책에서는 위생보호구에 대해서만 다루도록 하겠다.

4 호흡보호구

4.1 호흡보호구 착용 전 주의사항

호흡보호구는 사용자가 폐기능이 적절하지 못한 경우에는 사용 전 의사의 진단을 받아 사용 여부를 결정하여야 하고 호흡보호구에 대한 적절한 사용법을 숙지하고 호흡보호구의 성능에 대한 교육과 훈련이 실시되어야 한다.

또한 호흡보호구는 적절한 크기의 호흡보호구를 가지고 밀착검정을 실시하여야 하며, 작업장에서 유해물질을 확인하고 각 유해물질에 따라 적절한 카트리지를 결정하여 사용하여야 한다.

4.2 호흡보호구의 제한사항

호흡보호구 중 정화장치(카트리지, 면체)가 있는 호흡보호구는 산소가 부족한 곳에서는 사용하지 말아야 하고 호흡보호구는 폐 기능이 좋지 않은 근로자는 그 사용이 제한되어야 한다. 소방관은 절대 사용해서는 안 되고 자가공기공급식(SCBA) 호흡보호구를 사용하여야 한다.

유기용제 카트리지는 파과시간을 체크하여 사용하여야 하며 방진마스크의 필터 교체시기는 작업환경 등을 반영하여 그 시기를 정해 교체하여 주되 근로자가 호흡이 어렵다고 느껴질 때 교체하여 사용하면 된다.

4.3 호흡용 보호구의 밀착도 검사

호흡용 보호구의 밀착도 검사는 보호구를 사용하는 근로자가 얼굴에 호흡 보호구가 얼마나 적정하게 밀착되었는가를 확인하는 검사이다.

작업장에서 많이 사용하는 안면부 여과식 마스크는 가격이 저렴하고 가벼워 실제 현장에선 선호하는 제품이다. 그러나 제품 특성상 피부와 마스크 사이에 틈새가 생길 수밖에 없는 구조이며 끈의 강도가 약해 얼굴에 단단히 고정되지 않거나 활동 시 흘러내려 외부공기가 그대로 유입되는 경우가 발생할 수 있다. 이런 이유로 호흡보호구에 대한 밀착도 검사를 실시한다.

미국, 영국, 호주 등에서는 정기적으로 밀착도 검사를 실시하도록 의무화하고 있다. 우리나라는 아직 밀착도 검사의 실시가 관련 법규에 규정되어 있지 않으나 현재 밀착도 검사는 3D 프린팅 기술과 접목되어 얼굴형과 맞는 맞춤형 보호구 제작으로 발전하고 있다.

밀착도 검사는 음압 밀착도 검사와 양압 밀착도 검사가 있다. 음압 밀착도 검사는 양손바닥으로 필터의 흡입구를 막아주고 천천히 숨을 들이 마신 후 약 10초 동안 그대로 유지한 후 마스크가 안쪽으로 약간 조여 들거나 공기가 안으로 들어오는 느낌이 없다면 밀착성이 좋은 상태이고 이와 반대의 상태이면 마스크의 끈을 확인하여 조치해 주어야 한다.

양압 밀착도 검사는 마스크 면체의 공기 배기구를 손바닥으로 막은 상태에서 천천히 숨을 들이 마신 채 약 10초 동안 그대로 유지한 후 마스크 면체가 약간 볼록해 진채로 지속된다면 안면부와 마스크 사이에 공기가 새지 않는다고 판단하고 이와 반대의 상태이면 마스크의 끈을 확인하여 조치해 주어야 한다.

4.4 방진마스크

방진마스크는 공기 중의 입자상 물질인 분진, 미스트, 흄 등을 여과재를 통해 제거하고 관련 유해물질이 근로자의 호흡기를 통하여 체내로 유입되는 것을 막아주기 위해 사용하는 보호구를 말한다.

구비조건

① 흡기저항이 낮아야 한다. 일반적인 흡기저항은 6∼8 mmH_2O 정도이다.

② 배기저항이 낮아야 한다. 일반적인 배기저항은 6 mmH_2O 이하이다.

③ 여과재의 포집효율이 높아서 유해물질을 잘 처리해야 한다.

④ 착용 시 시야 확보가 용이해야 하고 작업에 방해가 되어서는 안 된다.

⑤ 가급적 중량을 가볍게해서 착용하는 데 있어서 불편함이 없어야 한다.

⑥ 보호구와 근로자 안면과의 밀착성이 커서 안면과 보호구 사이로 누수가 있어서는 안 된다.

⑦ 피부 접촉 시 보호구로 인하여 불쾌감을 느껴서는 안 된다.

4.4.1 방진마스크의 종류

방진마스크는 여과재의 분진포집 능력에 따라 등급은 특급, 1급, 2급으로 구분하며 염화나트륨(NaCl) 및 파라핀 오일(Paraffin oil)로 시험하였을 때, 분리식 형태는 특급 99.95%, 1급 94%, 2급 80%를 안면부 여과식은 특급 99%, 1급 94%, 2급 80%를 처리한다.

① 방진마스크의 종류

방진마스크의 종류는 표 11.1과 같다.

표 11.1 방진마스크 종류

<table>
<tr><th>종류</th><th colspan="2">분리식</th><th rowspan="2">안면부
여과식</th><th rowspan="2">사용조건</th></tr>
<tr><td rowspan="3">형태</td><td>격리식</td><td>직결식</td></tr>
<tr><td>전면형</td><td>전면형</td><td rowspan="2">반면형</td><td rowspan="2">산소농도 18% 이상인 장소에서 사용</td></tr>
<tr><td>반면형</td><td>반면형</td></tr>
</table>

② 등급 및 사용 장소

방진마스크의 등급 및 사용 장소는 표 11.2와 같다.

표 11.2 방진마스크의 등급 및 사용 장소

등급	특 급	1 급	2 급
사용장소	베릴륨 등과 같이 독성이 강한 물질들을 함유한 분진 등 발생장소	• 특급마스크 착용장소를 제외한 분진 등 발생 장소 • 금속흄 등과 같이 열적으로 생기는 분진 등 발생장소 • 기계적으로 생기는 분진 등 발생장소(규소 등과 같이 2급 마스크를 착용하여도 무방한 경우는 제외한다) • 석면 취급장소	특급 및 1급 마스크 착용 장소를 제외한 분진 등 발생 장소

③ 방진마스크의 형태는 표 11.3과 같다.

표 11.3 방진마스크의 형태

<table>
<tr><th rowspan="2">종 류</th><th colspan="2">분 리 식</th><th rowspan="2">안면부여과식</th></tr>
<tr><th>격 리 식</th><th>직 결 식</th></tr>
<tr><td rowspan="2">형태</td><td>• 전면형
그림 11.1 참조</td><td>• 전면형
그림 11.2 참조</td><td rowspan="2">• 반면형
그림 11.5 참조</td></tr>
<tr><td>• 반면형
그림 11.3 참조</td><td>• 반면형
그림 11.4 참조</td></tr>
<tr><td>사용조건</td><td colspan="3">산소농도 18% 이상인 장소에서 사용하여야 한다.</td></tr>
</table>

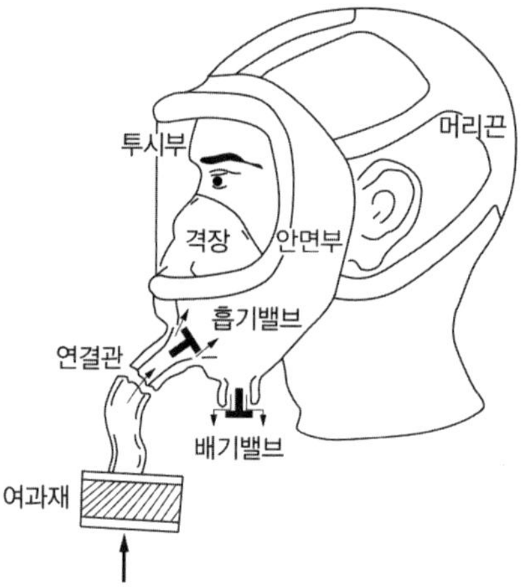

그림 11.1 격리식 전면형

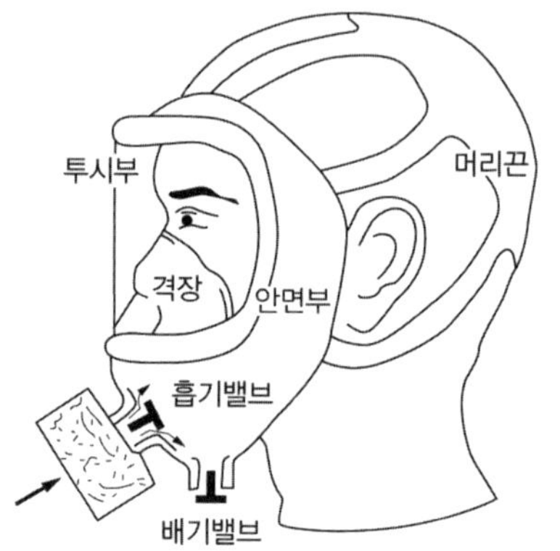

그림 11.2 직결식 전면형

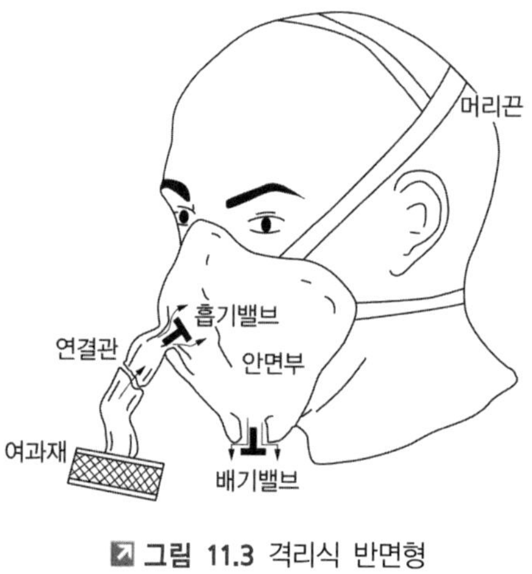

그림 11.3 격리식 반면형

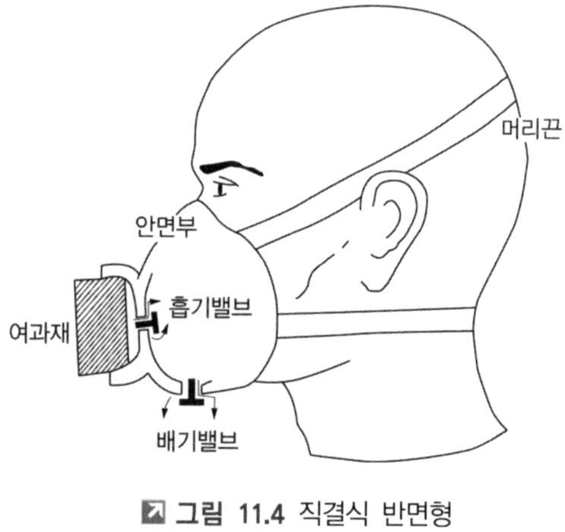

그림 11.4 직결식 반면형

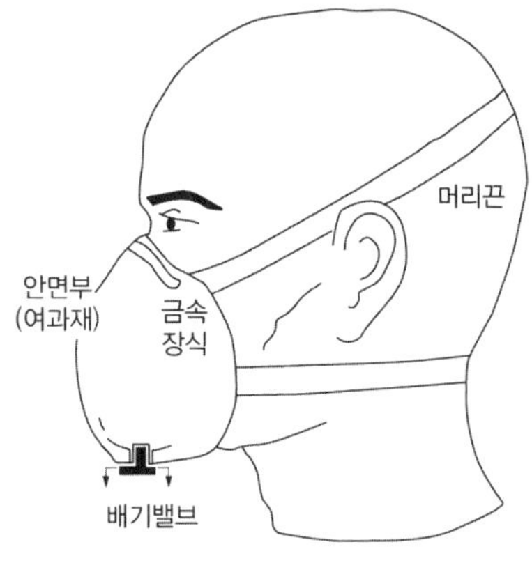

그림 11.5 안면부 여과식

4.5 방독마스크

공기 중에 가스상 물질인 유해가스, 증기 등을 흡착관을 통해 제거하여 근로자의 호흡기 내로 침입하는 것을 방지하여 주는 호흡보호구이다. 방독마스크의 일반적인 구조는 쉽게 파손되지 않아야 하며 착용이 쉽고 착용하였을 때 공기가 새지 않고 착용에 대한 압박감이나 고통을 주지 않아야 한다. 보호구를 착용하였을 때 시야가 충분해야 하며 전면형 방독 마스크의 경우는 호기에 의해 눈 주위에 김서림이 없어야 한다. 정화통, 흡기밸브, 배기밸브 또는 머리끈을 쉽게 바꿀 수 있는 구조가 좋다. 방독마스크의 종류는 표 11.4와 그림 11.6과 같다.

표 11.4 방독마스크의 종류

형태		구조
격리식	전면형	정화통, 연결관, 흡기밸브, 안면부, 배기밸브 및 머리끈으로 구성되고, 정화통에 의해 가스 또는 증기를 여과한 청정공기를 연결관을 통하여 흡입하고 배기는 배기밸브를 통하여 외기 중으로 배출하는 것으로 안면부 전체를 덮는 구조
	반면형	정화통, 연결관, 흡기밸브, 안면부, 배기밸브 및 머리끈으로 구성되고, 정화통에 의해 가스 또는 증기를 여과한 청정공기를 연결관을 통하여 흡입하고 배기는 배기밸브를 통하여 외기 중으로 배출하는 것으로 코 및 입부분을 덮는 구조
직결식	전면형	정화통, 흡기밸브, 안면부, 배기밸브 및 머리끈으로 구성되고, 정화통에 의해 가스 또는 증기를 여과한 청정공기를 흡기밸브를 통하여 흡입하고 배기는 배기밸브를 통하여 외기 중으로 배출하는 것으로 정화통이 직접 연결된 상태로 안면부 전체를 덮는 구조
	반면형	정화통, 흡기밸브, 안면부, 배기밸브 및 머리끈으로 구성되고, 정화통에 의해 가스 또는 증기를 여과한 청정공기를 흡기밸브를 통하여 흡입하고 배기는 배기밸브를 통하여 외기 중으로 배출하는 것으로 안면부와 정화통이 직접 연결된 상태로 코 및 입 부분을 덮는 구조

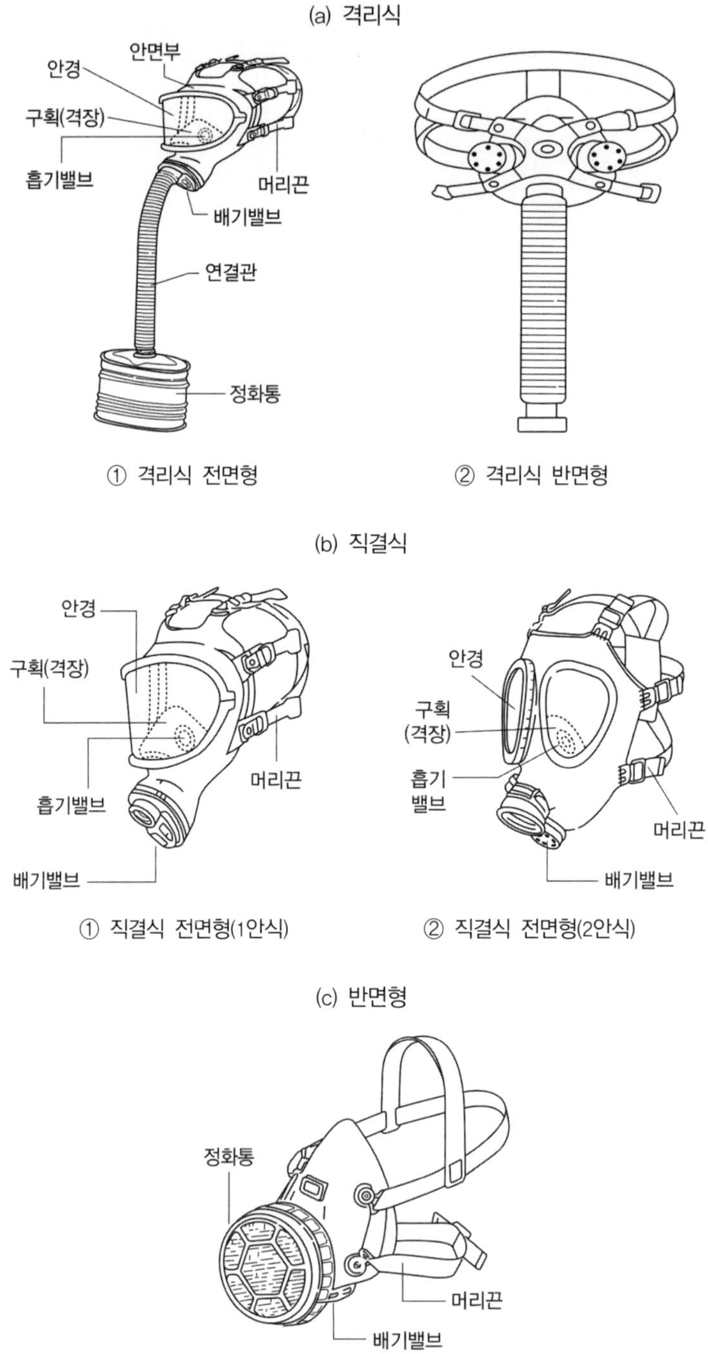

그림 11.6 방독마스크의 형태

방독마스크 카트리지의 수명에 영향을 주는 인자로는 작업장 습도, 착용자의 호흡률 및 노출조건, 작업장 오염물질의 농도, 흡착제의 질과 양, 포장의 균일성과 밀도, 온도와 다른 가스 그리고 증기와 혼합 유무에 따라 수명이 달라진다.

4.6 송기마스크

송기마스크는 산소가 결핍된 장소 또는 유해물질의 작업장 농도가 높은 작업장에서 주로 사용되며 에어라인(Air-Line) 마스크와 자가공기공급장치(SCBA)가 대표적이다. 송기마스크의 종류는 표 11.5와 그림 11.7과 같다.

표 11.5 송기마스크의 종류

<table>
<tr><th>종류</th><th colspan="2">등급</th><th>구분</th></tr>
<tr><td rowspan="3">호스마스크</td><td colspan="2">폐력흡인형</td><td>안면부</td></tr>
<tr><td rowspan="2">송풍기형</td><td>전동</td><td>안면부, 페이스실드, 후드</td></tr>
<tr><td>수동</td><td>안면부</td></tr>
<tr><td rowspan="3">에어라인마스크</td><td colspan="2">일정유량형</td><td>안면부, 페이스실드, 후드</td></tr>
<tr><td colspan="2">디맨드형</td><td>안면부</td></tr>
<tr><td colspan="2">압력디맨드형</td><td>안면부</td></tr>
<tr><td rowspan="2">복합식 에어라인마스크</td><td colspan="2">디맨드형</td><td>안면부</td></tr>
<tr><td colspan="2">압력디맨드형</td><td>안면부</td></tr>
</table>

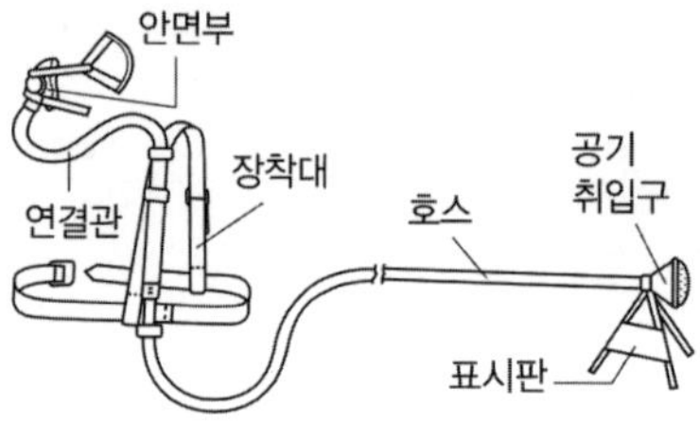

(a) 폐력 흡인형 호스 마스크

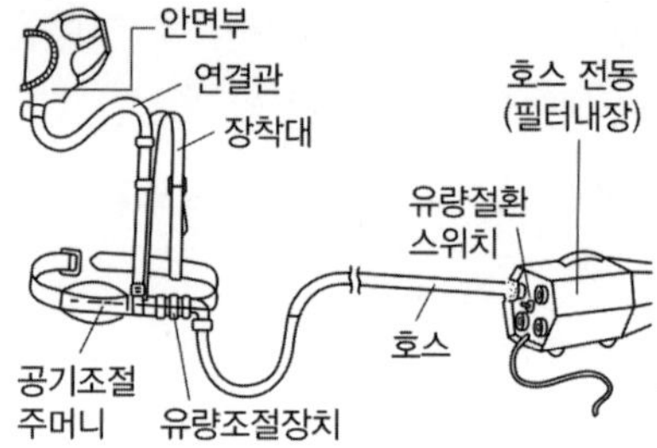

(b) 전동 송풍기형 호스 마스크

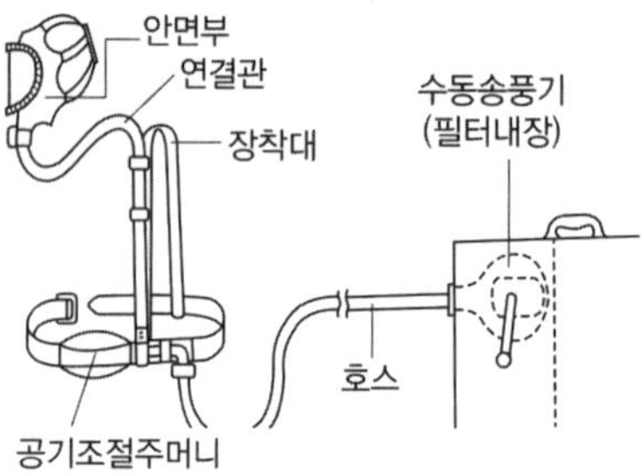

(c) 수동 송풍기형 호스 마스크

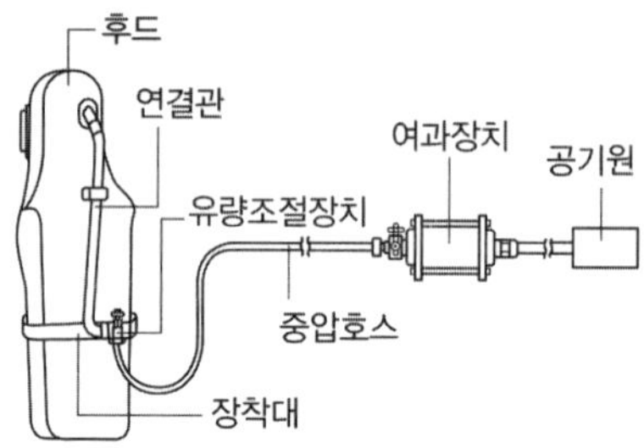

(d) 일정유량형 에어라인 마스크

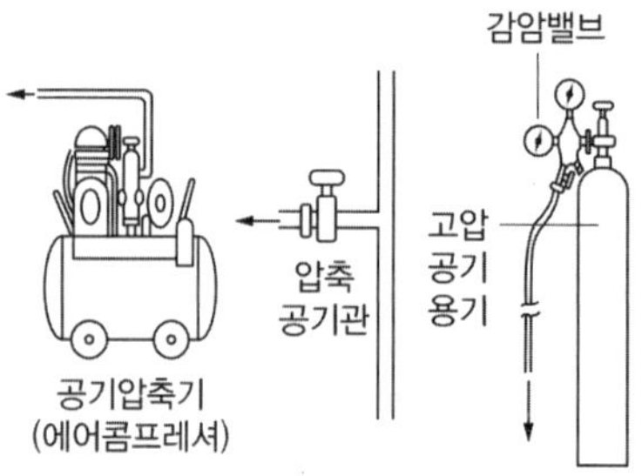

(e) AL 마스크용 공기원의 종류

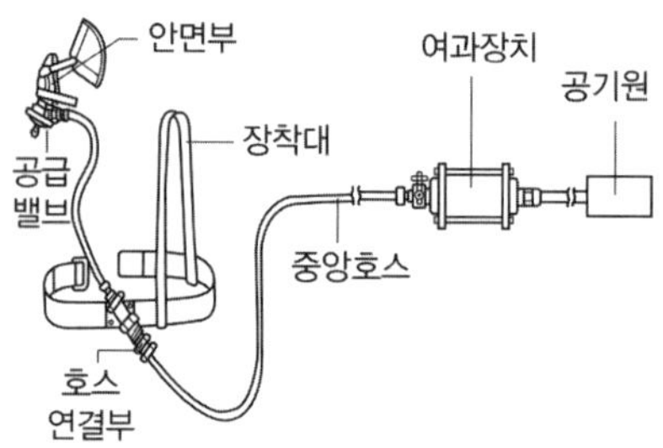

(f) 디맨드형 에어라인 마스크

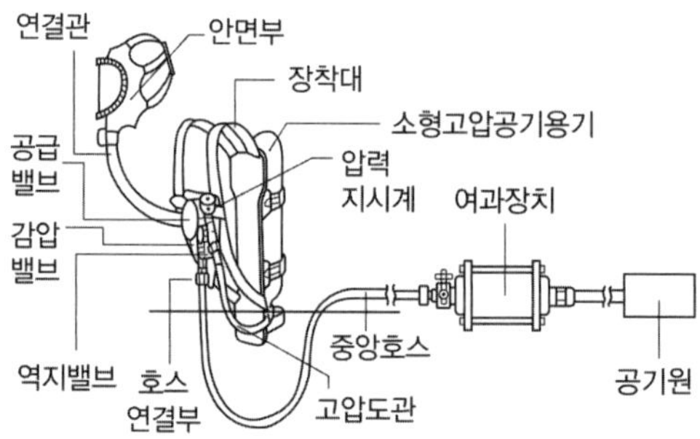

(g) 복합식 에어라인 마스크

그림 11.7 송기마스크의 종류

5 청력보호구(귀마개, 귀덮개)

청력보호구는 작업장에서 발생한 소음으로부터 근로자의 청력을 보호하는 도구이며 종류로는 귀마개와 귀덮개가 있다. 귀마개와 귀덮개는 작업장에서 발생하는 음의 음압과 주파수를 고려하여 다음의 청력 보호구를 선택하여 사용해야 한다. 귀마개 또는 귀덮개의 종류와 등급 등은 다음과 같다.

표 11.6 청력보호구의 종류별 등급 및 성능

종류	등급	기호	성 능	비고
귀마개	1종	EP-1	저음부터 고음까지 차음하는 것	귀마개의 경우 재사용 여부를 제조특성으로 표기
	2종	EP-2	주로 고음을 차음하고 저음(회화음영역)은 차음하지 않는 것	
귀덮개	–	EM		

가. 귀마개는 다음의 조건을 갖추어야 한다.

① 귀마개는 사용 수명 동안 피부자극, 피부질환, 알레르기 반응 혹은 그 밖에 다른 건강상의 부작용을 일으키지 않을 것

② 귀마개 사용 중 재료에 변형이 생기지 않을 것

③ 귀마개를 착용할 때 귀마개의 모든 부분이 착용자에게 물리적인 손상을 유발시키지 않을 것

④ 귀마개를 착용할 때 밖으로 돌출되는 부분이 외부의 접촉에 의하여 귀에 손상이 발생하지 않을 것

⑤ 귀(외이도)에 잘 맞을 것

⑥ 사용 중 심한 불쾌함이 없을 것

⑦ 사용 중에 쉽게 빠지지 않을 것

나. 귀덮개는 다음의 조건을 갖추어야 한다.

① 인체에 접촉되는 부분에 사용하는 재료는 해로운 영향을 주지 않을 것

② 귀덮개 사용 중 재료에 변형이 생기지 않을 것

③ 제조자가 지정한 방법으로 세척 및 소독을 한 후 육안상 손상이 없을 것

④ 금속으로 된 재료는 부식방지 처리가 된 것으로 할 것
⑤ 귀덮개의 모든 부분은 날카로운 부분이 없도록 처리할 것
⑥ 제조자는 귀덮개의 쿠션 및 라이너를 전용 도구로 사용하지 않고 착용자가 교체할 수 있을 것
⑦ 귀덮개는 귀 전체를 덮을 수 있는 크기로 하고, 발포 플라스틱 등의 흡음재료로 감쌀 것
⑧ 귀 주위를 덮는 덮개의 안쪽 부위는 발포 플라스틱 공기 혹은 액체를 봉입한 플라스틱 튜브 등에 의해 귀 주위에 완전하게 밀착되는 구조일 것
⑨ 길이조절을 할 수 있는 금속재질의 머리띠 또는 걸고리 등은 적당한 탄성을 가져 착용자에게 압박감 또는 불쾌함을 주지 않을 것

귀마개와 귀덮개는 작업장의 상황과 작업조건에 따라 사용이 제한되는데 장·단점은 다음과 같다.

① 귀마개

귀마개는 덥고 습한 환경에서 사용이 용이하고, 장시간 사용하기에 좋다. 그리고 다른 보호구와 같이 착용하는 것이 용이하다.

장점으로는 작아서 휴대에 간편하고 착용에 있어서 안경이나 머리카락에 방해를 받지 않는다. 그리고 가격이 저렴하다.

단점으로는 작아서 착용여부 파악이 곤란하고 착용 시 주의할 점이 많으며 손 등에 의해서 2차 감염의 우려가 있다.

② 귀덮개

귀덮개는 귀의 병 등으로 귀마개의 착용이 곤란한 경우에 사용이 가능하고 간헐적으로 고음압의 소음이 발생할 때 사용하면 좋다.

장점으로는 멀리서도 보호구를 착용했는지 파악이 용이하며 귀에 중이염 등이 발병하여 있더라도 사용이 가능하다.

단점으로는 더운 여름에 착용감이 떨어지고 장시간 사용 시 내부가 덥고 무겁고 둔탁하다. 보안경과 함께 착용 시 효과가 감소한다. 귀마개에 비해 가격이 비싸다. 그리고 작업 현장에서 안전에 대한 인지가 감소하여 위험률이 상승할 수 있다.

귀마개는 제대로 된 착용방법으로 착용해야만 차음률이 향상될 수 있는데 그림 11.8을 참고하여 착용토록 한다.

귀마개의 착용 시 차음 정도는 다음의 방법으로 알 수 있다.

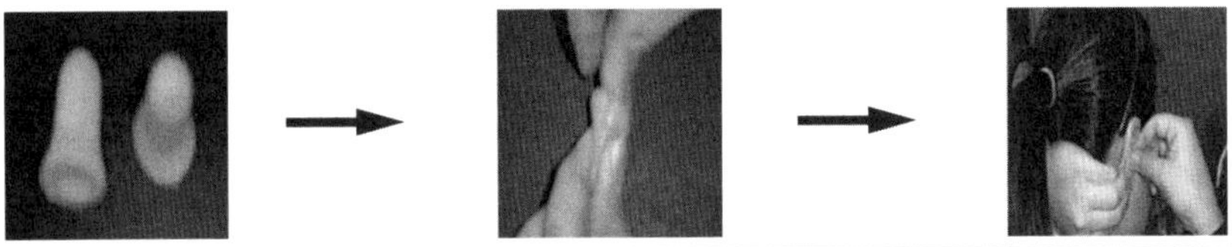

	깨끗한 손으로 귀마개를 수축시킨다.	귀마개를 잡지 않은 손을 머리 뒤로 돌려 귀 바깥쪽을 잡고 뒤로 당기고 수축된 귀마개를 삽입한다.

그림 11.8 귀마개의 착용 방법 및 순서

청력보호구의 차음효과를 예측하는 방법으로는 미국 국립산업안전보건연구원(NIOSH)의 방법, 미국 환경보호처(EPA)의 방법과 미국 산업안전보건청(OSHA)의 방법이 있는데 이 중 미국 산업안전보건청(OSHA)의 방법을 보면 다음과 같다.

$$\text{차음효과} = (\text{NRR}-7) \times 50\%$$

이 방법으로 볼 때 우리나라에서 주로 사용되는 NRR 29의 차음 정도는 11 dB 정도인 것을 알 수 있다. 이를 역으로 산정해 적용해 보면 작업장의 소음 수준이 대략 91 dB(A) 이상인 작업환경에서 귀마개를 착용하더라도 장시간 소음에 노출이 이루어지면 소음성 난청에 걸릴 수도 있다. 그러므로 작업장에서 발생하는 소음의 음압과 귀마개의 차음에 대한 수치를 고려하여 청력보호구를 선택하여야 한다.

6 보호의

관련법에 규정되어 있는 보호복은 방열복과 화학물질용 보호의로 구분된다.

방열복은 열로부터 신체를 보호하는 용도이며 화학물질용 보호복은 화학물질이 피부를 통하여 인체에 흡수되는 것을 방지하기 위한 것으로서 신체의 전부 또는 일부를 보호하기 위한 옷을 말한다.

6.1 방열복

방열복의 종류 및 구조는 착용부위에 따라 표 11.7과 그림 11.9로 구분한다.

표 11.7 방열복의 종류 및 구조

종류	착용부위
방열상의	상체
방열하의	하체
방열일체복	몸체(상·하체)
방열장갑	손
방열두건	머리

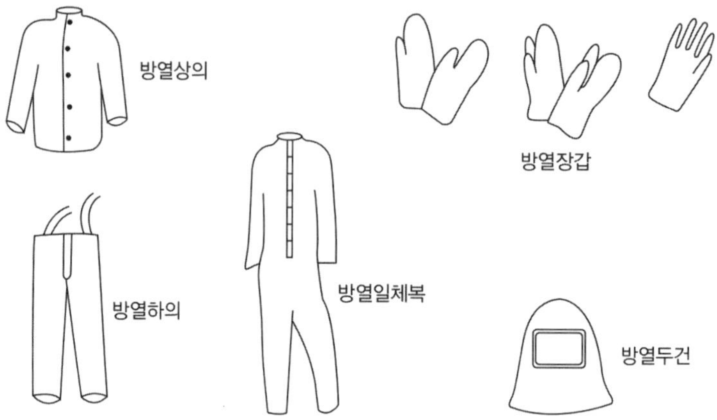

그림 11.9 방열복의 구조

방열복은 다음의 조건을 갖추어야 한다.

① 방열복은 파열, 절상, 균열이 생기거나 피막이 벗겨지지 않아야 하고 기능상 지장을 초래하는 흠이 없어야 한다.

② 방열복은 착용 및 조작이 원활하여야 하며, 착용상태에서 작업을 행하는 데 지장이 없어야 한다.

③ 방열복을 사용하는 금속부품은 내식성재질 또는 내식처리를 해야 한다.

④ 방열상의의 앞가슴 및 소매의 구조는 열풍이 쉽게 침입할 수 없는 구조여야 한다.

⑤ 방열두건의 안면렌즈는 평면상에 투영시켰을 때에 크기가 가로 150 mm 이상, 세로 80 mm 이상이어야 하며, 견고하게 고정되어 외부 물체의 형상이 정확히 보여야 한다.

⑥ 방열두건의 안전모는 안전인증품을 사용하여야 하며, 상부는 공기를 배출할 수 있는 구조로 하고, 하부에는 열풍의 침입방지를 위한 보호포가 있어야 한다.

방열복의 제작 시 땀수는 균일하게 박아야 하며 2 땀/cm 이상이어야 하고 박아 뒤집는 봉제시접은 3 mm 이상이어야 한다. 그리고 박이시작, 끝맺음 및 특히 터지기 쉬운 곳에 대해서는 2회 이상 되돌아 박기를 해야 한다.

6.2 화학물질용 보호복

화학물질용 보호복의 형식 및 기준은 표 11.8과 같다.

보호복의 종류 중 1, 2형식의 보호복은 안전장갑과 안전화를 포함하는 일체형이야 한다.

표 11.8 화학물질용 보호복의 형식 및 기준

<table>
<tr><th colspan="2">형식</th><th>형식구분 기준</th></tr>
<tr><td rowspan="5">1형식</td><td>1a형식</td><td>보호복 내부에 개방형 공기호흡기와 같은 대기와 독립적인 호흡용 공기 공급이 있는 가스차단 보호복</td></tr>
<tr><td>1a형식(긴급용)</td><td>긴급용 1a 형식 보호복</td></tr>
<tr><td>1b형식</td><td>보호복 외부에 개방형 공기호흡기와 같은 호흡용 공기공급이 있는 가스차단 보호복</td></tr>
<tr><td>1b형식(긴급용)</td><td>긴급용 1b 형식 보호복</td></tr>
<tr><td>1c형식</td><td>공기라인과 같은 양압의 호흡용 공기가 공급되는 가스 차단 보호복</td></tr>
<tr><td colspan="2">2형식</td><td>공기라인과 같은 양압의 호흡용 공기가 공급되는 가스 비차단 보호복</td></tr>
<tr><td colspan="2">3형식</td><td>액체 차단 성능을 갖는 보호복. 만일 후드, 장갑, 부츠, 안면창(visor) 및 호흡용보호구가 연결되는 경우에도 액체 차단 성능을 가져야 한다.</td></tr>
<tr><td colspan="2">4형식</td><td>분무 차단 성능을 갖는 보호복. 만일 후드, 장갑, 부츠, 안면창(visor) 및 호흡용보호구가 연결되는 경우에도 분무 차단 성능을 가져야 한다.</td></tr>
<tr><td colspan="2">5형식</td><td>분진 등과 같은 에어로졸에 대한 차단 성능을 갖는 보호복</td></tr>
<tr><td colspan="2">6형식</td><td>미스트에 대한 차단 성능을 갖는 보호복</td></tr>
</table>

비고 : 3, 4, 6 형식은 부분 보호복을 인정한다.

7 안(眼) 보호구

7.1 차광보안경

차광보안경의 종류는 사용구분에 따라 표 11.9와 같이 구분한다.

표 11.9 사용구분에 따른 차광보안경의 종류

종류	사용구분
자외선용	자외선이 발생하는 장소
적외선용	적외선이 발생하는 장소
복합용	자외선 및 적외선이 발생하는 장소
용접용	산소용접작업 등과 같이 자외선, 적외선 및 강렬한 가시광선이 발생하는 장소

차광보안경에는 돌출 부분, 날카로운 모서리 혹은 사용 도중 불편하거나 상해를 줄 수 있는 결함이 없어야 하고 착용자와 접촉하는 차광보안경의 모든 부분에는 피부 자극을 유발하지 않는 재질을 사용해야 한다. 그리고 머리띠를 착용하는 경우, 착용자의 머리와 접촉하는 모든 부분의 폭이 최소한 10 mm 이상 되어야 하며, 머리띠는 조절이 가능해야 한다.

7.2 용접용 보안면

용접용 보안면은 용접작업 시 머리와 안면을 보호하기 위한 것으로 통상적으로 지지대를 이용하여 고정하며 적합한 필터를 통해서 눈과 안면을 보호하는 보호구를 말한다. 용접용 보안면의 종류는 용접필터의 자동변화 유무에 따라 자동용접 필터형과 일반용접 필터형으로 구분한다.

용접용 보안면의 일반구조는 다음과 같다.

① 보안면에는 돌출 부분, 날카로운 모서리 혹은 사용 도중 불편하거나 상해를 줄 수 있는 결함이 없어야 한다.

② 착용자와 접촉하는 보안면의 모든 부분에는 피부 자극을 유발하지 않는 재질을 사용해야 한다.

③ 머리띠를 착용하는 경우, 착용자의 머리와 접촉하는 모든 부분의 폭이 최소한 10 mm 이상 되어야 하며, 머리띠는 조절이 가능해야 한다.

④ 복사열에 노출될 수 있는 금속부분은 단열처리를 해야 한다.
⑤ 필터 및 커버 등은 특수공구를 사용하지 않고 사용자가 용이하게 교체할 수 있어야 한다.
⑥ 지지대는 보안면을 정확한 위치에 고정하고 머리방향에 무관하게 이상 압력이나 미끄러짐 없이 편안한 착용상태를 유지할 수 있어야 한다.
⑦ 용접용 보안면의 내부 표면은 무광 처리하고 보안면 내부로 빛이 침투하지 않도록 해야 한다.

8 작업장 보호구 관리

보호구는 다음의 사항을 참고하여 작업장에서 사용되어야 한다.
① 보호구는 작업장에서 발생하는 유해물질의 성상을 정확히 파악하여 선택, 적용하여야 한다.
② 보호구는 개인사용 보호구와 공동사용 보호구로 나눌 수 있는데 위생보호구는 개인사용을 원칙으로 한다.
③ 보호구는 개인 보호구함을 마련하여 위생적으로 관리하여야 한다.
④ 보호구는 사용치 않을 시에 작업장에 방치되는 일이 있어서는 안 된다. 작업장은 대개의 경우 유해물질이 작업장에 공존하는 경우가 많으므로 작업장에 방치될 경우 실내의 오염공기에 의해 보호구가 오염될 소지가 있다.
⑤ 호흡보호구의 경우 정화통의 수명을 고려하여 관리하여야 한다.
⑥ 귀마개의 경우 오염된 손에 의하여 귀에 중이염 같은 귀 질환이 일어날 수 있으므로 손을 청결히 하여 사용하여야 하고 귀마개는 일회용으로만 사용하여야 한다.
⑦ 보호구는 반드시 지급대장을 작성하여 보호구에 대한 지급 기록을 남기도록 한다.

Reference

1. 보호구 안전 인증 고시(고용노동부 제2017-64호)
2. 개인보호장구 이영섭 대성안전교육사
3. 산업위생관리 박기학외 동화기술, 2004
4. 산업위생관리 기술사 서영민외 성안당, 2018
5. 산업안전보호장구. 최상복 외. 동화기술. 1996
6. 개인보호구의 기능과 역할. 안전보건공단. 1992
7. 보호구 올바른 선택과 착용방법. 안전보건공단. 1998
8. 작업공정별 보건관리 매뉴얼. 대한산업보건협회. 1992
9. 직무교육교재(보건관리전문기관). 안전보건공단. 2019
10. 산업안전기사. 이준원 외. 성안당. 2017
11. 산업안전과 보건. 현대자동차 노동조합. 1990
12. 안전위생보호구. 이병헌. 동화기술, 1996
13. General Industry Standards Code of Federal Regulation. OSHA. 29CFR 1910,132
14. Methods for Measureing the Real-Ear Attention of Hearing Protectors. ANSI. 1997
15. American National Standard for Respiratory Protection. ANSI. 1992

제12장

산업환기

각종 산업의 발달로 유해물질의 종류와 사용이 늘어나고 있다. 작업장에서 사용되는 유해물질 중 화학물질에 대한 관리 방법은 물질을 제거하는 방법과 물질을 저독성 또는 무독성의 물질로 대체하여 주는 방법이 있다. 하지만 이러한 방법은 제품에 대한 성능과 물질에 대한 검증 등으로 적용이 상당히 어렵다. 그러므로 작업장에서는 공학적인 관리방법으로 환기 설비의 설치 운용 방법이 비교적 쉽게 적용 가능한 부분이다. 그러나 작업장의 환기 설비 운용 실태는 그 설치 및 관리에 있어서 불합리한 부분이 많아 환기 설비에 대한 관리가 필요하다.

1 자체검사 개요

국소환기 설비는 설치 이후에 어떻게 관리하느냐에 따라 그 성능이 변화할 수 있다.

국소환기 자체검사는 먼저 국소환기의 계통도인 후드, 덕트, 공기정화장치, 송풍기, 최종 배출구의 상태를 검사하여 시스템적으로 환기 설비의 성능이 잘 유지되는지를 점검하고 관리하는 검사이다.

1.1 점검의 목적

전체환기 및 국소배기장치 등의 환기장치는 제대로 작동되고 있는지를 확인하기 위하여 정기적으로 점검되어야 한다. 설치가 된 후 초기에는 설계대로 작동이 잘 되었다고 하더라도 시간이 지나면 장비가 마모되거나 유지·관리를 제대로 하지 못했을 경우에는 성능이 저하될 것이고 성능이 저하될 경우 곧바로 작업자의 건강에 영향을 미치게 된다. 환기장치의 성능 및 운전 상태의 정상 작동 여부를 점검하는 일은 시설 성능의 확보와 작업장의 환경개선 유지에 매우 중요한 일이다. 따라서 모든 환기장치는 설계대로 정상적으로 작동이 되고 있는지, 송풍량은 충분한지, 합류관의 정압은 균형을 유지하고 있는지에 대해 정기적으로 점검하여야 한다.

국소배기장치를 점검하는 목적은 다음과 같다.

(1) 시공 후 처음으로 가동할 때 필요한 정보를 수집하기 위함이다.
설계대로 작동하는지의 여부, 송풍량, 정압, 속도압 등을 검사하여 가동 조건을 설정하면 이들 조건은 수시점검 또는 정기점검 때 비교자료로 활용할 수가 있을 것이다.

(2) 국소배기시설의 성능 및 운전 상태에 대한 변화를 감시하는 일이다.

(3) 불량 개소 및 고장 부분의 발견과 응급처리 및 보수 여부를 판단하기 위함이다.

(4) 법규 및 각종 규제기준에 대한 행정적 검토를 하기 위함이다.

(5) 작업환경측정 결과에 따른 원인을 파악하기 위함이다.

1.2 국소배기장치 안전검사

국소배기장치 자체검사제도가 없어지고 2012년부터 안전검사로 바뀌었다. 산업안전보건법에 따른 안전검사 및 자율검사 프로그램에 따른 안전검사와 관련하여 안전검사 절차에 관한 규정은 고용노동부 고시에 따른다. 여기에서 안전검사란 안전검사기관에서 유해·위험기계 등의 안전에 관한 성능이 고용노동부 장관이 정하여 고시하는 안전 검사기준에 적합한지의 여부를 현장검사를 통하여 확인하는 것을 말한다. 안전검사기관은 검사결과 필수항목이 판정기준에 미달하거나 관리항목이 안전검사 고시의 검사기준에 미달하여 재해발생의 위험이 있다고 판단되는 경우에는 불합격 판정을 하고 그 내용과 조치방법을 사업장에 설명하고 개선하도록 건의하게 되어 있다. 반면에, 자율검사프로그램에 따른 안전검사는 안전검사를 받아야 하는 주체가 근로자 대표와 협의하여 검사기준, 검사방법 및 검사주기 등을 정한 프로그램을 마련하여 고용노동부장관의 인정을 받고 그에 따라 유해·위험기계 등의 안전에 관한 성능검사를 하면 안전검사를 받은 것으로 보는 제도이다.

표 12.1과 같이 유해물질(49종)에 의한 건강장해를 예방하기 위하여 설치한 국소배기장치에 대해서는 반드시 안전검사를 실시하여야 한다.

표 12.1 국소환기 설비 안전검사 해당 물질

디아니시딘과 그 염	니켈(불용성 무기화합물)	시클로헥사논
디클로로벤지딘과 그 염	디메틸포름아미드	아닐린
베릴륨	벤젠	아세토니트릴
벤조트리클로리드	이황화탄소	아연(산화아연)
비소 및 그 무기화합물	카드뮴 및 그 화합물	아크릴로니트릴
석면	톨루엔-2,4-디이소시아네이트	아크릴아미드
알파-나프틸아민과 그 염	트리클로로에틸렌	알루미늄
염화비닐	포름알데히드	디클로로메탄(염화메틸렌)
오로토-톨리딘과 그 염	메틸클로로포름(1,1,1-트리클로로에탄)	용접흄
크롬광	곡물분진	유리규산
크롬산 아연	망간	코발트
황화니켈	메틸렌디페닐디이소시아네이트(MDI)	크롬
휘발성 콜타르피치	무수프탈산	탈크(활석)
2-브로모프로판	브롬화메틸	톨루엔
6가크롬 화합물	수은	황산알루미늄
납 및 그 무기화합물	스티렌	황화수소
노말헥산		

2 자체검사 장비

산업안전보건법규의 국소환기 설비 자체검사 시 필요한 장비는 스모크 테스터, 청음기 또는 청음봉, 절연저항계, 표면온도계 또는 초자온도계, 정압프로브가 달린 열선풍속계와 회전계(RPM측정기)이며 이 측정 장비의 사용방법은 다음과 같다.

2.1 스모크 테스터(발연관)

스모크 테스터는 염화 제2주석을 흡착시킨 경석을 유리관에 넣고 고무공에 부착시킨 장비이며 고무공을 눌러 공기를 통하여 염화 제2주석의 흰 연기를 발생시켜 기류의 흐름과 대강의 유속을 알 수 있는 장비이다. 그리고 현장에서 스모크 테스터 대용으로 담배 연기 등을 활용하는 경우가 있는데 이는 폭발 및 화재의 우려가 있기 때문에 사용을 피해야 한다.

스모크 테스터는 연기의 흐름으로 대강의 유속을 알 수 있는데 다음 그림 12.2와 같다.

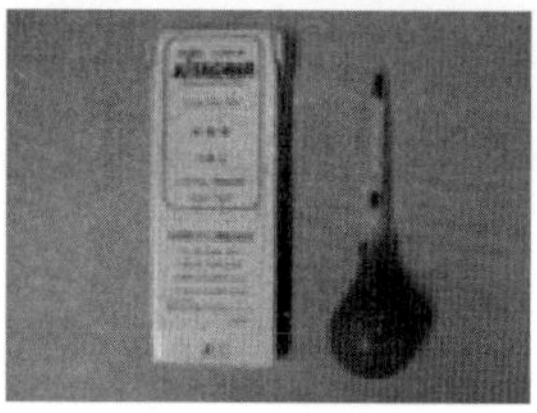

그림 12.1 스모크 테스터(발연관)

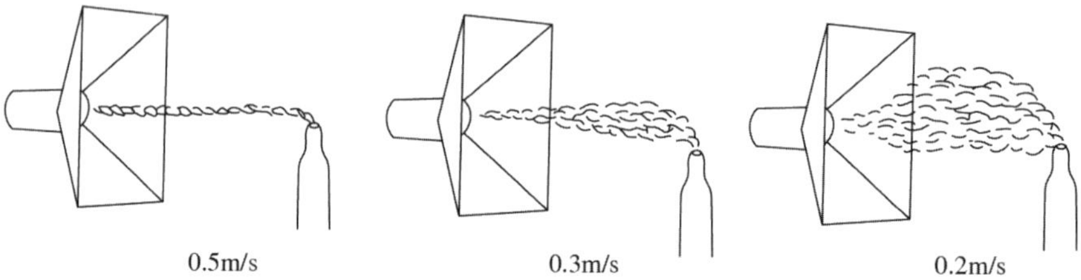

그림 12.2 스모크 테스터의 상태와 기류의 속도

2.2 청음기 또는 청음봉

청음기와 청음봉은 음향을 청취하여 그 방향, 위치, 성능 등을 탐지하는 장치를 말한다. 청음기는 청진기에서 가장 간단한 구조의 것이 좋고 청음봉은 직경이 6~8 mm 길이가 30 cm 가량의 양단이 구형을 가진 금속제 봉이 좋다. 청음기는 장치의 검사 부분에 수음부를 갖다 대고 음을 들으면서 이상음을 관찰하는 기구이고 청음봉은 한쪽 부분을 검사 부분에 갖다 대고 다른 한쪽 부분을 귀에 갖다 댄 후 장치의 이상음을 관찰하는 장비이다.

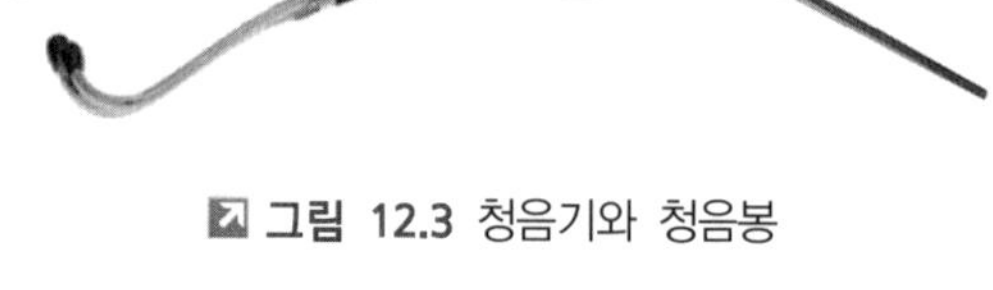

그림 12.3 청음기와 청음봉

2.3 절연저항계

절연저항계는 전동기의 권선과 케이스 사이 및 권선과 접지단자 사이의 절연저항을 측정하는 기구이다.

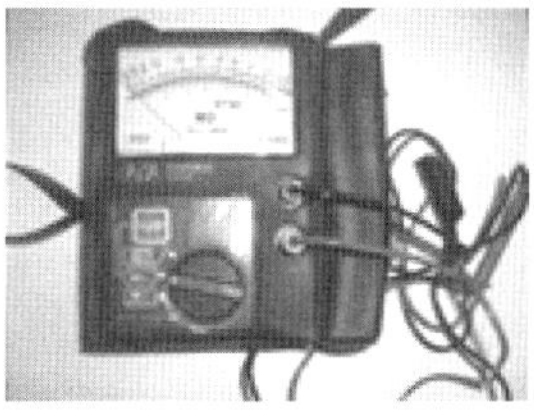

그림 12.4 절연저항계

2.4 표면온도계 또는 초자온도계

전동기와 베어링의 표면온도를 측정하기 위한 장비이다. 표면온도계는 형식에 따라 비접촉식과 접촉식이 있다. 표면온도계 대용으로 초자온도계를 사용하여 측정하기도 한다.

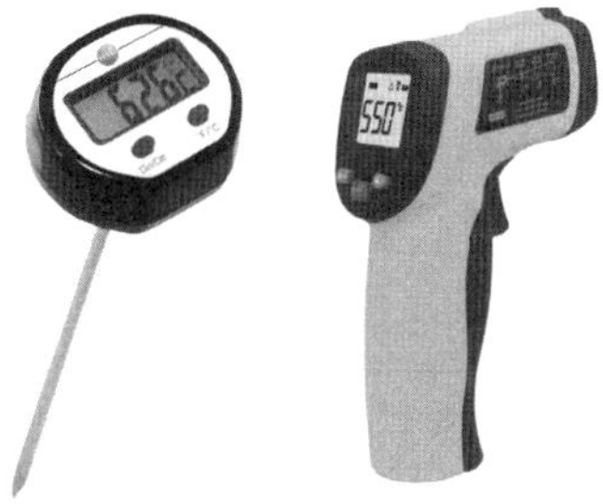

그림 12.5 접촉식과 비접촉식 표면온도계

2.5 정압프로브가 달린 열선풍속계

온도가 높은 물체에 바람이 닿으면 열을 잃어 온도가 내려가고, 내려가는 온도와 풍속의 관계는 일정하기 때문에 온도의 하강 정도를 측정하여 풍속을 구할 수 있다. 온도가 높은 물체로 금속선을 사용한 것이 열선풍속계이다. 금속선으로 백금이나 니켈 등 부식이 잘 안 되는 재료를 사용한다. 열선풍속계는 약 1,000℃까지 가열되는 가는 백금선으로 구성되어 있고 백금선의 온도는 주변 온도변화에 영향을 받지 않는다. 풍속은 일정한 온도로 열선을 유지시키는데 필요한 전류를 측정하거나 또는 열선을 통과하는 전류가 일정하게 유지되는 동안 열선의 저항변화를 측정함으로 알 수 있다. 열선풍속계는 이러한 원리를 이용한 기구로써 후드의 제어속도 및 덕트 내 반송속도(정압측정도 가능)를 측정하기 위한 기구이다.

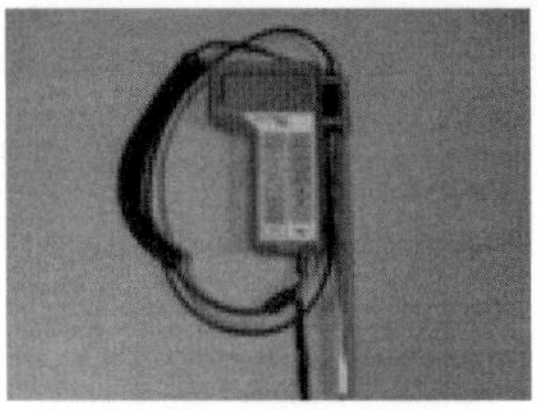

그림 12.6 열선풍속계

2.6 회전계(RPM측정기)

유속을 측정하여 흡기 및 배기속도가 적정하기 않은 경우에는 송풍기 회전수를 측정하여 적정한 회전수가 되는지를 확인해야 한다. 회전계는 단위시간 내의 회전수를 측정하는 횟수계(回數計)와 순간의 회전 속도를 측정하는 회전 속도계로 크게 나뉜다.

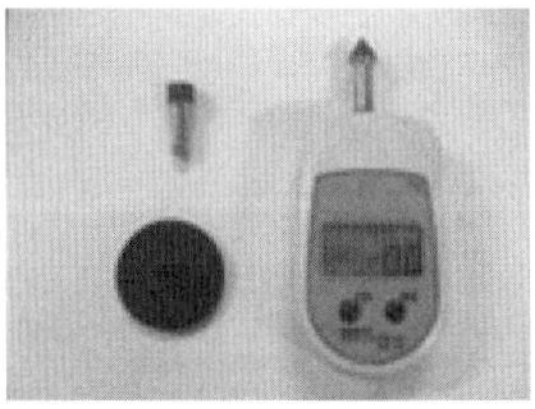

그림 12.7 회전계(RPM측정기)

그 밖에 초음파 두께 측정기, 수주마노메타, 긁개, 피토관 등의 자체검사 장비가 있다.

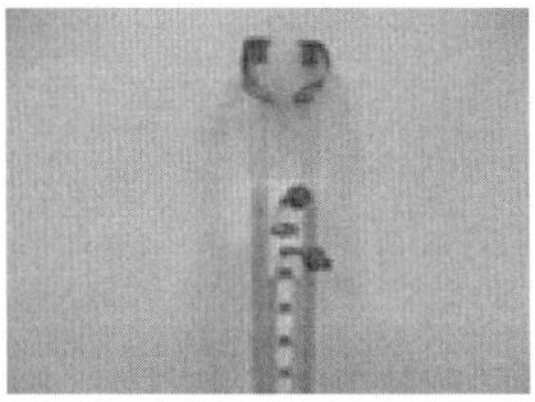

그림 12.8 수주마노메타

3 설비별 자체검사

3.1 후드

3.1.1 후드의 외관검사

후드의 외관검사 시에는 일반검사, 마모, 부식, 기타 후드가 손상된 곳이 있는지를 보아야 한다.

① 후드 형식이 적정한지 여부

후드의 설치 시 작업장에서 주로 발생하는 후드 설치의 오류는 물질의 성상과 관계없이 상방형 후드를 설치하는 경우이다. 상방형 후드는 통상적으로 발생원에 열원이 있어서 열원에 의한 상승기류의 효과를 보기 위해 주로 설치하는 타입인데 작업장에서는 열원이 없음에도 불구하고 상방형의 후드를 설치하는 것은 상방에는 설비가 없어서 생산과 관련하여 죽은 공간(Dead Space)으로 인식하기 때문이다.

그림 12.9 상방형 후드

후드의 설치는 가능한 한 발생원을 많이 밀폐하는 구조가 좋다. 그런 면에서는 포위형 후드가 작업장의 물질의 성상에 관계없이 설치하기 좋은 타입이다.

② 발생원마다 후드가 설치되어 있는지 여부

유해물질 발생원마다 후드가 설치되어 있는지를 보아야 한다. 산업안전보건기준에 관한 규칙 중 관리대상 물질편을 보게 되면 관리대상 물질에는 사업주에게 의무사항으로 국소환기 설비를 설치하게 되어있다.

③ 발생원과 가까운 위치에 설치되어 있는지 여부

후드는 가급적이면 발생원에 가깝게 설치되어야 한다. 후드와 발생원의 거리가 멀면 유해물질을 처리하기 위해 많은 유량이 필요하게 되고 결국에는 환기설비를 유지하기 위한 비용이 더 필요하기 때문이다.

④ 후드의 크기가 적정한지 여부

효율적인 환기 설비를 운영하기 위해 발생원의 크기에 비추어 보아 후드의 크기가 적정해야 한다.

⑤ 후드의 흡인경로에 방해설비가 없는지 여부

후드의 흡인경로에 기둥, 벽, 설비 등의 방해설비가 있으면 환기 흐름을 깨어 버릴 수 있기 때문이다.

⑥ 후드의 파손 및 변경된 부분이 있는지 여부

설치된 후드의 파손 및 변경된 부분으로 인하여 기존의 설계되어 있는 환기 시스템의 사양이 적절히 운영되지 않는다.

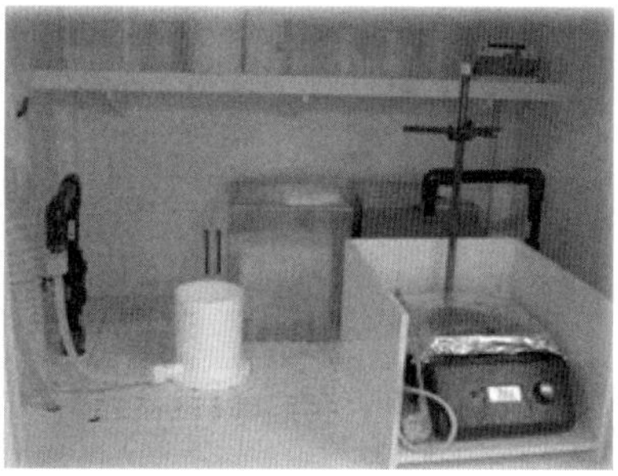

그림 12.10 후드 변경, 파손, 흡인경로 방해설비

3.1.2 후드 선택지침

후드는 설치 시 다음의 원칙을 적용하여야 한다.

① 필요 환기량을 최소화해야 한다.

필요 환기량을 최소화하려면 공정을 많이 포위해야 하고 발생원에 가깝게 후드를 설치해야 하고 기류가 균일하게 분포되도록 설계하여야 한다.

② 작업자의 호흡영역을 보호해야 한다.

③ 추천된 설계 사양을 사용해야 한다.

④ 작업자가 사용하기 편리해야 한다.

3.1.3 후드의 유속 측정

자체검사에서 후드 유속을 측정하여 발생하는 유해물질에 대하여 적정한 제어속도를 유지하고 있는지를 파악하는 것은 자체검사의 기본적인 사항이다. 후드의 제어속도는 다음과 같이 측정한다.

① 포위식 후드 또는 캐노피형을 제외한 레시버식 후드의 제어속도 검사 개구면 한 변이 0.5 m 이하가 되도록 16개 이상(개구면이 현저히 작은 경우 둘 이상)의 등면적으로 분할, 각 부분의 중심에서 흡입되는 기류의 속도를 열선풍속계를 사용하여 측정한다.

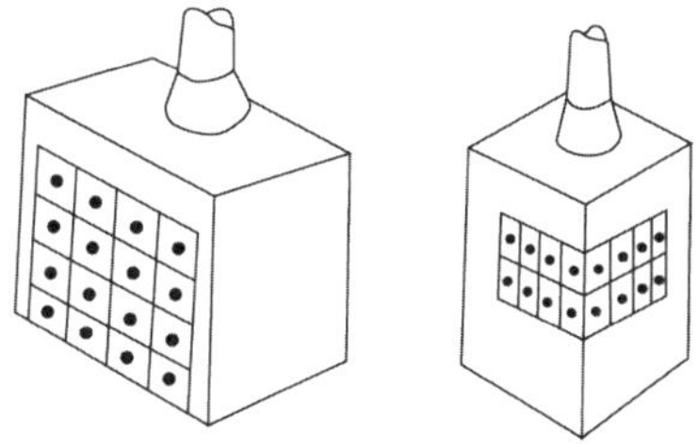

그림 12.11 포위식 후드의 제어속도 측정 위치

② 외부식 또는 캐노피형 후드의 제어속도 측정
후드의 개구면에서 가장 멀리 떨어진 지점에서 흡인기류의 속도를 측정한다.

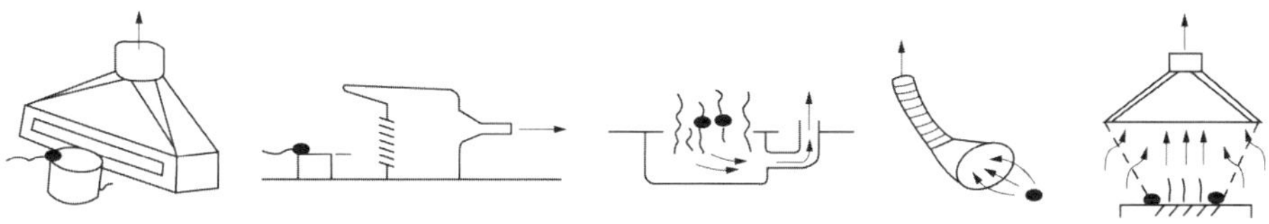

그림 12.12 외부식 또는 캐노피형 후드

3.1.4 제어속도 판정기준

분진작업, 관리대상 유해물질, 허가대상 및 금지 유해물질 관련 산업보건기준에 관한 규칙의 기준 이상이어야 하며 그 기준은 다음과 같다.

분진작업장소에 대한 제어풍속 기준은 회전체가 있는 설비에 대한 기준과 회전체가 없는 설비로 나누어 규정되어 있다.

표 12.2 회전체가 없는 작업의 제어풍속 기준

분진 작업 장소	제어풍속(m/sec)			
	포위식 후드의 경우	외부식 후드의 경우		
		측방 흡인형	하방 흡인형	상방 흡인형
암석등 탄소원료 또는 알루미늄박을 체로 거르는 장소	0.7	-	-	-
주물모래를 재생하는 장소	0.7	-	-	-
주형을 부수고 모래를 터는 장소	0.7	1.3	1.3	-
그 밖의 분진작업장소	0.7	1.0	1.0	1.2

※ 비고

1. 제어풍속이란 국소배기장치의 모든 후드를 개방한 경우의 제어풍속으로서 다음 각 목의 위치에서 측정한다.
   가. 포위식 후드에서는 후드 개구면
   나. 외부식 후드에서는 해당 후드에 의하여 분진을 빨아들이려는 범위에서 그 후드 개구면으로부터 가장 먼 거리의 작업위치

표 12.3 회전체가 있는 작업의 제어풍속 기준

후드의 설치방법	제어풍속(m/sec)
회전체를 가지는 기계 전체를 포위하는 방법	0.5
회전체의 회전으로 발생하는 분진의 흩날림 방향을 후드의 개구면으로 덮는 방법	5.0
회전체만을 포위하는 방법	5.0

※ 비고

제어풍속이란 국소배기장치의 모든 후드를 개방한 경우의 제어풍속으로서, 회전체를 정지한 상태에서 후드의 개구면에서의 최소풍속을 말한다.

관리대상 물질에 대한 후드의 제어속도 기준은 다음과 같다.

표 12.4 관리대상 물질 후드의 제어속도 기준

물질의 상태	후드 형식	제어풍속(m/sec)
가스 상태	포위식 포위형 외부식 측방흡인형 외부식 하방흡인형 외부식 상방흡인형	0.4 0.5 0.5 1.0

물질의 상태	후드 형식	제어풍속(m/sec)
입자 상태	포위식 포위형	0.7
	외부식 측방흡인형	1.0
	외부식 하방흡인형	1.0
	외부식 상방흡인형	1.2

※ 비고

1. "가스 상태"란 관리대상 유해물질이 후드로 빨아들여질 때의 상태가 가스 또는 증기인 경우를 말한다.
2. "입자 상태"란 관리대상 유해물질이 후드로 빨아들여질 때의 상태가 흄, 분진 또는 미스트인 경우를 말한다.
3. "제어풍속"이란 국소배기장치의 모든 후드를 개방한 경우의 제어풍속으로서 다음 각 목에 따른 위치에서의 풍속을 말한다.
   가. 포위식 후드에서는 후드 개구면에서의 풍속
   나. 외부식 후드에서는 해당 후드에 의하여 관리대상 유해물질을 빨아들이려는 범위 내에서 해당 후드 개구면으로부터 가장 먼 거리의 작업위치에서의 풍속

허가대상 물질과 금지대상 물질에 대한 후드의 제어속도 기준은 다음과 같다.

표 12.5 허가대상 물질의 후드 제어속도 기준

물질의 상태	제어풍속(m/sec)
가스상	0.5
입자상	1.0

※ 비고

1. 이 표에서 제어풍속이란 국소배기장치의 모든 후드를 개방한 경우의 제어풍속을 말한다.
2. 이 표에서 제어풍속은 후드의 형식에 따라 다음에서 정한 위치에서의 풍속을 말한다.
   가. 포위식 또는 부스식에서는 후드의 개구면에서의 풍속
   나. 외부식 또는 레시버식 후드에서는 유해물질의 가스·증기 또는 분진이 빨려 들어가는 범위안에서 당해 개구면으로부터 가장 먼 작업위치에서의 풍속

표 12.6 금지대상 물질의 후드 제어속도 기준

물질의 상태	제어풍속(m/sec)
가스상	0.5
입자상	1.0

※ 비고

이 표에서 제어풍속이란 모든 부스식 후드의 개구면을 완전 개방했을 때의 풍속을 말한다.

3.1.5 후드 유속 증가방법

기존의 설치되어 있는 국소환기 설비의 보강을 통하여 제어속도를 향상시키는 방법이 있는데 테이퍼설치, 플랜지설치, 슬롯설치, 분리날개 설치의 방법이 있다. 테이퍼를 설치하여 줌으로 후드 안으로 유입된 유해물질을 잘 모아서 덕트로 전달할 수 있고 후드의 개구면 속도를 균일하게 해주는 역할을 한다. 플랜지를 설치하면 25% 정도의 필요 환기량 증가 효과가 있다. 그리고 상방형 후드의 경우는 발생원에서의 제어속도를 상향시키기 위해서 후드 주위에 비닐커텐을 설치하는 방법이 있다.

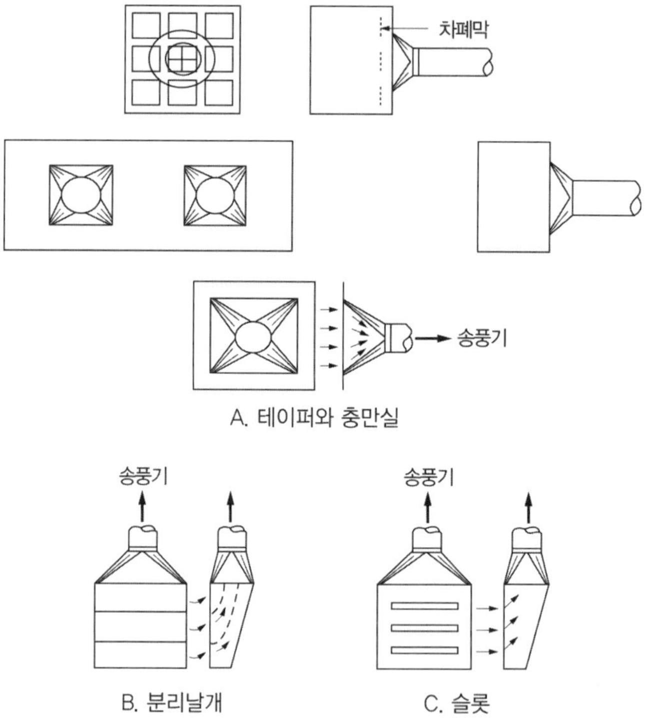

그림 12.13 후드의 차폐막, 분리날개, 슬롯

3.2 덕트

3.2.1 외관검사

덕트의 외관검사는 덕트의 외부, 내부, 댐퍼, 접속부 그리고 점검구에 대하여 검사하여야 한다. 덕트는 길이와 굴곡부분의 수의 많고 적음을 조사하되 길이는 짧고, 굴곡 부분의 수가 작은 것이 좋다. 접속부 내면의 돌기가 없어야 하고 청소구 또는 청소하기에 쉬운 구조이어야 한다.

덕트 외부의 검사는 육안검사와 스모크 테스터를 이용하여 실시하고 덕트 외부의 마모, 부식과 찌그러짐의 상태, 댐퍼의 상태를 확인하고 덕트 접속부의 상태를 확인한다. 그리고 점검구 등의 개폐 여부 및 기밀성을 확인한다. 검사 순서는 가지 덕트에서 주덕트로, 기류의 상류에서 하류 방향의 순서로 검사한다. 외부검사 시 공기 누출의 원인이 되는 마모, 부식, 흠집 기타 손상이 없어야 하고 부식의 원인이 되는 도장 등의 손상, 통기 저항의 증가 또는 분진 등의 퇴적 원인이 되는 변형 등이 없어야 한다.

덕트 내부의 검사는 육안과 덕트 내 정압측정 그리고 테스트 망치를 사용하여 실시하고 덕트 내부의 마모, 부식과 찌그러짐 등이 있는지를 확인하고 덕트 내부의 도장상태와 라이닝 등의 손상 유무를 파악해야 한다. 그리고 부착물이나 퇴적물이 있는지를 검사해야 한다. 공기 유출의 원인이 되는 마모, 부식이 없어야 하며 부식의 원인이 되는 도장 등의 손상과 분진 등의 퇴적현상이 없어야 한다. 그리고 분진의 퇴적으로 인한 이상음도 없어야 한다. 덕트 내의 정압은 초기 정압(Ps)의 ±10% 이내이어야 한다.

댐퍼가 국소배기장치의 성능을 보존하도록 규정된 위치에 설치되어야 하고 댐퍼에는 반드시 열림과 닫힘의 표식이 되어 있어서 원거리에서도 댐퍼의 상태를 알 수 있어야 한다. 그리고 댐퍼는 가벼운 힘으로 조작이 되어야 하고 기류의 변경 또는 폐쇄가 완전히 되어야 한다. 플랜지의 고정용 볼트, 너트와 패킹 등의 손상유무를 조사하여야 하는데 결합볼트, 너트 그리고 패킹의 손상이 없어야 한다.

접속부로부터 기류가 흡입 덕트에서 흡입되지 않고, 배기 덕트에서는 접속부로부터 배출되면 안 된다. 그리고 덕트 접속부에서의 공기의 유입 또는 누출에 의한 소리가 없어야 하며 덕트에 설치된 측정구에서 수주 마노메타 또는 정압 프로브가 달린 열선풍속계를 사용 덕트 내의 정압을 측정하여 덕트 내의 정압이 초기정압(Ps) ±10% 이내이어야 한다.

점검구의 검사는 점검구의 개폐상태를 조사하여 개폐가 원활히 되고 밀폐가 확실하게 되는지 검사하여야 한다.

3.2.2 반송속도 측정

반송속도는 분진을 포함하는 공기가 덕트 내에 흐르고 있는 경우에 분진이 침강하지 않는 흐름의 속도를 말한다. 후드로 유입된 유해물질이 덕트를 통하여 이송되어 공기정화장치로 가기 위해서는 반송속도가 중요하다. 덕트 내에서의 반송속도 측정 지점은 곡관 및 합류지점에서 하류방향으로 덕트 직경의 8배 이상 그리고 곡관 및 합류지점에서 상류방향으로 덕트 직경의 4배 이상인 지점에서 열선 풍속계나 피토관을 이용하여 측정한다.

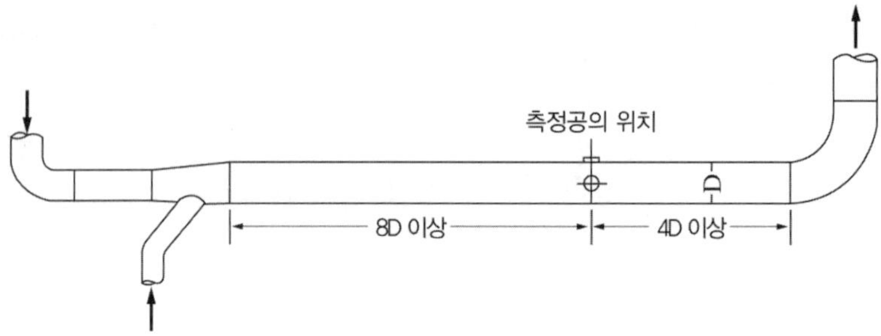

그림 12.14 덕트 내 반송속도 측정 지점

덕트의 반송속도는 열선풍속계나 피토관을 이용하여 측정한다.

사각덕트의 경우는 변의 길이가 15 cm 이하가 되도록 단면을 12에서 64의 등면적의 정방형 또는 장방형으로 나누고 각 단면의 중심에서 반송속도를 측정한다. 64개 이상으로 분할할 필요는 없다. 아래와 같이 반송속도를 측정한다.

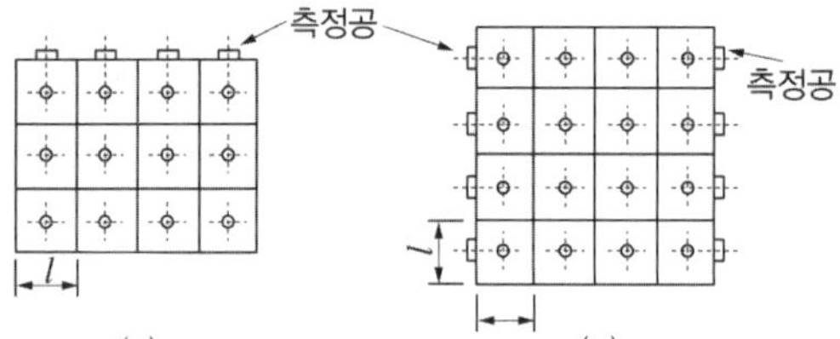

(a)
정방형 단면의 측정점의 예
(측정점수 12의 경우)

(b)
정방형 단면의 측정점의 예
(측정점수 16의 경우)

덕트변의 길이(m)	구분된 변의 길이 L(m)
1 이하	0.1
1 이상	0.15

그림 12.15 사각 덕트의 반송속도 측정

표 12.7 원형 덕트의 반송속도 측정

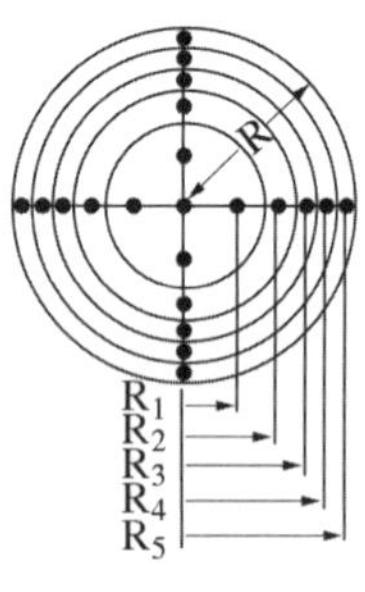	적용덕트 직경 (m)	반경 구분수 Z	측정 점수 n	측정점의 중심에서의 거리 반경번호				
				R_1	R_2	R_3	R_4	R_5
	0.3 이하	3	12	0.408R	0.707R	0.913R	-	-
	0.3 이상 1 이하	4	16	0.354R	0.612R	0.791R	0.935R	-
	1 이상인 경우	5	20	0.316R	0.548R	0.707R	0.837R	0.949R

원형 덕트의 경우는 교차하는 두 선상에서 동심원에 의하여 단면적을 나누고 각 원의 중심점을 측정위치로 한다. 덕트 직경이 1 m 이상일 때는 5로 하고 30 cm 이하일 때는 3, 그 중간의 경우는 4로 하면 무난하다.

덕트 내에서의 반송속도의 권고기준은 다음과 같다.

표 12.8 반송속도 기준

유해물질 발생형태	유해물질 종류	반송속도(m/s)
증기, 가스, 연기	모든 증기, 가스 및 연기	5.0~10.0
흄	아연흄, 산화알루미늄흄, 용접흄 등	10.0~12.5
미세하고 가벼운 분진	미세한 면분진, 미세한 목분진, 종이분진 등	12.5~15.0
건조한 분진이나 분말	고무분진, 면분진, 가죽분진, 동물털 분진 등	15.0~20.0
일반 산업분진	그라인더 분진, 일반적인 금속분말분진, 모직물분진, 실리카분진, 주물분진, 석면분진 등	17.5~20.0
무거운 분진	젖은 톱밥분진, 입자가 혼입된 금속분진, 샌드블라스트분진, 주절보링분진, 납분진	20.0~22.5
무겁고 습한 분진	습한 시멘트분진, 작은 칩이 혼입된 납분진, 석면덩어리 등	22.5 이상

3.2.3 덕트 관리안

① 국소환기 설비의 관리에 있어서 작업장의 최대의 문제점은 기존의 시공되어진 상태에서 생산이 늘어나게 되면 설비가 늘어나게 되고 설비가 늘어나면 설비에 설치되는 환기 설비가 더 필요하게 되는데 이런 경우에 대부분의 작업장에서는 기존에 있는 환기 설비에다 덕트를 추가로 시공하여 사용하는 경우가 대부분이다. 이러다 보니 기존의 송풍량을 초과하게 되고 결국에는 기존에 설치되어 있는 환기의 밸런스까지도 망가지는 상황이 되는 것이다. 작업장에서는 반드시 송풍기의 송풍량을 확인하여 송풍량의 범위 내에서 추가 시공하고 송풍량을 초과할 시에는 환기 설비를 신설해야 한다.

그림 12.16 작업장의 덕트 시공 사례

② 댐퍼의 열림 닫힘 표식
③ 플렉시블 덕트의 경우 파손되지 않도록 관리
④ 덕트 절개 시 반드시 마감조치 하여야 한다.
⑤ 덕트의 기본적인 설계사양을 따라야 한다.
⑥ 덕트 설치 시 덕트는 사각 덕트와 원형 덕트가 있는데 가급적 원형 덕트를 사용하는 것이 좋다.

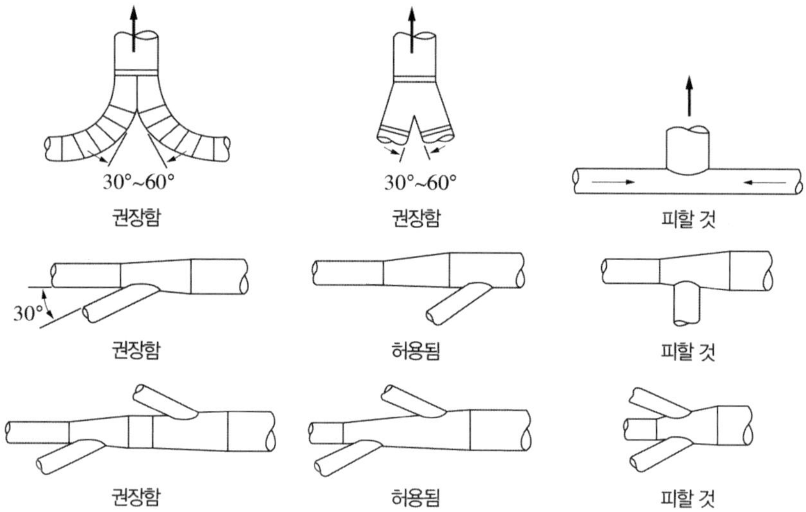

그림 12.17 주 덕트와 가지 덕트의 연결

원형 덕트는 마찰손실이 적고 구조적으로 더 단단한 구조이다. 사각 덕트는 원형 덕트보다 압력손실이 높고 평균적으로 20% 정도 동력이 더 필요하다.

사각 덕트는 가격이 비싸고 덕트 내부 청소가 곤란하다.

원형 덕트 사용이 곤란할 때는 가급적 정방형 덕트를 사용하도록 한다.

3.3 공기정화장치

공기정화장치의 형식은 제거하고자 하는 오염물질의 종류, 특성을 고려한 적합한 형식 및 구조를 가져야 한다. 또한 처리성능에 영향을 줄 수 있는 외면 또는 내면의 파손, 변형, 부식 등이 없어야 하며 구동장치, 여과장치 등이 정상적으로 작동되고 이상음이 발생하지 않아야 한다. 공기정화장치의 성능은 여과재의 막힘 또는 파손이 없고 작동상태가 정상이어야 한다. 설계 성능을 유지하기 위해 정기적으로 적절한 점검이 필요하다. 기체상태의 배관에서 공기의 누설이 있으면 국소배기장치의 성능저하에 직접적인 영향을 주므로 개선이 필요하다. 공기가 유출되면 덕트 및 접합부, 점검구 등의 패킹에서 새는 것과 압축공기 배관에서 새는 것으로 볼 수 있으며 각각 부식 및 접합부(플랜지 또는 이음매)의 느슨함에 원인이 있다.

표 12.9 공기정화장치의 검사 내용

구분	내용
형식 등	제거하고자 하는 오염물질의 종류, 특성을 고려한 적합한 형식 및 구조를 가질 것
표면상태 등	가. 처리성능에 영향을 줄 수 있는 외면 또는 내면의 파손, 변형, 부식 등이 없을 것 나. 구동장치, 여과장치 등이 정상적으로 작동되고, 이상음이 발생하지 않을 것
접속부	접속부는 볼트, 너트, 패킹 등의 이완 및 파손이 없고 공기의 유입 또는 누출이 없을 것
성능	여과재의 막힘 또는 파손이 없고 작동상태가 정상일 것

3.3.1 공기정화장치의 운전관리

(1) 공기정화장치의 운전관리 요령

① 개요

먼지나 배기가스의 상태는 그 오염물질의 종류, 구조, 원재료 및 연소방법이나 기타 현장의 작업조건 등에 따라 현저하게 변화하기 때문에 일정한 기능을 갖고 있는 공기정화장치라 해도 인입 가스의 조건 변화에 따라 소정의 성능을 발휘하지 못하는 경우가 발생한다. 또한, 설계상으로는 완전한 공기정화장치가 설치되었다고 해도 장치의 결함이나 운전의 미숙, 유지관리의 잘못 등으로 기대했던 만큼의 효과를 내지 못하는 경우도 있다. 따라서 공기정화장치의 효율적인 운전과 유지관리를 위해서는 체계적인 점검과 유지관리에 대한 지침을 마련하여 관리해 나가야 한다.

② 조작 시 확인사항

일반적으로 공기정화장치는 장치의 본체, 후드 및 덕트, 송풍기, 배기구, 세정수의 공급 및 방수처리장치, 가스 냉각장치, 집연 설비, 각종 계측기, 제어장치 등으로 구성된다. 공기정화장치를 운전함에 있어서 최우선적으로 고려해야 할 사항은 작업자의 안전관리 및 방재대책이므로 안전 여부 및 방재상태를 확인한 후 문제가 없는 경우에 공기정화장치의 조작을 시작해야 한다.

가. 시동 시

- 안전장치, 방재장치, 냉각장치 또는 차압계, 온도계, 압력계 등 계측기의 작동 및 성능을 확인한다.
- 필요에 따라서 배기구에 잔류하는 폭발성 가스의 유무를 분석하여 확인한다.
- 송풍기, 압축기, 전동기, 로타리 밸브, 공기정화장치의 본체 등 회전체의 회전 상황을 확인한다.
- 공기정화장치의 본체 및 덕트에 접속된 송풍기, 밸브, 댐퍼, 재(Ash) 수송장치 등의 기밀상태를 확인한다.
- 송풍기용 전동기는 일반적으로 배기가스의 온도에서 출력을 설계하고 있기 때문에 시동 시에는 배기가스의 밀도가 커져서 과부하될 우려가 많다. 따라서, 댐퍼를 줄여서 가동하고 점차로 댐퍼를 열어서 압력균형을 유지해 준다. 무엇보다도 관내 최대 저항경로를 정확히 산정하는 것이 가장 중요하다.

나. 운전 시

- 공기정화장치의 운전 시에는 특히 배기가스의 온도 및 압력손실, 사용 수량, 배수의 PH, 또는 배기가스의 색깔 등에 주의하여 운전한다.
- 운전 중에 발생하는 사고 유형은 마모, 부식 또는 발생가스의 조건 상태 등에 따라서 폭발성 가스가 한계를 넘는 경우 폭발의 위험성과 여과재 필터와 활성탄의 화재 위험성이 있다.
- 연료의 교체 또는 원재료를 바꿀 경우에는 집진 상태에 큰 변화를 주기 때문에 교체 전후의 배출가스 온도, 압력 손실, 소요시간 등을 기록해 둔다.

다. 정지 시

- 배기가스 중에는 부식성, 유해성, 폭발성 가스를 포함하는 경우가 많으므로 조업을 정지한 이후에도 최소한 10～15분간은 송풍기 운전을 계속하여 공기정화장치에 부착된 먼지를 완전히 떨어내고 배기가스에 의해 일어나는 먼지의 부착 또는 부식을 방지하기 위하여 배기가스를 공기로 치환한 후 송풍기를 정지시킨다.
- 송풍기에 부착된 각종 전동기 등의 정지 또는 접지상태 등을 확인하고, 공기정화장치의 본체, 배기구, 송풍기 등에 먼지의 쌓임이나 막힘 여부를 점검하고 장기간 정지해야 할 경우에는 먼지를 청소하여 발생 가능한 사고를 사전 예방한다.
- 안전장치, 전동기, 회전기, 전기설비 등에 대해서는 작동상태를 점검하고 필요에 따라 보수해 놓는다.

- 압력계, 온도계, 차압계 기타 자동 계측기에 대해서도 정기적인 정도 검사와 교정을 실시한다.

3.3.2 공기정화장치의 유지관리

(1) 기본적인 유지관리 기술

분진이나 배기가스의 성상은 사용원료의 종류 및 혼합비 또는 연소방법 등 조업조건에 따라 크게 변한다. 때문에 일정의 기능을 가진 공기정화장치는 입력 조건의 변화에 따라 소정의 집진 성능을 발휘하지 못하는 경우가 있다. 사용 중 잦은 성능저하 또는 사용불능의 문제점이 발생하는 경우가 있으므로 공기정화장치의 유지관리 계획에 있어서는 다음과 같은 점을 충분히 고려할 필요가 있다.

가. 집진효율에는 충분한 여유를 줄 것

집진효율은 분진농도의 측정치로부터 산출되지만, 측정에는 계측기의 오차를 배제할 수 없으므로 설치 위치 및 지형, 기상조건 또는 인접 사업장, 지역주민 등의 감정 등을 충분히 고려하여 계획하고 집진을 결정할 필요가 있다.

나. 장치의 기능을 잘 이해할 것

공기정화장치의 기능은 각 장치의 종류 및 형식에 따라 집진 처리능력은 달라지므로 설계 단계에서 그 사항을 이해하여 계획을 수립하여야 한다.

다. 배기가스의 성상을 충분히 파악할 것

공기정화장치의 성능은 배기가스의 성상에 따라 크게 변화하므로 분진 및 배기가스의 기초조사를 통하여 성능의 확인을 실시하여야 한다.

(2) 원심력 집진장치

가. 유지관리 사항

① 장치 내부에 먼지 및 미스트(mist)가 쌓이기 쉬운 부분은 주기적으로 청소를 해야 한다.

② 시설 내에서 부식 및 침식, 연결부, 용접부분 등이 파손으로 인한 공기의 누출 및 유입이 없는지를 확인한다.

③ 현장에는 시설 사양서를 비치하며, 가동 시에는 설계 사양대로 가동이 되고 있는지 가스량, 온도, 입·출구 속도 등 먼지 부하 가동에 영향을 주는 사항을 점검하여 확인한다.

나. 결함 발생 시 보수요령

표 12.10 원심력 집진장치 결함 발생 시 보수요령

결함	원인	보수요령
높은 압력강하	- 원심력 집진장치 내부 또는 덕트 내의 막힘	- 원심력 집진장치 내의 주기적인 청소 실시
분진의 재비산	- 호퍼에 분진의 과다 침적 - 공기의 누출 및 유입 - 처리가스 용량의 부족	- 호퍼 부분의 청소 - 장치 내에 부식·침식되어 파손된 부위 보수 - 호퍼 부분 출입구의 밀폐상태 점검 - 설계자에 의한 점검
송풍기의 비정상적인 소음	- 진동 - 유동부분의 소음 - 벨트 드라이브의 소음	- 송풍기 지지대의 고정상태 확인 - 윤활유 주유상태 확인 - 유동부분의 연결상태 확인

(3) 여과 집진장치

가. 유지관리 사항

① 여과재의 손상과 연결 결함 및 여과재에 액적의 부착 여부를 확인한다.

② 압력손실을 점검한다.

③ 장치의 파손 및 공기 누출 여부를 점검한다.

④ 시설의 구조

- 진동형 : 베어링 파손과 회전축 주유의 결함 여부 확인
- 압축 공기의 비정상적인 소음 및 회전축 주유의 결함 여부 확인

⑤ 송풍기의 지지대 및 주유상태 점검과 비정상적인 소음 확인

⑥ 댐퍼 밸브의 작동 사태와 손상 여부 확인

⑦ 충돌판(baffle plate) 부식 및 마모 확인

나. 간이 결함 발생 시 보수요령

표 12.11 여과 집진장치 결함 발생 시 보수요령

결 함	원 인	보 수 요 령
높은 압력강하	- 여과재 청소체제의 불합리 - 여과재 밀폐로 인한 포집기에서 먼지의 재비산	- 청소체계의 재점검 - 설계자에 의한 재점검 - 청정공기로 여과재 건조

결 함	원 인	보 수 요 령
	- 여과재의 젖음	- 진공으로 여과재 청소 및 가스량 점검
	- 용량의 증가와 부적당한 설계로 인한 높은 공기 여재비	- 가능한 입구 유량 감소 - 설계자에 의한 재점검
비정상적인 낮은 압력강하	- 압력 측정공의 막힘	- 측정공을 통한 역통풍 - 먼지나 수분 응축으로부터 감지기의 보호
	- 마노메타의 파손 및 연결부위 이탈	- 일시적으로 국소압력계 사용 - 조사 및 수리
배기구 배출	- 여과재 파손 - 여과재 투과율 증가	- 여과재 교환 - 여과재 시험 - 청소 시 소요동력 및 주기를 점검하고 가능한 소요동력을 낮춘다.
심한 편류	- 부적당한 덕트 균형 - 덕트 막힘 - 부적당한 팬의 위치 선정	- 시스템 재균형 - 청소 - 설계자에 의한 점검과 조정
비정상적인 소음	- 진동 - 유동 부분의 소음 - 벨트 드라이브의 소음	- 송풍기 지지대의 고정상태 확인 - 윤활유 주유상태 확인 - 유동부분 연결상태 확인

(4) 세정 집진장치

가. 유지관리 사항

① 압력강하를 확인한다.

② 흡수액 교반기의 이상 유무를 확인한다.

③ 배액조 및 기액분리기의 침전물의 침적 여부를 확인한다.

④ 장치 내 침식 및 부식 여부를 확인한다.

⑤ 파이프, 덕트, 흡수기, 연결부위, 출입구 및 접합부분 등의 공기 누출 및 접합상태를 확인한다.

⑥ 바이패스와 댐퍼 조정기 등을 점검하여 이상 유무를 확인한다.

⑦ PH 미터, 밸브, 펌프 미터기 등을 점검하여 정상 운전 여부를 확인한다.

⑧ 덕트 및 파이프 내의 침전물의 침적을 확인한다.

⑨ 알카리 용액 사용시 설계에 의한 적정 PH를 수시로 측정한다.

나. 결함 발생 시 보수요령

표 12.12 세정 집진장치 결함 발생 시 보수요령

결 함	보 수 요 령
낮은 압력강하	- 설계서에 따른 가스 유량의 점검 - 송풍기의 벨트 조정 - 설계서에 따른 입구 정압 점검
높은 압력강하	- 가스의 누출 여부 확인 - 설계서에 따른 가스 흐름 점검 - 송풍기의 벨트 조정 - 흡수시설 내 청소
장치 내 막힘	- 분무액에 고형물 제거
스크러버(Scrubber) 내 분진 침적	- 청정 분무액 살포 - 설계에 따른 가스 유량 점검 - 분무액 양을 증가시킴
기액분리의 불충분	- 분무액 양을 감소시킴 - 파손 부분 보수 - 처리 가스 유량 감소
Plugging 현상	- 가스 세정액의 고형 물질 제거 - 유량을 증가시킴 - 노즐에 스케일 및 이물질 제거
높은 압력 강하	- 가스의 누출 여부 확인 - 설계에 따른 가스 유량 점검 - 송풍기의 벨트 조정 - 송풍기의 rpm 조정 - 스크러버 내 청소 - 장치 내 침전물의 침적 여부 확인
비정상적인 소음	- 송풍기의 고정 상태 확인 - 연결부 및 접합부의 연결 상태 확인 - 전동기의 윤활유 주유상태 확인 - 흡수시설의 정기적인 청소 - 유량을 증가시킴
pH	- 적정 pH에 미달 시 알카리 보충(설계에 의해 pH를 조절)

(5) 전기 집진장치

가. 유지관리 사항

① 집진극에 집진층의 두께가 6.4 mm 이상 되면 청소한다.

② 방전극 전선의 공기 고정대와 전선끝의 추(Hanger Weight)가 제자리에 있는지 점검하고 집진관의 중앙에 방전극선이 있는지를 점검한다.

③ 호퍼에 포집된 먼지의 재비산 여부를 점검한다.

④ 응결로 인한 구조물의 부식과 외부공기의 유입을 점검한다.

⑤ 구조물의 전기 연결부위가 완전한가를 점검한다.

⑥ 배전, 절선부위, 장관(Bushing), 단자 등을 청소한다.

⑦ 스위치의 접속부위 청소 및 주유상태를 확인한다.

⑧ 추타기의 움직임이 원활한가를 모든 부품을 통하여 점검한다.

나. 결함 발생 시 보수요령

표 12.13 전기 집진장치 결함 발생 시 보수요령

결 함	원 인	보 수 요 령
집진장치 가동이 안 됨	- 방전극 단선 - 절연애자 파괴 - 고정압 공급장치 고장 - 정전	- 납품업체에 연락 - 애자 교체 - 납품업체에 연락 - 한전에 연락, 비상발전기 가동
집진장치 가동 중인데 배기구에서 분진 배출	- 재비산 - 호퍼에 분진 추적 - 덕트 분진 추진	- 프리 컨디셔닝 조절 - 바이브레이터 가동 - 덕트 분진 제거
집진효율의 급격한 저하	- 정류 불량 - 방전극의 열화, 부식 - 집진극에 먼지 퇴적 - 추타장치 고장	- 정류 테스트 후 정류 조절 - 방전극 및 집진극의 교환 - 집진장치 휴지 후 청소 - 추타장치 교환
저전압, 저전류 운전	- 스파크 조절 저장 - 무헌팅	- 재조정 - 분단 8~10회로 헌팅수 조절
집진기 부식	- 황산 부식 - 애자실 부식	- 노점온도 이상 운전 - 애자실 보호 송풍기 정상 가동 - 보온재 검토 및 보강

(6) 흡착시설

가. 유지관리 사항

① 흡착층의 상부, 중앙, 하부의 흡착시료를 추출하여 정기적으로 흡착력을 점검한다.

② 접합부, 덕트의 연결부, 여과실과 흡착층 등의 공기 누출 여부를 확인한다.

③ 흡착시설 전면에 여과 집진장치가 설치된 경우 여과집진 시설의 압력 강하를 측정한다.

④ 배출가스 유량의 균형을 위해 댐퍼를 조정한다.

⑤ 흡착층 입출구의 압력손실을 점검한다.

나. 결함 발생 시 보수요령

표 12.14 흡착시설 결함 발생 시 보수요령

결 함	보 수 요 령
흡착기의 효율 저하	- 덕트 및 장치 내 공기의 유출 여부 확인 - 흡착물의 흡착력 검사
처리 가스량의 유량변화	- 덕트에 부착된 유량계의 고장 여부 확인 - 처리가스 유량의 균형을 위한 댐퍼의 조정 - 설계자에 의한 전반적인 점검
출구 유량의 감소	- 흡착기 전면에 여과집진시설이 설치된 경우 여과재 청소 및 교환 - 송풍기의 이상 유무 확인
비정상적인 소음	- 장치의 고정 상태 확인 - 연결부 및 접합 부분의 파손 여부 확인

3.4 송풍기

3.4.1 송풍기의 안전검사

송풍기 또는 모터의 기능을 저하시키는 파손, 부식, 기타 손상 등이 없어야 하며 송풍기의 케이싱, 임펠러, 모터 등에서의 이상음 또는 이상진동이 발생하지 않도록 유지되어야 한다. 또한 각종 구동장치, 제어반 등이 정상작동되어야 한다. 송풍기의 벨트는 파손, 탈락, 심한 처짐 및 풀리의 손상 등이 없어야 한다. 벨트, 풀리 등의 검사를 마치면 최후로 전동기의 전원을 잠깐씩 넣어서 운전하여 회전방향이 규정된 회전방향과 일치하는지 검사해야 한다. 또한 캔버스의 파손, 부식 등이 없어야 하며, 송풍기 및 덕트의 연결부위 등에서 공기의 유입 또는 누출이 없어야 한다.

후드, 덕트의 검사도 이상이 없고 송풍기의 회전수나 회전방향도 정상인데 흡기 및 배기 능력의 검사에서 소정의 성능이 나오지 않을 때는 송풍기의 성능저하 여부를 점검한다. 송풍기의 성능검사도 많은 손이 거치게 되어 설치장소에 따라서는 위험한 경우를 동반하므로 전동기와 송풍기를 연결하는 벨트 등에는 안전덮개를 설치하고 그 설치 부위는 부식, 마모, 파손, 변형, 이완 등이 없어야 한다.

표 12.15 송풍기의 안전검사 내용

구 분	내 용
송풍기	가. 송풍기 또는 모터의 기능을 저하시키는 파손, 부식, 그 밖에 손상 등이 없을 것 나. 송풍기 케이싱(Casing), 임펠러(Impeller), 모터 등에서의 이상음 또는 이상진동이 발생하지 않을 것 다. 각종 구동장치, 제어반(Control Panel) 등이 정상적으로 작동될 것
벨트	벨트의 파손, 탈락, 심한 처짐 및 풀리의 손상 등이 없을 것
회전방향	송풍기의 회전방향은 규정의 회전방향과 일치할 것
캔버스	가. 캔버스의 파손, 부식 등이 없을 것 나. 송풍기 및 덕트와의 연결부위 등에서 공기의 유입 또는 누출이 없을 것 다. 캔버스의 과도한 수축 또는 팽창으로 송풍기 설계 정압 증가에 영향을 주지 않을 것
안전덮개	전동기와 송풍기를 연결하는 벨트 등에는 안전덮개가 설치되고 그 설치부는 부식, 마모, 파손, 변형, 이완 등이 없을 것
배풍량 등	송풍기의 성능을 저하시키는 설계 정압의 증가 또는 감소가 없을 것

그림 12.18 송풍기의 관리 사례

3.5 최종 배출구의 안전검사

분진 등을 배출하기 위하여 설치하는 국소배기장치의 최종 배기구는 직접 외기를 향하도록 개방하여 실외에 설치하는 등 배출되는 분진 등이 작업장으로 재유입되지 않는 구조이어야 한다. 또한 최종 배기구에 비마개를 설치하여 빗물이 송풍기 등으로 유입되지 않는 구조로 설치하여야 한다.

표 12.16 최종 배출구의 안전검사 내용

구 분	내 용
구조 등	분진 등을 배출하기 위하여 설치하는 국소배기장치(공기정화장치가 설치된 이동식 국소배기장치를 제외한다)의 배기구는 직접 외기로 향하도록 개방하여 실외에 설치하는 등 배출되는 분진 등이 작업장으로 재유입되지 않는 구조일 것
빗물 방지조치	최종 배기구에는 송풍기 등으로의 빗물 유입방지 조치가 되어 있을 것

3.6 전기설비의 안전검사

전동기는 옥내, 옥외, 온도조건 및 기타 사용조건에 적합한 구조로서 이상소음과 이상발열이 없어야 한다. 전동기의 과열 원인으로서는 과부하, 전원전압의 변동, 권선의 상간단락, 접촉 불량 등이 있으며 이때에는 전동기의 교환 및 수리가 필요하다. 우선 제어반의 외관에 대해서 파손, 부식, 칠이 벗겨짐, 표시 등이나 명판의 파손 및 떨어진 것이 없는지를 육안검사 한다. 배전반 · 제어반 등의 외함 구조는 충전부가 노출되지 않도록 폐쇄형으로 잠금장치가 있고 사용 장소에 적합한 구조, 조작용 전기회로 및 방호장치 조작용 전기회로의 전압은 교류 대지전압 150볼트 이하 또는 직류 300볼트 이하이어야 한다.

계전기는 절손, 변형, 부식 또는 피로에 의한 열화가 없어야 하며 정상적으로 작동되고, 운전 상태를 표시하는 표시등이 점등되고 버튼별 명칭이 표기되어야 한다. 이러한 것에 이상이 있음을 발견하였을 때에는 지체 없이 보수한다.

배선의 피복상태는 손상, 파손, 탄화부분이 없어야 하고, 배선의 단자체결 부분은 전용의 단자를 사용하고 볼트 및 너트의 풀림 또는 탈락이 없어야 한다. 또한 배선은 옥내, 옥외, 온도조건 및 기타 사용조건에 적합한 구조로 시공된 것이어야 한다. 전동기의 외함, 배전반의 프레임 등은 접지 하여야 한다.

표 12.17 전기 설비의 안전 검사 내용

구분	내용
전동기	전동기는 다음과 같이 할 것 가. 전동기는 옥내, 옥외, 온도조건 및 그 밖의 사용조건에 적합한 구조일 것 나. 전동기는 이상소음, 이상발열이 없을 것 다. 전동기의 절연저항[MΩ] $\geq \dfrac{\text{사용전압(V)}}{1{,}000+\text{출력(kW)}}$ 이어야 할 것
배전반	배전반·제어반 등은 다음과 같이 할 것 가. 외함의 구조는 충전부가 노출되지 않도록 폐쇄형으로 잠금장치가 있고 사용 장소에 적합한 구조일 것 나. 조작용 전기회로 및 방호장치 조작용 전기회로의 전압은 교류 대지 전압 150볼트 이하 또는 직류 300볼트 이하일 것 다. 퓨즈의 정격전류 또는 그 밖에 과전류보호장치의 전류 설정치는 가능하면 낮게 선정하되 예상 과전류에 적절한 것일 것 라. 과전류보호장치의 정격전류 또는 설정은 장치에 의해 보호되는 도체의 허용전류 용량으로 결정될 것 마. 배전반·제어반 등에는 명칭, 전원의 정격(전압, 주파수, 상수)이 표시된 이름판이 부착될 것 바. 계전기는 절손, 변형, 부식 또는 피로에 의한 열화가 없어야 하며 정상적으로 작동할 것 사. 운전 상태를 표시하는 표시등이 점등되고 버튼별 명칭이 표기될 것
배선	배선은 다음과 같이 할 것 가. 배선의 피복상태는 손상, 파손, 탄화부분이 없을 것 나. 배선의 단자체결 부분은 전용의 단자를 사용하고 볼트 및 너트의 풀림 또는 탈락이 없을 것 다. 배선의 절연저항은 아래의 값 이상일 것 1) 대지전압 150볼트 이하인 경우 : 0.1메가옴 2) 대지전압 150볼트 초과 300볼트 이하인 경우 : 0.2메가옴 3) 사용전압 300볼트 초과 400볼트 미만인 경우 : 0.3메가옴 4) 사용전압 400볼트 이상인 경우 : 0.4메가옴 라. 배선은 옥내, 옥외, 온도조건 및 그 밖의 사용조건에 적합한 구조로 시공된 것일 것
접지	접지설비는 다음과 같이 할 것 가. 전동기 외함 배전반 제어반의 프레임 등은 접지하여 그 접지저항은 아래의 값 이하일 것 1) 400볼트 미만일 때 100옴 2) 400볼트 이상일 때는 10옴 다만, 방폭지역의 저압 전기기계·기구의 외함은 전압에 관계없이 10옴 이하일 것 나. 접지선은 해당 전기기계·기구에 대하여 충분한 용량 및 전기적, 기계적 강도를 가질 것

4 산업환기 설비의 유지관리

4.1 국소배기장치의 검사 내용

국소배기장치를 신규로 설치한 경우에는 다음에서 정하는 바에 따라 준공검사를 하여야 한다. 국소배기장치를 설치한 후 또는 국소배기장치를 분해하여 개조하거나 수리한 후 처음으로 사용할 때에는 사용 전에 다음에서 정하는 바에 따라 점검하여야 한다. 점검결과 이상을 발견할 때에는 즉시 청소·보수 기타 필요한 조치를 하여야 한다.

(1) 신규설치 국소배기장치의 사용 전 검사

① 후드에서의 제어풍속 적합 여부 검사

② 덕트의 반송속도 적합 여부 검사

③ 덕트에서의 공기 누출 여부 검사

④ 해당 작업장내 유해물질의 농도측정 검사(필요 시)

⑤ 소음 진동 및 기타 국소배기장치의 성능 등에 필요한 검사

⑥ 송풍기 정압 및 배기 유량을 측정하여 정격 정압 및 배기 유량과 비교하는 송풍기 효율 검사

(2) 개조 및 수리 후 사용 전 점검

① 덕트, 송풍기 내부의 유해물질 퇴적상태 점검

② 덕트의 접속부 이완 유무 점검

③ 흡기 및 배기능력 점검

④ 공기정화장치 내부의 유해물질 퇴적상태 점검

⑤ 공기정화장치 내부 충전물 등의 파손 여부 점검

⑥ 소음·진동 및 기타 국소배기장치의 성능을 유지하기 위하여 필요한 사항 점검

⑦ 송풍기의 회전방향 점검

4.2 국소배기장치의 성능 부족 원인과 대책

성능부족이란 제어풍속이 제대로 나오지 않아 유해물질이 충분히 배출되지 않는다는 의미이다.

제어풍속의 부족 원인, 즉 후드의 흡인 능력의 부족 원인은 표 12.18과 같이 요약할 수 있다. 만약, 송풍기의 정격능력이 충분하면 환기장치 내 댐퍼를 잘못 조정하였거나 덕트 중간에서 새는 곳이 있거나 보충용 공기가 부족한 경우 등이다. 보충용 공기 공급장치가 없으면 출입문이나 창문을 열어둔다. 전동기의 회전수가 정상적이라면 벨트가 이완되었거나 전동기와 연결되는 전기배선이 반대로 연결되었는지 확인한다.

덕트 연결 부분이 떨어져 외부공기가 새어 들어올 수 있다. 또한, 공기정화장치 내 청소를 하지 않았거나 흡착제를 교체하지 않았으면 과도한 압력손실로 흡인 능력을 떨어뜨린다. 이런 경우를 대비하여 공기정화장치 내 차압계를 부착한다. 작업자의 등 뒤에서 선풍기를 사용하는 경우에는 과도한 양의 바람으로 인해 유해물질이 후드 안으로의 흡인을 방해할 수 있다.

표 12.18 후드의 흡인 능력 부족 원인

<table>
<tr><td rowspan="4">후드 흡인 능력 부족</td><td>송풍기 능력 있음</td><td colspan="3">· 규정된 회전수가 나오지 않음
· 댐퍼 조정 불량
· 덕트 등 장치 중간에서 누설</td></tr>
<tr><td rowspan="3">송풍기 능력 부족</td><td>예측했던 송풍량은 충분</td><td colspan="2">· 압력손실 과소평가
· 공기정화장치 등 압력손실기구의 과소평가
· 송풍기 작동점 잘못 설정</td></tr>
<tr><td rowspan="2">예측했던 송풍량이 부족</td><td>설계상의 문제 혹은 사용상 문제</td><td>· 설계보다 후드 개구면적이 큼(포위식 후드)
· 유인비 계산 잘못(푸쉬-풀 후드)
· 너무 먼 곳에서 작업하고 있음(포착거리가 멈)(외부식 후드)
· 후드 밖에서 작업하고 있음(포위식 후드)</td></tr>
<tr><td>설계와 실제 작동의 차이</td><td>· 계산식의 오류
· 안전계수의 과소평가
· 흡인거리가 너무 멈(외부식 후드)
· 횡단방해기류 과소평가(외부식 후드)
· 수반 기류 과소평가(리시버식 후드)</td></tr>
</table>

Reference

1. 국소배기 자체검사 양성과정. 안전보건공단. 2008
2. 산업위생학개론. 백남원. 신광출판사. 1995
3. 산업위생관리 기술사. 서영민 외. 성안당. 2018
4. 직무교육교재(보건관리전문기관). 안전보건공단. 2019
5. 산업환기 이론 및 실제. 한돈희. 신광출판사. 2013
6. 국소배기장치 검사원. 안전보건공단. 2015
7. 산업환기. 김태형 외. 신광출판사. 2011
8. 국소배기장치 구입 및 사용시 안전보건 기술 지침. 안전보건공단. 2014
9. 산업환기 설비에 관한 기술지침. 안전보건공단. 2012
10. 안전검사 고시. 고용노동부. 2019
11. 공장 환기 기술. 이승일 외. 동화기술. 1995
12. 산업환기 매뉴얼. 작업환경측정기술협의회. 1995
13. 산업환기 이론과 실천. 작업환경측정기술협의회. 1998
14. Fundamentals of Industrial Hygiene. 3rd. ed. Batinal Counsil. 1988
15. ACGIH. Industrial Ventilation-A Manual of Recommended Practice, 24th. ed. 2001
16. 局所排氣 設計 教室. 沼野雄志著. 1996

제13장

산업안전보건법

1 산업안전보건법

우리나라의 산업안전보건에 관한 법은 "근로기준법"으로 인해 태동하였다.

1948년 제1공화국 헌법 제17조는 "근로조건의 기준은 법률로서 정하고 여자와 연소자의 근로는 특별보호를 받는다"고 규정하였다. 그 5년 후인 1953년 5월 10일 "근로기준법"이 법률 제286호로 처음 제정되어 공포되었다.

그 중 "근로기준법" 제6장에 "안전과 보건"에 관한 10개 조항을 두어 사업장의 기계, 기구, 설비 및 작업환경에 관한 기준과 안전관리자 및 보건관리자를 두도록 하는 등 사업주로 하여금 산업재해 발생을 예방하도록 강제했다. 이 조항은 "산업안전보건법"이 제정 공포 될 때까지 약 28년간 시행되었다. 법조항은 위험방지, 안전장치, 특히 위험한 작업, 유해물, 위험작업의 취업제한, 안전위생교육, 위험작업의 취업금지, 건강진단, 안전 및 보건관리자, 감독상의 조치 등으로 구성되었다. 1960년대는 우리나라의 산업재해예방을 위한 제도적 체제가 구축된 시기라고 할 수 있다. 1961년 "근로보건관리규칙", 1962년 "근로안전관리규칙"이 제정되어 안전보건 관리업무를 구체적으로 명문화하는 틀이 마련되었다. 또한 1963년 3월에는 광산근로자의 안전을 규정하는 "광산보안법" 동년 11월에 "산업재해보상법", 1964년에 동법 시행이 각각 제정되어 시행되었다.

우리경제가 고도 성장기에 접어들면서 사업장 기계설비의 대형화, 고속화 및 건설공사의 대규모화 등으로 중대재해 발생이 급증하고 유해물질의 대량 사용 등으로 인해 새로운 직업병이 증가하게 되었다. 이러한 산업사회의 급속한 변화에 대응하기 위하여 산업안전보건 분야를 "근로기준법"에서 분리하여 새로운 독립법으로 제정해야 한다는 의견들이 제기되자 정부는 1981년 12월 31일 "산업안전보건법"을 제정하였다. 또한 법제정 후 1990년 1월 13일 전문개정되었다.

그 후 매년 산업재해로 인한 사고사망자 수가 연간 천여 명에 이르고 이는 주요 선진국보다 2배 이상 높은 수준으로서 산업재해로 인한 피해는 당사자뿐만 아니라 국가적으로도 큰 손실을 초래하였다.

산업재해를 획기적으로 줄이고 안전하고 건강하게 일할 수 있는 여건을 조성하기 위하여 이 법의 보호대상을 다양한 고용형태의 노무제공자가 포함될 수 있도록 넓히고 근로자가 작업을 중지하고 긴급 대피할 수 있음을 명확히 하는 한편, 사업주가 긴급 대피한 근로자에게 불이익 처우를 한 경우 형사적 제재를 할 수 있도록 하여 근로자의 작업중지권 행사를 실효적으로 뒷받침하게 되었다.

또한 근로자의 산업안전 및 보건 증진을 위하여 도금작업 등 유해・위험성이 매우 높은 작업에 대해서는 원칙적으로 도급을 금지하고 도급인의 관계수급인 근로자에 대한 산업재해 예방책임을 강화하며, 근로자의 안전 및 건강에 유해하거나 위험한 화학물질을 국가가 직접 관리할 수 있도록 하였다. 그 밖에 법의 장・절을 새롭게 구분하며 법조문을 체계적으로 재배열하여 국민이 법 문장을 이해하기 쉽도록 하기 위하여 2018년「산업안전보건법」을 전부 개정하게 되었다.

이 법은 산업안전보건의 기본법이라고 할 수 있는 법률이다. 이 법률은 목적과 정의 등을 규정한 총칙을 비롯하여 안전보건관리체제, 안전보건교육, 유해・위험 방지 조치, 도급 시 산업재해 예방, 유해・위험기계 등에 대한 조치, 유해・위험물질에 대한 조치, 근로자의 보건관리, 산업안전 지도사 및 산업보건 지도사, 근로감독관 등, 보칙, 벌칙 등 12장으로 구성되어 있다.

표 13.1 산업안전보건법의 새로운 장 · 절 체계

제2장	안전보건관리체제 등	제1절 안전보건관리체제 제2절 안전보건관리규정
제5장	도급 시 산업재해예방	제1절 도급의 제한 제2절 도급인의 안전조치 및 보건조치 제3절 건설업 등의 산업재해 예방 제4절 그 밖의 고용형태에서의 산업재해 예방
제6장	유해·위험 기계 등에 대한 조치	제1절 유해하거나 위험한 기계 등에 대한 방호조치 등 제2절 안전인증 제3절 자율안전확인의 신고 제4절 안전검사 제5절 유해·위험기계 등의 조사 및 지원 등
제7장	유해·위험 물질에 대한 조치	제1절 유해·위험물질의 분류 및 관리 제2절 석면에 대한 조치
제8장	근로자 보건관리	제1절 근로환경의 개선 제2절 건강진단 및 건강관리

2 산업안전보건법의 보호법익

보호법익이란 법률에 의하여 보호되는 국민 생활상의 이익을 말하며 각종 법률의 목적에 해당된다. 예를 들어 형법상 살인죄의 보호법익은 인간의 생명이며 절도는 인간의 재산에 대한 권리 · 폭행죄는 신체의 안전 등이다. 산업현장에서의 산업재해를 예방하기 위한 산업안전보건법의 주된 보호법익은 근로자의 생명보호 또는 신체적 안전성 확보에 있다.

3 산업안전보건법의 목적

산업안전보건법의 목적은 동법 제1조에 "산업안전 · 보건에 관한 기준을 확립하고, 그 책임의 소재를 명확하게 하여 산업재해를 예방하고, 쾌적한 작업환경을 조성함으로써 노무를 제공하는 자의 안전과 보건을 유지 · 증진함을 목적으로 한다"라고 규정하고 있다.

산업안전 · 보건에 대한 기준이라 함은 산업안전보건에 관한 법률, 시행령, 시행규칙, 산업안전보건기준에 관한 규칙, 유해·위험작업 취업제한에 관한 규칙, 그리고 위의 법령에 의한 고시, 예규, 훈령 등에 나타난 각종 규정들을 말한다고 볼 수 있다.

산업안전보건법의 목적상에 "책임 소재를 명확하게 하여"라는 표현의 의미는 산업재해를 예방하고, 쾌적한 작업환경을 조성하여야 할 책임과 의무를 지고 있는 사업주·근로자·정부 등이 보다 체계적이고, 조직적인 활동을 할 수 있게 하였으며, 안전·보건에 대한 사각지대를 없애도록 하는 것에 의미가 있다고 하겠다.

어떠한 법률이든지 법의 목적이 규정하고 있는 취지와 이념을 완성시키기 위한 범위 내에서 유효하게 작용한다는 내재적 한계를 지니고 있다. 산업안전보건법에 규정된 각종 제도들도 근로자의 안전과 보건을 유지·증진시킨다는 법의 목적에 충실하게 해석되고 운용되어야 하며, 사업주·근로자 등 의무 주체들도 법이 정한 기준을 형식적으로 지키려고 하기보다는 그 기준이 목적하는 바를 정확하게 파악하여 그에 적합하게 행함으로써 법을 실질적으로 준수하여야 할 것이다.

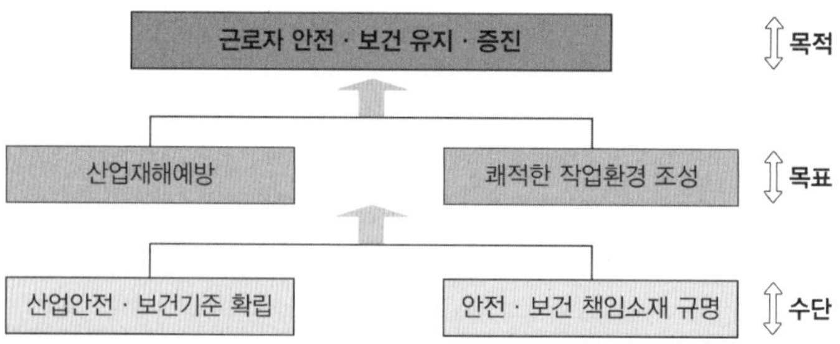

그림 13.1 법의 목적, 목표, 수단

4 산업안전보건법령의 체계

우리나라의 법령체계는 일반적으로 법률, 시행령, 시행규칙으로 이루어져 있으며, 이를 뒷받침하기 위한 세부규정으로 다수의 고시·예규·훈령 등 행정명령이 제정·운영되고 있다. 산업안전보건법은 산업재해예방을 위한 각종 제도를 설정하고, 그 시행근거를 확보하며, 정부의 산업재해예방정책 및 사업수행의 근거를 설정하고 있다. 동법 시행령은 법에서 위임된 사항 즉 제도의 대상·범위·절차 등을 규정하고 있으며 동법 시행규칙은 크게 법에 부속된 시행규칙과 산업안전보건기준에 관한 규칙 및 유해·위험작업 취업제한 규칙 등 3개의 규칙으로 구분되어 이들은 모두 법률과 시행령에서 위임된 사항을 규정하고 있다.

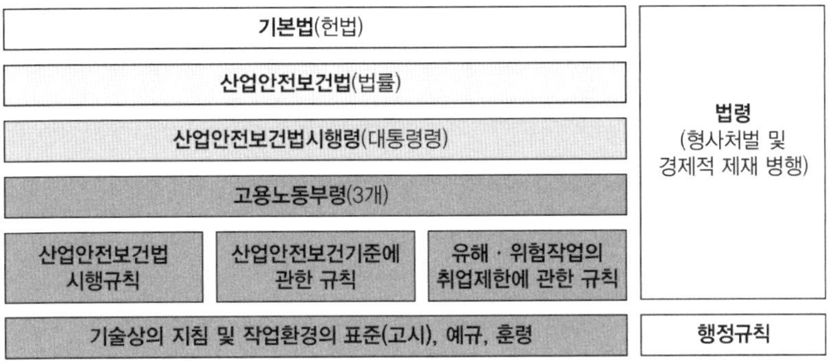

그림 13.2 산업안전보건법의 계층 구조도

4.1 산업안전보건법 시행령

법에서 위임한 사항 즉 제도의 대상범위 절차 등을 설정한 것이다.

4.2 산업안전보건법 시행규칙

시행규칙은 산업안전보건법과 시행령을 집행하기 위한 일반사항을 규정한 것이다. 시행규칙은 법에 부속된 시행규칙과 산업안전보건 기준에 관한 규칙 및 유해·위험작업 취업제한에 관한 규칙 등 3개의 규칙으로 구분되는데 이들은 모두 법률과 시행령에서 위임한 사항을 규정하고 있다.

4.3 산업안전보건기준에 관한 규칙

사업주가 행할 안전·보건상의 기술적 사항을 정하고 있다.

4.4 유해, 위험작업 취업 제한에 관한 규칙

유해 또는 위험한 작업에 필요한 자격, 면허, 경험에 관한 사항을 규정하고 있다.

4.5 고시, 예규 및 훈령

산업안전보건법을 확보하기 위한 각종 검사, 검정 등에 필요한 일반적이고 객관적인 사항을 널리 알리어 활용할 수 있는 수치적, 표준적 내용인 고시 등이 있고, 정부와 실시기관 및 의무대상자 간에 일상적, 반복적으로 이루어지는 업무절차 등을 모델화하여 조문형식으로 규정화한 내용인 예규가 있으며, 고용노동부장관이 지방관서의 장에게 어떤 업무 수행을 위한 훈시, 지침 등을 시달할 때 조문의 형식을 알리는 내용인 훈령이 있다.

기술상의 지침과 작업환경의 표준은 "추락재해방지 표준안전작업지침"과 같이 안전작업을 위한 기술적인 지침을 규범형식으로 작성한 기술상의 지침과 "영상표시단말기(VDT) 취급 근로자 작업관리지침", "사무실 공기관리지침"과 같이 작업장 내에 유해 환경요소 제거를 위한 모델을 규정한 작업환경표준이 마련되어 있으며 이는 고시의 범주에 포함되는 것으로 볼 수 있으나 강제적 효력은 없고 지도・권고적 성격을 띠고 있다.

법령 구성은 행정법 공통의 구성체계에 따라 복잡한 법률을 분류해 보면 좀 더 쉽게 접근할 수 있다. 법률은 크게 본칙과 부칙으로 나눌 수 있고, 본칙은 다시 총칙, 실칙, 보칙, 벌칙으로 나눌 수 있는데 이를 산업안전보건법에 적용하면 다음과 같다.

- 총칙 : 법률 전체의 원칙적, 기본적, 총괄적 사항을 기재
- 실칙 : 법 목적 실현을 위한 규정으로 일반적 사항에서 특수한 사항으로 중심적 사항에서 주변적 사항으로 전개
- 보칙 : 법령 안에서 전반에 걸쳐 적용될 수 있는 사항이지만 법령 전체에서 차지하는 비중과 중요성 등의 측면에서 총칙 규정에 두기에는 부적합한 절차적・기술적・보완적 내용을 규정
- 벌칙 : 법령 안에서 정한 행정적 의무 위반 행위에 대하여 부과하는 처벌을 정하는 규정
- 부칙 : 본칙에 규정된 사항을 언제, 어떻게 시행할 것인지를 규정

5 산업안전보건법의 특징

산업안전보건법은 사업장의 다양한 유해・위험요소를 제거하고, 산업재해를 예방하며, 작업환경관리와 근로자의 건강을 보호하기 위해서는 매우 다양한 부분에 대한 규제와 관리에 대한 사항을 담고 있다.

5.1 기술성

산업재해 예방은 크게 인적 요소와 물적 요소로부터 유해・위험요소를 제거하는 것으로 나누어 볼 수 있는데, 특히 산업현장에서 사용되는 각종 기계・기구・설비 및 유해물질과

같은 물적 요소로부터 발생되는 유해 또는 위험 요소를 제거하기 위해서는 전문 기술성이 필요하며 확보되어야 한다. 따라서 산업안전보건기준에 관한 규칙 조항에는 유해·위험요인에 대한 안전보건 조치에 대한 기술적 사항을 조문의 형식으로 제정되었기 때문에 고도의 기술성을 지닌 법규라고 할 수 있다.

5.2 복잡성

사업장의 기계·기구·설비의 다양성 및 복잡성, 유해물질의 사용 증가, 작업공정의 고도화 및 복잡성에 따라 유해·위험요소는 날이 갈수록 더욱 복잡화, 다양화, 대형화되어가고 있다. 따라서 이러한 다양한 유해 위험요소를 제거 내지 방지하기 위해서는 안전보건관계자 선임제도, 안전보건교육, 안전인증제도, 유해물질 관리제도, 보호구인증제도, 심사제도, 작업환경측정 및 건강진단제도 등과 같은 다양한 기준과 규정 및 제도가 요구되므로 법률 자체가 복잡성을 나타낼 수밖에 없는 이유이다.

5.3 강행성

산업현장에서 발생되는 산업재해를 예방하기 위하여 임의적 규정을 두어 계몽하는 것은 구체적 실효성을 확보하기 어려우므로 산업안전보건법은 많은 부분에서 강행성을 요구하고, 당사자의 의사에 관계없이 언제나 적용되도록 하고 있으며, 이를 불이행한 경우에는 사법적 처벌까지 규정하고 있다.

5.4 사업주 규제성

산업안전보건법은 복지정책 등 노동 분야 복지정책이므로 사회법이다. 이것을 실현하기 위하여 노사관계에서 우위의 위치에 있고, 산업현장의 기계 기구 설비, 원재료, 유해물질 등을 유지 관리하는 총체적 책임을 갖는 사업주에게 안전보건확보 등 많은 부분에 대한 규제성을 두고 있는 것이 또 하나의 특징이다. 이에 따라 대부분의 조문이 "사업주는 ○○○조치를 하여야 한다"와 같은 형식을 띠고 있다. 법 중에 "제4조의 정부의 책무", "제6조의 근로자의 의무" 규정과 같이 정부나 근로자에게 산업재해예방을 위한 의무를 부여하는 규정이 전혀 없는 것은 아니나 대부분의 규정이 사업주를 의무이행의 주체로 삼고 있다.

6 산업안전보건법 주요 내용

산업안전보건법에 규정된 구체적 내용에 대한 사항으로 작업환경관리, 작업관리, 건강관리 및 건강증진 등 산업보건관리 업무 등과 연계된 내용 관련조항 중심으로 기술하였다.

6.1 제1장 총칙

6.1.1 적용범위(제3조)

산업안전보건법은 모든 사업에 적용한다. 다만, 유해·위험의 정도, 사업의 종류, 사업장의 상시근로자 수(건설공사의 경우에는 건설공사 금액을 말한다. 이하 같다) 등을 고려하여 대통령령으로 정하는 종류의 사업 또는 사업장에는 이 법의 전부 또는 일부를 적용하지 아니할 수 있다.

6.1.2 정부의 책무(제4조)

정부는 이 법의 목적을 달성하기 위하여 다음 각 호의 사항을 성실히 이행할 책무를 진다.

① 산업안전 및 보건 정책의 수립 및 집행
② 산업재해 예방 지원 및 지도
③ 「근로기준법」 제76조의2에 따른 직장 내 괴롭힘 예방을 위한 조치 기준 마련, 지도 및 지원
④ 사업주의 자율적인 산업안전 및 보건 경영체제 확립을 위한 지원
⑤ 산업안전 및 보건에 관한 의식을 북돋우기 위한 홍보·교육 등 안전 문화 확산 추진
⑥ 산업안전 및 보건에 관한 기술의 연구·개발 및 시설의 설치·운영
⑦ 산업재해에 관한 조사 및 통계의 유지·관리
⑧ 산업안전 및 보건 관련 단체 등에 대한 지원 및 지도·감독
⑨ 그 밖에 노무를 제공하는 자의 안전 및 건강의 보호·증진

6.1.3 사업주의 의무(제5조)

① 사업주는 다음 각 호의 사항을 이행함으로써 근로자의 안전 및 건강을 유지·증진시키고 국가의 산업재해 예방정책을 따라야 한다.
　㉠ 이 법과 이 법에 따른 명령으로 정하는 산업재해 예방을 위한 기준

㉡ 근로자의 신체적 피로와 정신적 스트레스 등을 줄일 수 있는 쾌적한 작업환경의 조성 및 근로조건 개선

㉢ 해당 사업장의 안전 및 보건에 관한 정보를 근로자에게 제공

② 다음 각 호의 어느 하나에 해당하는 자는 발주·설계·제조·수입 또는 건설을 할 때 이 법과 이 법에 따른 명령으로 정하는 기준을 지켜야 하고, 발주·설계·제조·수입 또는 건설에 사용되는 물건으로 인하여 발생하는 산업재해를 방지하기 위하여 필요한 조치를 하여야 한다.

㉠ 기계·기구와 그 밖의 설비를 설계·제조 또는 수입하는 자

㉡ 원재료 등을 제조·수입하는 자

㉢ 건설물을 발주·설계·건설하는 자

6.1.4 근로자의 의무(제6조)

근로자는 이 법과 이 법에 따른 명령으로 정하는 산업재해 예방을 위한 기준을 지켜야 하며, 사업주, 근로감독관, 공단 등 관계인이 실시하는 산업재해 예방에 관한 조치에 따라야 한다.

6.2 제2장 안전보건관리체제

6.2.1 이사회 보고 및 승인(제14조)

① 「상법」 제170조에 따른 주식회사 중 대통령령으로 정하는 회사의 대표이사는 대통령령으로 정하는 바에 따라 매년 회사의 안전 및 보건에 관한 계획을 수립하여 이사회에 보고하고 승인을 받아야 한다.

② 대표이사는 안전 및 보건에 관한 계획을 성실하게 이행하여야 한다.

③ 안전 및 보건에 관한 계획에는 안전 및 보건에 관한 비용, 시설, 인원 등의 사항을 포함하여야 한다.

6.2.2 안전보건관리책임자(제15조)

① 사업주는 사업장을 실질적으로 총괄하여 관리하는 사람에게 해당 사업장의 다음 각 호의 업무를 총괄하여 관리하도록 하여야 한다.

㉠ 사업장의 산업재해 예방 계획의 수립에 관한 사항

ⓛ 안전보건관리규정의 작성 및 변경에 관한 사항
ⓒ 안전보건교육에 관한 사항
ⓔ 작업환경측정 등 작업환경의 점검 및 개선에 관한 사항
ⓜ 근로자의 건강진단 등 건강관리에 관한 사항
ⓑ 산업재해의 원인 조사 및 재발 방지대책 수립에 관한 사항
ⓢ 산업재해에 관한 통계의 기록 및 유지에 관한 사항
ⓞ 안전장치 및 보호구 구입 시 적격품 여부 확인에 관한 사항
ⓙ 그 밖에 근로자의 유해·위험 방지조치에 관한 사항

② 업무를 총괄하여 관리하는 사람(이하 "안전보건관리책임자"라 한다)은 안전관리자와 보건관리자를 지휘·감독한다.

6.2.3 관리감독자(제16조)

사업주는 사업장의 생산과 관련되는 업무와 그 소속 직원을 직접 지휘·감독하는 직위에 있는 사람(이하 "관리감독자"라 한다)에게 산업안전 및 보건에 관한 업무를 다음과 같이 수행하도록 하여야 한다.

① 사업장 내 관리감독자가 지휘·감독하는 작업과 관련된 기계·기구 또는 설비의 안전·보건 점검 및 이상 유무의 확인
② 관리감독자에게 소속된 근로자의 작업복·보호구 및 방호장치의 점검과 그 착용·사용에 관한 교육·지도
③ 해당 작업에서 발생한 산업재해에 관한 보고 및 이에 대한 응급조치
④ 해당 작업의 작업장 정리·정돈 및 통로 확보에 대한 확인·감독
⑤ 산업보건의, 안전관리자, 보건관리자, 안전보건담당자의 지도·조언에 대한 협조
⑥ 위험성평가를 위한 업무에 기인하는 유해·위험요인의 파악 및 그 결과에 따른 개선조치의 시행
⑦ 그 밖에 해당 작업의 안전·보건에 관한 사항

6.2.4 안전관리자(제17조)

안전에 관한 기술적인 사항에 관하여 사업주 또는 안전보건관리책임자를 보좌하고 관리감독자에게 지도·조언하는 업무를 수행토록 하여야 한다.

6.2.5 보건관리자(제18조)

보건에 관한 기술적인 사항에 관하여 사업주 또는 안전보건관리책임자를 보좌하고 관리감독자에게 지도・조언하는 업무를 수행토록 하여야 한다.

① 보건관리자의 자격

㉠ 「의료법」에 따른 의사

㉡ 「의료법」에 따른 간호사

㉢ 산업보건 지도사

㉣ 「국가기술자격법」에 따른 산업위생관리 산업기사 또는 대기환경산업 기사 이상의 자격을 취득한 사람

㉤ 「국가기술자격법」에 따른 인간공학기사 이상의 자격을 취득한 사람

㉥ 「고등교육법」에 따른 전문대학 이상의 학교에서 산업보건 또는 산업위생 분야의 학과를 졸업한 사람(법령에 따라 이와 같은 수준 이상의 학력이 있다고 인정되는 사람을 포함한다)

② 보건관리자의 직무

㉠ 산업안전보건위원회에서 심의・의결한 업무와 안전보건관리규정 및 취업규칙에서 정한 업무

㉡ 안전인증대상기계 등과 자율안전확인 대상기계 등 보건과 관련된 보호구(保護具) 구입 시 적격품 선정에 관한 보좌 및 지도・조언

㉢ 물질안전보건자료의 게시 또는 비치에 관한 보좌 및 지도・조언

㉣ 위험성평가에 관한 보좌 및 지도・조언

㉤ 산업보건의의 직무

㉥ 보건교육계획의 수립 및 보건교육 실시에 관한 보좌 및 지도・조언

㉦ 사업장의 근로자를 보호하기 위한 다음 각 목의 조치에 해당하는 의료행위

- 외상 등 흔히 볼 수 있는 환자의 치료
- 응급처치가 필요한 사람에 대한 처치
- 부상・질병의 악화를 방지하기 위한 처치
- 건강진단 결과 발견된 질병자의 요양지도 및 관리
- 가목부터 라목까지의 의료행위에 따르는 의약품의 투여

㉧ 작업장 내에서 사용되는 전체환기 장치 및 국소배기 장치 등에 관한 설비의 점검과 작업방법의 공학적 개선에 관한 보좌 및 지도・조언

ⓩ 사업장 순회점검 · 지도 및 조치의 건의
ⓧ 산업재해 발생의 원인 조사 · 분석 및 재발 방지를 위한 기술적 보좌 및 지도 · 조언
ⓚ 산업재해에 관한 통계의 유지 · 관리 · 분석을 위한 보좌 및 지도 · 조언
ⓔ 법 또는 법에 따른 명령으로 정한 보건에 관한 사항의 이행에 관한 보좌 및 지도 · 조언
ⓟ 업무수행 내용의 기록 · 유지
ⓗ 그 밖에 작업관리 및 작업환경관리에 관한 사항

6.2.6 산업안전보건위원회(제24조)

① 사업주는 사업장의 안전 및 보건에 관한 중요 사항을 심의 · 의결하기 위하여 사업장에 근로자위원과 사용자위원이 같은 수로 구성되는 산업 안전보건위원회를 구성 · 운영하여야 한다.
② 산업안전보건위원회는 대통령령으로 정하는 바에 따라 회의를 개최하고 그 결과를 회의록으로 작성하여 보존하여야 한다.
③ 사업주와 근로자는 산업안전보건위원회가 심의 · 의결한 사항을 성실하게 이행하여야 한다.
④ 산업안전보건위원회는 이 법, 이 법에 따른 명령, 단체협약, 취업규칙 및 안전보건관리규정에 반하는 내용으로 심의 · 의결해서는 아니 된다.
⑤ 사업주는 산업안전보건위원회의 위원에 대하여 직무 수행과 관련한 사유로 불리한 처우를 해서는 아니 된다.
⑥ 산업안전보건위원회를 구성하여야 할 사업의 종류 및 사업장의 상시 근로자 수, 산업안전보건위원회의 구성 · 운영 및 의결되지 아니한 경우 의 처리방법, 그 밖에 필요한 사항은 대통령령으로 정한다.

6.3 제3장 안전보건교육

6.3.1 근로자에 대한 안전보건교육(제29조)

① 사업주는 소속 근로자에게 고용노동부령으로 정하는 바에 따라 정기적으로 안전보건교육을 하여야 한다.
② 사업주는 근로자(건설 일용근로자는 제외한다.)를 채용할 때와 작업내용을 변경할 때

에는 그 근로자에게 고용노동부령으로 정하는 바에 따라 해당 작업에 필요한 안전보건교육을 하여야 한다.

③ 사업주는 근로자를 유해하거나 위험한 작업에 채용하거나 그 작업으로 작업내용을 변경할 때에는 안전보건교육 외에 고용노동부령으로 정하는 바에 따라 유해하거나 위험한 작업에 필요한 안전보건교육을 추가로 하여야 한다.

④ 사업주는 안전보건교육을 고용노동부장관에게 등록한 안전보건 교육기관에 위탁할 수 있다.

표 13.2 근로자 안전보건교육

<table>
<tr><th>교육과정</th><th colspan="2">교육대상</th><th>교육시간</th></tr>
<tr><td rowspan="4">가. 정기교육</td><td colspan="2">사무직 종사 근로자</td><td>매분기 3시간 이상</td></tr>
<tr><td rowspan="2">사무직 종사 근로자 외의 근로자</td><td>판매업무에 직접 종사하는 근로자</td><td>매분기 3시간 이상</td></tr>
<tr><td>판매업무에 직접 종사하는 근로자 외의 근로자</td><td>매분기 6시간 이상</td></tr>
<tr><td colspan="2">관리감독자의 지위에 있는 사람</td><td>연간 16시간 이상</td></tr>
<tr><td rowspan="2">나. 채용 시 교육</td><td colspan="2">일용근로자</td><td>1시간 이상</td></tr>
<tr><td colspan="2">일용근로자를 제외한 근로자</td><td>8시간 이상</td></tr>
<tr><td rowspan="2">다. 작업내용 변경 시 교육</td><td colspan="2">일용근로자</td><td>1시간 이상</td></tr>
<tr><td colspan="2">일용근로자를 제외한 근로자</td><td>2시간 이상</td></tr>
<tr><td rowspan="3">라. 특별교육</td><td colspan="2">별표 7 제1호라목 각 호(제40호는 제외한다)의 어느 하나에 해당하는 작업에 종사하는 일용근로자</td><td>2시간 이상</td></tr>
<tr><td colspan="2">별표 7 제1호라목제40호의 타워크레인 신호작업에 종사하는 일용근로자</td><td>8시간 이상</td></tr>
<tr><td colspan="2">별표 7 제1호라목 각 호의 어느 하나에 해당하는 작업에 종사하는 일용근로자를 제외한 근로자</td><td>- 16시간 이상(최초 작업에 종사하기 전 4시간 이상 실시하고 12시간은 3개월 이내에서 분할하여 실시가능)
- 단기간 작업 또는 간헐적 작업인 경우에는 2시간 이상</td></tr>
<tr><td>마. 건설업 기초안전·보건교육</td><td colspan="2">건설 일용근로자</td><td>4시간</td></tr>
</table>

표 13.3 안전보건관리책임자 등에 대한 교육

	교육시간	
	신규교육	보수교육
가. 안전보건관리책임자	6시간 이상	6시간 이상
나. 안전관리자, 안전관리전문기관의 종사자	34시간 이상	24시간 이상
다. 보건관리자, 보건관리전문기관의 종사자	34시간 이상	24시간 이상
라. 재해예방 전문지도기관의 종사자	34시간 이상	24시간 이상
마. 석면조사기관의 종사자	34시간 이상	24시간 이상
바. 안전보건관리담당자	-	8시간 이상
사. 안전검사기관, 자율안전검사기관의 종사자	34시간 이상	24시간 이상

표 13.4 특수형태 근로 종사자 교육

교육과정	교육시간
가. 최초 노무제공 시 교육	2시간 이상(특별교육을 실시한 경우는 면제한다)
나. 특별교육	16시간 이상(최초 작업에 종사하기 전 4시간 이상 실시하고 12시간은 3개월 이내에서 분할하여 실시가능)
	단기간 작업 또는 간헐적 작업인 경우에는 2시간 이상

※ 특수형태 근로 종사자
사업주와 계약으로 종속되었으나 독자적인 사무실이나 점포 또는 작업장이 없고 근로 제공 방법 및 시간 등을 본인이 독자적으로 결정할 수 있는 근로자. 스스로 고객을 찾거나 맞이하여 상품이나 서비스를 스스로 직접 제공하고, 일한 만큼 실적에 따라 소득을 얻는다(예 : 화물차 운전기사, 학습지 선생님, 대리기사 등).

6.4 제4장 유해 · 위험 방지 조치

6.4.1 법령 요지 등의 게시(제34조)

사업주는 이 법과 이 법에 따른 명령의 요지 및 안전보건관리규정을 각 사업장의 근로자가 쉽게 볼 수 있는 장소에 게시하거나 갖추어 두어 근로자에게 널리 알려야 한다.

6.4.2 근로자 대표의 통지 요청(제35조)

근로자 대표는 사업주에게 다음 각 호의 사항을 통지하여 줄 것을 요청할 수 있고, 사업주는 이에 성실히 따라야 한다.

① 산업안전보건위원회(노사협의체를 구성·운영하는 경우에는 노사협의체를 말한다)가 의결한 사항
② 안전보건진단 결과에 관한 사항
③ 안전보건개선계획의 수립·시행에 관한 사항
④ 도급인의 이행 사항
⑤ 물질안전보건자료에 관한 사항
⑥ 작업환경측정에 관한 사항
⑦ 그 밖에 고용노동부령으로 정하는 안전 및 보건에 관한 사항

6.4.3 위험성평가 실시(제36조)

① 사업주는 건설물, 기계·기구·설비, 원재료, 가스, 증기, 분진, 근로자의 작업 행동 또는 그 밖의 업무로 인한 유해·위험 요인을 찾아내어 부상 및 질병으로 이어질 수 있는 위험성의 크기가 허용 가능한 범위인지를 평가하여야 하고, 그 결과에 따라 이 법과 이 법에 따른 명령에 따른 조치를 하여야 하며, 근로자에 대한 위험 또는 건강장해를 방지하기 위하여 필요한 경우에는 추가적인 조치를 하여야 한다.
② 사업주는 해당 작업장의 근로자를 참여시켜야 한다.
③ 사업주는 평가의 결과와 조치사항을 고용노동부령으로 정하는 바에 따라 기록하여 보존하여야 한다.
④ 평가의 방법, 절차 및 시기, 그 밖에 필요한 사항은 고용노동부장관이 정하여 고시한다.

6.4.4 안전보건표지판 부착(제37조)

① 사업주는 유해하거나 위험한 장소·시설·물질에 대한 경고, 비상시에 대처하기 위한 지시·안내 또는 그 밖에 근로자의 안전 및 보건의식 을 고취하기 위한 사항 등을 그림, 기호 및 글자 등으로 나타낸 표지 (이하 “안전보건표지”라 한다)를 근로자가 쉽게 알아 볼 수 있도록 설치하거나 부착하여야 한다. 이 경우 외국인 근로자를 사용하는 사업주는 안전보건표지를 고용노동부장관이 정하는 바에 따라 해당 외국인 근로자의 모국어로 작성하여야 한다.
② 안전보건표지의 종류, 형태, 색채, 용도 및 설치·부착 장소, 그 밖에 필요한 사항은 고용노동부령으로 정한다.

그림 13.3 안전표지의 종류와 형태

6.4.5 보건조치(제39조)

① 사업주는 다음 각 호의 어느 하나에 해당하는 건강장해를 예방하기 위하여 필요한 조치(이하 "보건조치"라 한다)를 하여야 한다.

㉠ 원재료 · 가스 · 증기 · 분진 · 흄(Fume, 열이나 화학반응에 의하여 형성된 고체증기가 응축되어 생긴 미세입자를 말한다) · 미스트(Mist, 공기 중에 떠다니는 작은

액체방울을 말한다)·산소결핍·병원체 등에 의한 건강장해

㉡ 방사선·유해광선·고온·저온·초음파·소음·진동·이상기압 등에 의한 건강장해

㉢ 사업장에서 배출되는 기체·액체 또는 찌꺼기 등에 의한 건강장해

㉣ 계측감시(計測監視), 컴퓨터 단말기 조작, 정밀공작(精密工作) 등의 작업에 의한 건강장해

㉤ 단순반복 작업 또는 인체에 과도한 부담을 주는 작업에 의한 건강장해

㉥ 환기·채광·조명·보온·방습·청결 등의 적정기준을 유지하지 아니하여 발생하는 건강장해

② 사업주가 하여야 하는 보건조치에 관한 구체적인 사항은 고용노동부령으로 정한다.

6.4.6 고객의 폭언 등으로 인한 건강장해 예방조치(제41조)

① 사업주는 주로 고객을 직접 대면하거나 「정보통신망 이용촉진 및 정보 보호 등에 관한 법률」에 따른 정보통신망을 통하여 상대하면서 상품을 판매하거나 서비스를 제공하는 업무에 종사하는 근로자(이하 "고객응대 근로자"라 한다)에 대하여 고객의 폭언, 폭행, 그 밖에 적정 범위를 벗어난 신체적·정신적 고통을 유발하는 행위(이하 "폭언 등"이라 한다)로 인한 건강장해를 예방하기 위하여 고용노동부령으로 정하는 바에 따라 필요한 조치를 하여야 한다.

㉠ 폭언 등을 아니하도록 요청하는 문구 게시 또는 음성 안내

㉡ 고객과의 문제 발생 시 대처방법 등을 포함하는 고객응대 업무 매뉴얼 마련

㉢ 고객응대 매뉴얼의 내용 및 건강장해 예방 관련 교육 실시

② 사업주는 고객의 폭언 등으로 인하여 고객응대 근로자에게 건강장해가 발생하거나 발생할 현저한 우려가 있는 경우에는 업무의 일시적 중단 또는 전환 등 대통령령으로 정하는 필요한 조치를 하여야 한다.

③ 고객응대 근로자는 사업주에게 조치를 요구할 수 있고 사업주는 고객응대 근로자의 요구를 이유로 해고 또는 그 밖의 불리한 처우를 해서는 아니 된다.

6.4.7 사업주의 작업중지(제51조)

사업주는 산업재해가 발생할 급박한 위험이 있을 때에는 즉시 작업을 중지시키고 근로자를 작업장소에서 대피시키는 등 안전 및 보건에 관하여 필요한 조치를 하여야 한다.

6.4.8 근로자의 작업중지(제52조)

① 근로자는 산업재해가 발생할 급박한 위험이 있는 경우에는 작업을 중지하고 대피할 수 있다.

② 작업을 중지하고 대피한 근로자는 지체 없이 그 사실을 관리감독자 또는 그 밖에 부서의 장(이하 "관리감독자 등"이라 한다)에게 보고하여야 한다.

③ 관리감독자 등은 보고를 받으면 안전 및 보건에 관하여 필요한 조치를 하여야 한다.

④ 사업주는 산업재해가 발생할 급박한 위험이 있다고 근로자가 믿을만한 합리적인 이유가 있을 때에는 작업을 중지하고 대피한 근로자에 대하여 해고나 그 밖의 불리한 처우를 해서는 아니 된다.

6.5 제5장 도급시의 산업재해 예방

6.5.1 도급인의 안전조치 및 보건조치(제63조)

도급인은 관계수급인 근로자가 도급인의 사업장에서 작업을 하는 경우에 자신의 근로자와 관계수급인 근로자의 산업재해를 예방하기 위하여 안전 및 보건 시설의 설치 등 필요한 안전조치 및 보건조치를 하여야 한다. 다만, 보호구 착용의 지시 등 관계수급인 근로자의 작업행동에 관한 직접적인 조치는 제외한다.

6.5.2 도급에 따른 산업재해 예방조치(제64조)

① 도급인은 관계수급인 근로자가 도급인의 사업장에서 작업을 하는 경우 다음 각 호의 사항을 이행하여야 한다.

㉠ 도급인과 수급인을 구성원으로 하는 안전 및 보건에 관한 협의체의 구성 및 운영

㉡ 작업장 순회점검

㉢ 관계수급인이 근로자에게 하는 안전보건교육을 위한 장소 및 자료의 제공 등 지원

㉣ 관계수급인이 근로자에게 하는 안전보건교육의 실시 확인

㉤ 위생시설 등 고용노동부령으로 정하는 시설의 설치 등을 위하여 필요한 장소의 제공 또는 도급인이 설치한 위생시설 이용의 협조

② 고용노동부령으로 정하는 바에 따라 자신의 근로자 및 관계수급인 근로자와 함께 정기적으로 또는 수시로 작업장의 안전 및 보건에 관한 점검을 하여야 한다.

③ 안전 및 보건에 관한 협의체 구성 및 운영, 작업장 순회점검, 안전보건 교육 지원, 그 밖에 필요한 사항은 고용노동부령으로 정한다.

㉠ 안전 및 보건에 관한 협의체(이하 이조에서 '협의체'라 한다)는 도급인 및 그의 수급인 전원으로 구성하여야 한다.

㉡ 협의체는 다음 각 호의 사항을 협의하여야 한다.

ⓐ 작업의 시작 시간

ⓑ 작업 또는 작업장 간의 연락 방법

ⓒ 재해발생 위험이 있는 경우 대피 방법

ⓓ 작업장에서의 법 제36조에 따른 위험성평가의 실시에 관한 사항

ⓔ 사업주와 수급인 또는 수급인 상호 간의 연락 방법 및 작업공정의 조정

㉢ 협의체는 매월 1회 이상 정기적으로 회의를 개최하고 그 결과를 기록·보존하여야 한다.

6.5.3 건설공사 발주자의 산업재해 예방 조치(제67조)

① 대통령령으로 정하는 건설공사의 건설공사 발주자는 산업재해 예방을 위하여 건설공사의 계획, 설계 및 시공 단계에서 다음 각 호의 구분에 따른 조치를 하여야 한다.

㉠ 건설공사 계획단계 : 해당 건설공사에서 중점적으로 관리하여야 할 유해·위험요인과 이의 감소방안을 포함한 기본안전보건대장을 작성할 것

㉡ 건설공사 설계단계 : 기본안전보건대장을 설계자에게 제공하고, 설계자로 하여금 유해·위험요인의 감소방안을 포함한 설계안전보건대장을 작성하게 하고 이를 확인할 것

㉢ 건설공사 시공단계 : 건설공사 발주자로부터 건설공사를 최초로 도급받은 수급인에게 설계안전보건대장을 제공하고, 그 수급인에게 이를 반영하여 안전한 작업을 위한 공사안전보건대장을 작성하게 하고 그 이행 여부를 확인할 것

② 대장에 포함되어야 할 구체적인 내용은 고용노동부령으로 정한다.

6.5.4 안전보건 조정자(제68조)

① 2개 이상의 건설공사를 도급한 건설공사 발주자는 그 2개 이상의 건설공사가 같은 장소에서 행해지는 경우에 작업의 혼재로 인하여 발생할 수 있는 산업재해를 예방하기 위하여 건설공사 현장에 안전보건 조정자를 두어야 한다.

② 안전보건 조정자를 두어야 하는 건설공사의 금액, 안전보건 조정자의 자격·업무, 선임방법 그 밖에 필요한 사항은 대통령령으로 정한다.

③ 안건보건조정자의 업무는 다음 각 호와 같다.

㉠ 같은 장소에서 행하여지는 각각의 공사 간에 혼재된 작업의 파악

㉡ 혼재된 작업으로 인한 산업재해 발생의 위험성 파악

㉢ 혼재된 작업으로 인한 산업재해를 예방하기 위한 작업의 시기·내용 및 안전보건 조치 등의 조정

㉣ 각각의 공사 도급인의 관리책임자 간 작업 내용에 관한 정보 공유 여부의 확인

6.5.5 건설공사 등의 산업안전보건 관리비 계상 등(제72조)

① 건설공사 발주자가 도급계약을 체결하거나 건설공사 도급인(건설공사 발주자로부터 건설공사를 최초로 도급받은 수급인은 제외한다)이 건설공사 사업 계획을 수립할 때에는 고용노동부장관이 정하여 고시하는 바에 따라 산업재해 예방을 위하여 사용하는 비용(이하 "산업안전보건 관리비"라 한다)을 도급 금액 또는 사업비에 계상(計上)하여야 한다.

② 고용노동부장관은 산업안전보건 관리비의 효율적인 사용을 위하여 다음 각 호의 사항을 정할 수 있다.

㉠ 사업의 규모별·종류별 계상 기준

㉡ 건설공사의 진척 정도에 따른 사용비율 등 기준

㉢ 그 밖에 산업안전보건 관리비의 사용에 필요한 사항

③ 건설공사 도급인은 산업안전보건 관리비를 고용노동부령으로 정하는 바에 따라 그 사용명세서를 작성하여 보존하여야 한다.

④ 선박의 건조 또는 수리를 최초로 도급받은 수급인은 사업 계획을 수립할 때에는 고용노동부장관이 정하여 고시하는 바에 따라 산업안전보건 관리비를 사업비에 계상하여야 한다.

⑤ 건설공사 도급인 또는 선박의 건조 또는 수리를 최초로 도급받은 수급인은 산업안전보건 관리비를 산업재해 예방 외의 목적으로 사용해서는 아니 된다.

6.5.6 건설공사의 산업재해 예방 지도(제73조)

① 대통령령으로 정하는 건설공사 도급인은 해당 건설공사를 하는 동안에 지정받은 전문기관(이하 "건설재해예방전문지도기관"이라 한다)에서 건설산업 재해예방을 위한 지도를 받아야 한다.

"대통령령으로 정하는 건설공사 도급인"이란 공사금액 1억 원 이상 120억 원(토목공사업에 속하는 공사는 150억 원) 미만인 공사를 하는 자와 건축허가의 대상이 되는 공사를 하는 자를 말한다. 다만, 다음 각 호의 어느 하나에 해당하는 공사를 하는 자는 제외한다.

㉠ 공사기간이 1개월 미만인 공사

㉡ 육지와 연결되지 아니한 섬지역(제주특별자치도는 제외한다)에서 이루어지는 공사

㉢ 사업주가 안전관리자의 자격을 가진 사람을 선임(같은 광역자치단체의 지역 내에서 같은 사업주가 경영하는 셋 이하의 공사에 대하여 공동으로 안전관리자 자격을 가진 사람 1명을 선임한 경우를 포함한다)하여 안전관리자의 업무만을 전담하도록 하는 공사

㉣ 유해 · 위험방지계획서를 제출하여야 하는 공사

② 건설재해예방전문 지도기관의 지도업무의 내용, 지도대상 분야, 지도의 수행 방법, 그 밖에 필요한 사항은 대통령령으로 정한다.

6.5.7 안전 및 보건에 관한 협의체 등의 구성 · 운영에 관한 특례(제75조)

① 대통령령으로 정하는 규모의 건설공사의 건설공사 도급인은 해당 건설 공사 현장에 근로자위원과 사용자위원이 같은 수로 구성되는 안전 및 보건에 관한 협의체(이하 "노사협의체"라 한다)를 대통령령으로 정하는 바에 따라 구성 · 운영할 수 있다.

② 건설공사 도급인이 노사협의체를 구성 · 운영하는 경우에는 산업안전보건위원회 및 안전 및 보건에 관한 협의체를 각각 구성 · 운영하는 것으로 본다.

③ 노사협의체를 구성 · 운영하는 건설공사 도급인은 산업안전보건위원회 심의 · 의결사항을 거쳐야 되는 사항에 대하여 노사협의체의 심의 · 의결을 거쳐야 한다. 이 경우 노사협의체에서 의결되지 아니한 사항의 처리방법은 대통령령으로 정한다.

④ 노사협의체는 대통령령으로 정하는 바에 따라 회의를 개최하고 그 결과를 회의록으로 작성하여 보존하여야 한다.

⑤ 노사협의체는 산업재해 예방 및 산업재해가 발생한 경우의 대피방법 등 고용노동부령으로 정하는 사항에 대하여 협의하여야 한다.

⑥ 노사협의체를 구성 · 운영하는 건설공사 도급인 · 근로자 및 관계수급인 · 근로자는 노사협의체가 심의 · 의결한 사항을 성실하게 이행하여야 한다.

⑦ "산업안전보건위원회"는 "노사협의체"로 본다.

6.5.8 특수형태 근로종사자에 대한 안전조치 및 보건조치 등(제77조)

① 계약의 형식에 관계없이 근로자와 유사하게 노무를 제공하여 업무상의 재해로부터 보호할 필요가 있음에도 「근로기준법」 등이 적용되지 아니하는 자로서 다음 각 호의 요건을 모두 충족하는 사람(이하 "특수형태 근로종사자"라 한다)의 노무를 제공받는 자는 특수형태 근로종사자의 산업재해 예방을 위하여 필요한 안전조치 및 보건조치를 하여야 한다.

㉠ 대통령령으로 정하는 직종에 종사할 것

㉡ 주로 하나의 사업에 노무를 상시적으로 제공하고 보수를 받아 생활할 것

㉢ 노무를 제공할 때 타인을 사용하지 아니할 것

② 대통령령으로 정하는 특수형태 근로종사자로부터 노무를 제공받는 자는 고용노동부령으로 정하는 바에 따라 안전 및 보건에 관한 교육을 실시하여야 한다.

③ 정부는 특수형태 근로종사자의 안전 및 보건의 유지·증진에 사용하는 비용의 일부 또는 전부를 지원할 수 있다.

6.5.9 배달종사자에 대한 안전조치(제78조)

「이동통신단말장치 유통구조 개선에 관한 법률」에 따른 이동통신단말장치로 물건의 수거·배달 등을 중개하는 자는 그 중개를 통하여 「자동차 관리법」에 따른 이륜자동차로 물건을 수거·배달 등을 하는 자의 산업 재해 예방을 위하여 필요한 안전조치 및 보건조치를 하여야 한다.

6.5.10 가맹본부의 산업재해 예방조치(제79조)

① 「가맹사업거래의 공정화에 관한 법률」에 따른 가맹본부 중 대통령령으로 정하는 가맹본부는 가맹점 사업자에게 가맹점의 설비나 기계, 원자재 또는 상품 등을 공급하는 경우에 가맹점 사업자와 그 소속 근로자의 산업재해 예방을 위하여 다음 각 호의 조치를 하여야 한다.

㉠ 가맹점의 안전 및 보건에 관한 프로그램의 마련·시행

㉡ 가맹본부가 가맹점에 설치하거나 공급하는 설비·기계 및 원자재 또는 상품 등에 대하여 가맹점 사업자에게 안전 및 보건에 관한 정보의 제공

② 안전 및 보건에 관한 프로그램의 내용·시행방법, 안전 및 보건에 관한 정보의 제공

방법, 그 밖에 필요한 사항은 고용노동부령으로 정한다.

㉠ 안전 및 보건에 관한 프로그램의 내용은 다음 각 호의 사항을 포함하여야 한다.

ⓐ 안전보건경영 방침 및 안전보건활동 계획

ⓑ 가맹본부의 프로그램 운영 조직 구성, 역할 및 가맹점 사업자에 대한 안전보건 교육 지원 체계

ⓒ 가맹점 내 위험요소 및 예방대책 등을 포함한 가맹점 안전보건 매뉴얼

ⓓ 가맹점의 재해 발생에 대비한 가맹본부 및 가맹점 사업자의 조치사항

㉡ 가맹본부는 가맹점 사업자에 대하여 안전 및 보건에 관한 프로그램의 내용을 연 1회 이상 교육하여야 한다.

6.6 제7장 유해·위험물질에 대한 조치

6.6.1 유해인자 허용기준의 준수(제107조)

① 사업주는 발암성 물질 등 근로자에게 중대한 건강장해를 유발할 우려가 있는 유해인자로서 대통령령으로 정하는 유해인자는 작업장 내의 그 노출농도를 고용노동부령으로 정하는 허용기준 이하로 유지하여야 한다. 다만, 다음 각 호의 어느 하나에 해당하는 경우에는 그러하지 아니하다.

㉠ 유해인자를 취급하거나 정화·배출하는 시설 및 설비의 설치나 개선이 현존하는 기술로 가능하지 아니한 경우

㉡ 천재지변 등으로 시설과 설비에 중대한 결함이 발생한 경우

㉢ 임시 작업과 단시간 작업의 경우

㉣ 그 밖에 대통령령으로 정하는 경우

② 사업주는 유해인자의 노출 농도를 허용기준 이하로 유지하도록 노력하여야 한다.

허용기준 이하 유지 대상 유해인자

1. 6가크롬[18540-29-9] 화합물(Chromium VI compounds)
2. 납[7439-92-1] 및 그 무기화합물(Lead and its inorganic compounds)
3. 니켈[7440-02-0] 화합물(불용성 무기화합물로 한정한다)
   (Nickel and its insoluble inorganic compounds)
4. 니켈카르보닐(Nickel carbonyl; 13463-39-3)
5. 디메틸포름아미드(Dimethylformamide; 68-12-2)
6. 디클로로메탄(Dichloromethane; 75-09-2)

7. 1,2-디클로로프로판(1,2-Dichloropropane; 78-87-5)
8. 망간[7439-96-5] 및 그 무기화합물(Manganese and its inorganic compounds)
9. 메탄올(Methanol; 67-56-1)
10. 메틸렌 비스(페닐이소시아네이트)(Methylene bis(phenyl isocyanate); 101-68-8 등)
11. 베릴륨[7440-41-7] 및 그 화합물(Beryllium and its compounds)
12. 벤젠(Benzene; 71-43-2)
13. 1,3-부타디엔(1,3-Butadiene; 106-99-0)
14. 2-브로모프로판(2-Bromopropane; 75-26-3)
15. 브롬화 메틸(Methyl bromide; 74-83-9)
16. 산화에틸렌(Ethylene oxide; 75-21-8)
17. 석면(제조ㆍ사용하는 경우만 해당한다)(Asbestos; 1332-21-4 등)
18. 수은[7439-97-6] 및 그 무기화합물(Mercury and its inorganic compounds)
19. 스티렌(Styrene; 100-42-5)
20. 시클로헥사논(Cyclohexanone; 108-94-1)
21. 아닐린(Aniline; 62-53-3)
22. 아크릴로니트릴(Acrylonitrile; 107-13-1)
23. 암모니아(Ammonia; 7664-41-7 등)
24. 염소(Chlorine; 7782-50-5)
25. 염화비닐(Vinyl chloride; 75-01-4)
26. 이황화탄소(Carbon disulfide; 75-15-0)
27. 일산화탄소(Carbon monoxide; 630-08-0)
28. 카드뮴[7440-43-9] 및 그 화합물(Cadmium and its compounds)
29. 코발트[7440-48-4] 및 그 무기화합물(Cobalt and its inorganic compounds)
30. 콜타르피치[65996-93-2] 휘발물(Coal tar pitch volatiles)
31. 톨루엔(Toluene; 108-88-3)
32. 톨루엔-2,4-디이소시아네이트(Toluene-2,4-diisocyanate; 584-84-9 등)
33. 톨루엔-2,6-디이소시아네이트(Toluene-2,6-diisocyanate; 91-08-7 등)
34. 트리클로로메탄(Trichloromethane; 67-66-3)
35. 트리클로로에틸렌(Trichloroethylene; 79-01-6)
36. 포름알데히드(Formaldehyde; 50-00-0)
37. n-헥산(n-Hexane; 110-54-3)
38. 황산(Sulfuric acid; 7664-93-9)

6.6.2 신규화학물질의 유해성, 위험성 조사(제108조)

① 대통령령으로 정하는 화학물질 외의 화학물질(이하 "신규화학물질"이라 한다)을 제조하거나 수입하려는 자(이하 "신규화학물질제조자등"이라 한다)는 신규화학물질에 의

한 근로자의 건강장해를 예방하기 위하여 고용노동부령으로 정하는 바에 따라 그 신규화학물질의 유해성・위험성을 조사하고 그 조사보고서를 고용노동부장관에게 제출하여야 한다. 다만, 다음 각 호의 어느 하나에 해당하는 경우에는 그러하지 아니하다.

㉠ 일반 소비자의 생활용으로 제공하기 위하여 신규화학물질을 수입하는 경우로서 고용노동부령으로 정하는 경우

㉡ 신규화학물질의 수입량이 소량이거나 그 밖에 위해의 정도가 적다고 인정되는 경우로서 고용노동부령으로 정하는 경우

6.6.3 물질안전보건자료의 일부 비공개 승인 등(제112조)

① 영업비밀과 관련되어 화학물질의 명칭 및 함유량을 물질안전보건자료에 적지 아니하려는 자는 고용노동부령으로 정하는 바에 따라 고용노동부장관에게 신청하여 승인을 받아 해당 화학물질의 명칭 및 함유량을 대체할 수 있는 명칭 및 함유량(이하 “대체자료”라 한다)으로 적을 수 있다. 다만, 근로자에게 중대한 건강장해를 초래할 우려가 있는 화학물질로서 산업재해보상보험 및 예방심의위원회의 심의를 거쳐 고용노동부장관이 고시하는 것은 그러하지 아니하다.

② 승인의 유효기간은 승인을 받은 날부터 5년으로 한다.

③ 다음 각 호의 어느 하나에 해당하는 자는 근로자의 안전 및 보건을 유지하거나 직업성 질환 발생 원인을 규명하기 위하여 근로자에게 중대한 건강장해가 발생하는 등 고용노동부령으로 정하는 경우에는 물질안전보건자료 대상물질을 제조하거나 수입한 자에게 대체자료로 적힌 화학물질의 명칭 및 함유량 정보를 제공할 것을 요구할 수 있다. 이 경우 정보 제공을 요구받은 자는 고용노동부장관이 정하여 고시하는 바에 따라 정보를 제공하여야 한다.

㉠ 근로자를 진료하는 「의료법」에 따른 의사

㉡ 보건관리자 및 보건관리전문기관

㉢ 산업보건의

㉣ 근로자 대표

㉤ 역학조사(疫學調査) 실시 업무를 위탁받은 기관

㉥ 「산업재해보상보험법」에 따른 업무상질병판정위원회

6.6.4 물질안전보건자료의 게시 및 교육(제114조)

① 물질안전보건자료 대상물질을 취급하려는 사업주는 제공받은 물질 안전보건자료를 고용노동부령으로 정하는 방법에 따라 물질안전보건자료 대상물질을 취급하는 작업장 내에 이를 취급하는 근로자가 쉽게 볼 수 있는 장소에 게시하거나 갖추어 두어야 한다.

② 사업주는 물질안전보건자료 대상물질을 취급하는 작업공정별로 고용노동부령으로 정하는 바에 따라 물질안전보건자료 대상물질의 관리 요령을 게시하여야 한다.

③ 사업주는 물질안전보건자료 대상물질을 취급하는 근로자의 안전 및 보건을 위하여 고용노동부령으로 정하는 바에 따라 해당 근로자를 교육하는 등 적절한 조치를 하여야 한다.

6.6.5 물질안전보건자료 대상물질의 용기 등의 경고표시(제115조)

① 물질안전보건자료 대상물질을 양도하거나 제공하는 자는 고용노동부령으로 정하는 방법에 따라 이를 담은 용기 및 포장에 경고표시를 하여야 한다. 다만, 용기 및 포장에 담는 방법 외의 방법으로 물질안전보건자료 대상물질을 양도하거나 제공하는 경우에는 고용노동부장관이 정하여 고시한 바에 따라 경고표시 기재 항목을 적은 자료를 제공하여야 한다.

소분용기 경고표지 작성예시

- **일반용기** : 고체, 액체 또는 기체의 화학물질 또는 화학물질을 함유한 제제를 직접 담은 합성강제, 플라스틱, 저장탱크, 유리, 비닐포대, 종이포대 등으로 된 것
- **소량용기** : 용량 100그램(g) 이하 또는 100밀리리터(㎖) 이하
- **반제품용기** : 같은 사업장 내에서 상시적이지 않은 경우로서 공정간 이동을 위하여 화학물질을 담은 용기

※**경고표지 기재사항 : 제품명, 그림문자, 신호어, 유해 · 위험문구, 예방조치문구, 공급자 정보**

그림 13.4 소분용기 경고표지 작성예시

② 사업주는 사업장에서 사용하는 물질안전보건자료 대상물질을 담은 용기에 고용노동부령으로 정하는 방법에 따라 경고표시를 하여야 한다. 다만, 용기에 이미 경고표시가 되어 있는 등 고용노동부령으로 정하는 경우에는 그러하지 아니하다.

6.7 제8장 근로자의 보건관리

6.7.1 작업환경측정(제125조)

① 사업주는 유해인자로부터 근로자의 건강을 보호하고 쾌적한 작업환경을 조성하기 위하여 인체에 해로운 작업을 하는 작업장으로서 고용노동부령으로 정하는 작업장에 대하여 고용노동부령으로 정하는 자격을 가진 자로 하여금 작업환경측정을 하도록 하여야 한다.

② 도급인의 사업장에서 관계수급인 또는 관계수급인의 근로자가 작업을 하는 경우에는 도급인이 자격을 가진 자로 하여금 작업환경측정을 하도록 하여야 한다.

③ 사업주는 근로자 대표(관계수급인의 근로자 대표를 포함한다. 이하 이 조에서 같다)가 요구하면 작업환경측정 시 근로자 대표를 참석시켜야 한다.

④ 사업주는 작업환경측정 결과를 기록하여 보존하고 고용노동부령으로 정하는 바에 따라 고용노동부장관에게 보고하여야 한다. 다만, 사업주로부터 작업환경측정을 위탁받은 작업환경측정기관이 작업환경측정을 한 후 그 결과를 고용노동부령으로 정하는 바에 따라 고용노동부장관에게 제출한 경우에는 작업환경측정 결과를 보고한 것으로 본다.

⑥ 사업주는 작업환경측정 결과를 해당 작업장의 근로자에게 알려야 하며, 그 결과에 따라 근로자의 건강을 보호하기 위하여 해당 시설·설비의 설치·개선 또는 건강진단의 실시 등의 조치를 하여야 한다.

⑦ 사업주는 산업안전보건위원회 또는 근로자 대표가 요구하면 작업환경측정 결과에 대한 설명회 등을 개최하여야 한다. 작업환경측정을 위탁하여 실시한 경우에는 작업환경측정을 한 기관에게 작업환경측정 결과에 대하여 설명하도록 할 수 있다.

6.7.2 특수건강진단(제130조)

① 사업주는 다음 각 호의 어느 하나에 해당하는 근로자의 건강관리를 위하여 건강진단(이하 "특수건강진단"이라 한다)을 실시하여야 한다. 다만, 사업주가 고용노동부령으로 정하는 건강진단을 실시한 경우에는 그 건강진단을 받은 근로자에 대하여 해당 유해인자에 대한 특수건강진단을 실시한 것으로 본다.

㉠ 고용노동부령으로 정하는 유해인자에 노출되는 업무(이하 "특수건강 진단대상 업무"라 한다)에 종사하는 근로자

㉡ 건강진단 실시 결과 직업병 소견이 있는 근로자로 판정받아 작업 전환을 하거나 작업장소를 변경하여 해당 판정의 원인이 된 특수건강 진단대상 업무에 종사하지 아니하는 사람으로서 해당 유해인자에 대한 건강진단이 필요하다는 「의료법」에 따른 의사의 소견이 있는 근로자

② 사업주는 특수건강진단대상 업무에 종사할 근로자의 배치 예정 업무에 대한 적합성 평가를 위하여 건강진단(이하 "배치 전 건강진단"이라 한다)을 실시하여야 한다. 다만, 고용노동부령으로 정하는 근로자에 대해서는 배치 전 건강진단을 실시하지 아니할 수 있다.

③ 사업주는 특수건강진단대상 업무에 따른 유해인자로 인한 것이라고 의심되는 건강장해 증상을 보이거나 의학적 소견이 있는 근로자 중 보건 관리자 등이 사업주에게 건강진단 실시를 건의하는 등 고용노동부령으로 정하는 근로자에 대하여 건강진단(이하 "수시건강진단"이라 한다)을 실시하여야 한다.

표 13.5 특수건강진단의 시기 및 주기

구 분	대상 유해인자	시 기	주기
		배치 후 첫 번째 특수 건강진단	
1	N,N-디메릴아세트아미드 N,N-디메릴포름아미드	1개월 이내	6개월
2	벤젠	2개월 이내	6개월
3	1,1,2,2-테트라클로로에탄 사염화탄소 아크릴로니트릴 염화비닐	3개월 이내	6개월
4	석면, 면 분진	12개월 이내	12개월
5	광물성 분진 나무 분진 소음 및 충격소음	12개월 이내	24개월
6	제1호부터 제5호까지의 규정의 대상 유해인자를 제외한 별표 12의2의 모든 대상 유해인자	6개월 이내	12개월

6.7.3 건강진단에 관한 사업주의 의무(제132조)

① 사업주는 건강진단을 실시하는 경우 근로자 대표가 요구하면 근로자 대표를 참석시켜야 한다.

② 사업주는 산업안전보건위원회 또는 근로자 대표가 요구할 때에는 직접 또는 건강진단을 한 건강진단 기관에게 건강진단 결과에 대하여 설명하도록 하여야 한다. 다만, 개별 근로자의 건강진단 결과는 본인의 동의 없이 공개해서는 아니 된다.

③ 건강진단의 결과를 근로자의 건강 보호 및 유지 외의 목적으로 사용해서는 아니 된다.

④ 사업주는 건강진단의 결과 근로자의 건강을 유지하기 위하여 필요하다고 인정할 때에는 작업장소 변경, 작업 전환, 근로시간 단축, 야간근로(오후 10시부터 다음 날 오전 6시까지 사이의 근로를 말한다)의 제한, 작업환경측정 또는 시설・설비의 설치・개선 등 고용노동부령으로 정하는 바에 따라 적절한 조치를 하여야 한다.

⑤ 적절한 조치를 하여야 하는 사업주로서 고용노동부령으로 정하는 사업주는 그 조치 결과를 고용노동부령으로 정하는 바에 따라 고용노동부 장관에게 제출하여야 한다.

6.7.4 질병자의 근로 금지, 제한(제138조)

① 사업주는 감염병, 정신질환 또는 근로로 인하여 병세가 크게 악화될 우려가 있는 질병으로서 고용노동부령으로 정하는 질병에 걸린 사람에게는 「의료법」에 따른 의사의 진단에 따라 근로를 금지하거나 제한하여야 한다.

㉠ 전염될 우려가 있는 질병에 걸린 사람. 다만, 전염을 예방하기 위한 조치를 한 경우에는 그러하지 아니하다.

㉡ 조현병, 마비성 치매에 걸린 사람

㉢ 심장・신장・폐 등의 질환이 있는 사람으로서 근로에 의하여 병세가 악화될 우려가 있는 사람

② 사업주는 근로가 금지되거나 제한된 근로자가 건강을 회복하였을 때에는 지체 없이 근로를 할 수 있도록 하여야 한다.

6.7.5 유해, 위험작업에 대한 근로시간의 제한 등(제139조)

① 사업주는 유해하거나 위험한 작업으로서 높은 기압에서 하는 작업 등 대통령령으로 정하는 작업에 종사하는 근로자에게는 1일 6시간, 1주 34시간을 초과하여 근로하게 해서는 아니 된다.

- 갱 내에서 행하는 작업
- 다량의 고열물체를 취급하는 작업과 현저히 덥고 뜨거운 장소에서 하는 작업
- 다량의 저온물체를 취급하는 작업과 현저히 춥고 차가운 장소에서 하는 작업
- 라듐방사선 · 엑스선 · 기타 유해 방사선을 취급하는 작업
- 유리 · 흙 · 돌 · 광물의 먼지가 심하게 날리는 장소에서 하는 작업
- 강렬한 소음을 발하는 장소에서 하는 작업
- 착암기 등에 의하여 신체에 강렬한 진동을 주는 작업
- 인력으로 중량물을 취급하는 작업
- 납 · 수은 · 크롬 · 망간 · 카드뮴 등의 중금속 또는 이황화탄소 · 유기용제, 그 밖의 고용노동부령이 정하는 특정화학물질의 분진 · 증기 또는 가스가 많이 발생하는 장소에서 하는 작업

② 사업주는 대통령령으로 정하는 유해하거나 위험한 작업에 종사하는 근로자에 대하여 필요한 안전조치 및 보건조치 외에 작업과 휴식의 적정 한 배분 및 근로시간과 관련된 근로조건의 개선을 통하여 근로자의 건강보호를 위한 조치를 하여야 한다.

Reference

1. 한균원, 산업안전관리실무, 형설출판사, 2005
2. 정진우, 산업안전보건관리론, (주)중앙경제, 2015
3. 국가법령정보센터, 산업안전보건법, 시행령, 시행규칙, 2019
4. 산업안전보건공단, 산업안전보건법령집, 2018
5. 산업안전보건공단, 경고표지 작성 · 부착 실태 및 올바른 작성방법, 2016
6. 고용노동부, 산업안전보건법 정책 및 보도자료, 2019
7. 다음 백과사전

INDEX

ㅇ

ㅈ

저 / 자 / 소 / 개

■ **양홍석(공학박사)**

산업위생관리 기술사 / 산업보건 지도사
전) 명지대학교 객원교수, 장안대학교 겸임교수 등
현) 고려대학교 보건환경융합과학부 겸임교수
　　한국산업보건연구소 대표
　　(사) 한국산업안전보건지도사 협회 부회장
〈저서〉 산업위생관리 기술사, 안전경영과학론 등

■ **김재형(공학박사)**

인간공학 기술사
전) 안전보건공단 교육원 겸임교수
현) 기아자동차 안전보건지원팀장
　　질병판정위원회 판정위원, 인간공학회 이사
　　인간공학 & 안전보건 밴드 운영자

■ **배승현**

산업위생관리 기술사
ISO 45001 심사위원
석면 고급 감리원
산재예방 국무총리상 수상
현) 한국산업보건연구소

■ **서영민**

〈저서〉 대기관리 기술사 (예문사), 산업위생관리 기술사 (성안당),
　　　　소음진동 기술사 (주경야독)
과학기술정보통신부 장관상

■ **신현화(서울대학교 보건학석사)**

산업위생관리 기술사 / 산업보건 지도사
전) 안전보건공단 직업건강실장, 대구지역본부장
현) 한국산업보건연구소 소장

■ **정종식(공학석사)**

산업위생관리 기술사 / 산업보건 지도사 등
현) 현대모비스(주) 안전보건업무
　　산업안전보건인 밴드 운영자

| 최신 작업환경관리 |

1판 2쇄 발행 2020년 9월 10일

저 자 | 양홍석 김재형 배승현 서영민 신현화 정종식
발 행 인 | 서철종
발 행 처 | 도서출판 지우북스
주 소 | 경기도 파주시 문발로 115 세종출판벤처타운 209호
전 화 | 031-915-6670(代)
팩 스 | 031-915-6671
이 메 일 | jwbooks@nate.com
홈페이지 | www.jwbooks.co.kr
출판등록 | 2017년 2월 16일 제 406-251002017000032호

ISBN 979-11-88673-38-4

정가 20,000원